普通高校电子信息与通信类规划教材

电子基础实训教程

陈　俊　编著

北京邮电大学出版社
·北京·

内容简介

本书主要为电子信息、通信工程和电子应用等专业的基础实践教学而编写，全书分成上、下两篇，上篇主要介绍了电子类的基本知识，涵盖了本课程的基本要求、电子元件的识别与测量、三极管的识别与测量、其他电子器件的介绍及常用仪表仪器的介绍；下篇主要是专业实践技能训练，包括了焊接技术及实践、直流稳压电源的设计、印刷电路板及其设计与制作和单片机最小系统板设计与制作，并给出了实践设计的题目与详细的设计过程。

本书可作为高等院校电子信息、通信工程和电子应用等专业本科生的实践课程教材，也可作为高职高专院校电子、电气、信息、通信及相关专业的动手实践课程教材，亦可以作为电子爱好者的入门教材，同时还可以为从事电子技术研究和开发的工程技术人员提供参考。

图书在版编目(CIP)数据

电子基础实训教程/陈俊编著. --北京：北京邮电大学出版社，2011.4（2024.8 重印）
ISBN 978-7-5635-2607-9

Ⅰ.①电…　Ⅱ.①陈…　Ⅲ.①电子技术—高等学校—教材　Ⅳ.①TN

中国版本图书馆 CIP 数据核字(2011)第 048208 号

书　　　名：电子基础实训教程
著作责任人：陈　俊　编著
责 任 编 辑：付兆华
出 版 发 行：北京邮电大学出版社
社　　　址：北京市海淀区西土城路 10 号(邮编：100876)
发　行　部：电话：010-62282185　传真：010-62283578
E-mail：publish@bupt.edu.cn
经　　　销：各地新华书店
印　　　刷：河北虎彩印刷有限公司
开　　　本：787 mm×1 092 mm　1/16
印　　　张：12.75
字　　　数：314 千字
版　　　次：2011 年 4 月第 1 版　2024 年 8 月第 11 次印刷

ISBN 978-7-5635-2607-9　　　　定　价：24.00 元

·如有印装质量问题，请与北京邮电大学出版社发行部联系·

前　言

随着信息时代的到来，国家对人才的素质要求越来越高，必须具备德、智、体、美、劳全面发展的素质，除了掌握理论知识外，对个人的动手实践能力也提出了很高的要求。并且随着我国第二、第三产业的迅猛发展，社会分工的细化不断加强，对生产技术的要求日益增高，使得开放的市场经济环境急需大量的有着实践能力的人才。

学校教育改革的成效是影响人才培养质量的关键，而教育改革的核心是教学改革，教材则为教学之本。多年来，能让教学一线满意的专业教材不多，特别是可以指导实践技能的教材更少。鉴于此，《电子基础实训教程》以教材改革为突破口，在深入实践的基础上尝试编写适合本科及大中专院校使用的教材。全书按照高等本、专科院校电子、信息、通信等专业培养目标的要求，以教育部颁发的教学大纲为指导，本着与电子相关学科成体系的原则编写而成。

本书内容共分成9章。首先对电阻、电容、电感等基本元件和二极管、三极管、场效应管、晶闸管、开关、继电器等基本器件进行了介绍，并给出相应的识别和测试方法；其次对在实践过程中常用到的一些仪器例如模拟/数字万用表、稳压电源、毫伏表、信号发生器等进行了介绍，并给出了基本的使用方法；再次，对焊接过程中使用到的工具——电烙铁作了详细介绍，在此基础上给出了分立元件、贴片元件的焊接方法；本书最后介绍了在实践中常用的稳压电源的设计，无线通信模块的设计及单片机最小系统版的设计，方便读者根据本书介绍的内容进行实物制作。

本书编写过程中，庄丽静、余之喜和杨华炜等参与了插图的绘制，李琳、温毅荣等参与了各章节的编排与校对，对他们的辛勤劳动，在此表示衷心的感谢。本书是作者长期实践教学的积累，尚有许多不妥之处，恳请广大专家、同行给予批评指正，也希望广大读者能够提出宝贵的意见和建议。

作　者

目　　录

理论篇——电子类基础知识

实践篇——专业实践训练

理论篇——电子类基础知识

本篇主要内容:动手实践课程的基本目的、要求及课程的基本程序;实践过程中的注意事项;电阻、电容、电感、二极管、三极管等常用电子元件的识别与测量;常用电工/电子仪器及仪表的结构原理及其使用方法等。

第1章　专业基础实践

1.1　专业实践课程的作用、目的和要求

1.1.1　实践课的作用

随着信息时代的飞速发展，对学生动手实践能力的要求越来越高。因此，开设专业实践课程已经成为本、专科高等教育的一个必要教学环节，通过加强学生实践环节的训练和实际操作能力的培养，把学生培养成具有一定的理论知识并且掌握较强专业技能的应用型人才是时代的要求，有着很重要的现实意义。通信技术、信息技术、电子技术、微电子技术等专业是实践性很强的专业，与这些专业配套而开设的专业实践课正是理论联系实际和培养应用型人才的重要手段之一。在专业实践课中，除了教授学生必要的基础理论和基本的实验方法外，主要要求学生进行实践操作，通过具体的实践操作来验证和巩固所学的理论知识，学习各种常用的电工与电子仪器、仪表的使用方法，训练学生进行科学实验的基本技能，培养学生解决实际工程问题的能力，为后续的专业学习和将来从事工程技术工作打下基础。

1.1.2　实践课的目的

通过实践课，达到以下目的。

① 训练学生基本的实验技能，掌握基本的电工与电子测试技术、实验方法。

② 培养学生的电工与电子技术的基本工程素质，尤其要注重实际工作能力的训练。

③ 通过理论课教学与实践教学互相配合，巩固和扩展学生所学的理论知识。

④ 培养学生养成理论联系实际的学风和严谨求实的科学态度。

⑤ 为适应科学技术的高速发展，在实践教程中引入了计算机仿真技术，使学生能了解、掌握新技术的发展和应用。

1.1.3　实践课的教学要求

通过实践教学，学生应达到以下教学要求。

① 掌握常用电工、电子测量仪器和设备的选择及使用方法。

② 能读懂基本电工与电子电路图，具有分析基本电路功能和作用的能力。

③ 具备根据工程要求设计、组装和调试基本电路的能力。

④ 能够独立确定基本电路的实验步骤。

⑤ 掌握测试各种基本电路性能或功能的方法。

⑥ 具有分析、发现基本实验的一般故障并能自行排除的能力。

⑦ 能够实事求是地独立编写具有实验数据、理论分析、计算结果及实验结论的实践报告。

1.2 实践课程的基本程序

1.2.1 课前准备

为保证达到实践课的教学要求，在每次实践课前，学生必须在老师的指导下，认真做好以下预习工作。

① 认真阅读实践教材中所安排的实践内容，并结合实践原理复习、掌握必要的有关理论，明确当次实践的目的和任务，了解实践的方法和步骤。

② 预先绘制实践课所需的记录表格。

③ 了解当次实践课程所用到的实验仪器仪表的类型和量程，并了解其使用方法。

④ 独立完成预习报告，未完成者不得参加当次实践。

1.2.2 实践守则

① 学生应按规定的时间到实验室参加实践，认真听取指导教师的讲解。迟到超过 15 分钟者不得参加实践。

② 自觉遵守实验室的规章制度。在实验室内不得高声喧哗，保持实验场所的安静。不得抽烟、乱丢纸屑、保持环境卫生，并注意人身及设备安全。

③ 实验电路、设备及仪表的合理布局。实践前应仔细核对实践所需要的电源、实验设备与仪器仪表，其布局原则为：连线整齐清楚、调节读数方便、操作安全、避免相互影响。一般情况下直读的仪表、仪器放在操作者的左侧，示波器、信号发生器等测量仪器放在右侧，严禁仪表歪斜摆放和随意搬动。实践中若发生因本人责任事故而造成设备损坏者，须写出事故报告，交指导教师酌情处理。

④ 接线前，应首先了解各种实验仪器、设备和元器件的额定值、使用方法和电源种类及电压大小。

⑤ 接线的顺序，可按照先串联后并联的原则，先接无源部分，再接电源部分，两者之间必须经过开关。接线时应将所有电源开关断开，并将所有可调设备的旋钮、手柄调至安全位置，尽可能单手操作。接线完成后，须经教师检查后方能接通电源。闭合电源开关时，要同时注意各仪表是否为正常偏转，若发现异常现象，应立即切断电源，查找并分析原因。

⑥ 实验时应根据规定的(或自拟的)实验步骤科学操作和测量，要胆大心细、一丝不苟。认真观察实验现象，科学读取数据，随时分析实验结果的合理性，注意培养自己独立分析和解决问题的能力。若遇疑难问题或设备故障应请教师指导。

⑦ 实验完毕后，先切断电源，然后根据实验要求核对实验数据，经教师审核、认可后再拆除接线，整理好仪器设备并将其摆放整齐，请教师验收后才能离开实验室。

1.2.3 实践课后的工作

实践课后要完成对实验的总结，其主要工作是认真撰写实践报告，这是培养学生理论联系实际及分析问题能力的重要环节之一。当然，要写好实践报告，其前提必须是成功地完成实验。实践报告的质量好坏将体现实验者对实验内容的理解能力、动手能力和综合素质水平。

实践报告的要求如下。

① 通过应用所学过的理论知识对自己实验所得的数据和观察到的现象实事求是地进行计算、分析和讨论。（写报告必须严肃认真，不经重复实验不得任意修改实验数据，更不能自己编造数据）

② 根据实验数据用坐标纸认真绘制出相应的实验曲线（必须注明坐标、量纲、比例）。

③ 回答实践思考题。

④ 对实验结果做出结论，并对实验中发现的问题或事故作出分析。

⑤ 实践的心得和体会。

⑥ 简明扼要、文理通顺、书写工整、图表清楚、分析合理、结论正确，并交指导教师批阅。

1.3　实践报告的基本格式

所谓实践报告就是按照一定的格式和要求，用来表达实验过程和实验结果的文字材料，是对完成实践项目的总结和概括，因此，撰写实践报告也是对工科学生的一种基本技能训练，报告编写的质量应作为实践成绩的考核依据之一，所以，应给予足够的重视。报告的文体属于说明文，要求采用简练、准确的文字和技术术语，恰当地叙述实验过程与实验结果，不要求具有文学性。实践报告基本格式如图1-1所示。

实践题目：________________

姓名________专业______学号______同组者______实践日期________

一、实践目的

二、实践仪器和设备

三、实践原理（包括电路、内容和步骤）

四、实验数据

五、实验结论

六、结果分析

七、心得体会

图1-1　实践报告基本格式

1.4 实践的注意事项

在实践操作过程中必须始终重视安全用电问题，安全用电涉及实验者的人身安全和实验设备安全。为了很好地完成实践任务，确保学生实践时的人身及设备安全，就必须严格遵守下列安全用电规则。

1.4.1 人身安全操作规则

① 仪器设备应有良好的地线。仪器设备、实验装置中凡通过强电的连接导线都应有良好的绝缘外套，芯线不得外露。

② 接线、拆线或改接电路时都必须在断开电源开关的情况下进行，严禁带电操作。应养成实验时先接实验电路后接通电源、实验完毕先断开电源后拆实验电路的良好操作习惯。

③ 实验时精力必须集中，同组同学应相互配合，接通电源开关前须通知实验合作者，以防发生触电事故。

④ 接通电源后，人体严禁直接接触电路中未绝缘的金属导线或连接点等带电部分。在进行高压或具有一定危险的实验时，应有两人以上合作。

⑤ 使用500 V以上的高压电源时要特别注意高压危险，例如兆欧计中有500 V或1 000 V的高压，切不可用来测量人体的绝缘电阻。

⑥ 万一不小心发生触电事故，应立即切断电源。如果距离电源开关较远，可用绝缘器具将电源线切断，使触电者立即脱离电源并采取必要的急救措施。

1.4.2 设备安全操作规则

① 实验前应首先了解各种仪器仪表和设备的规格、性能及使用方法，并严格按照使用说明中规定的操作方法及额定值来使用。严禁随意乱接、乱用，例如，不得用电流表或万用表的电阻挡、电流挡去测量电压；功率表的电流线圈不能并联在电路中等。

② 实验中要有目的地扳（旋）动仪器设备的开关（或旋钮），切忌心急用力过猛造成损坏。

③ 实验时，尤其是刚闭合电源，设备刚投入运行时，要随时注意仪器设备的运行情况，如发现有过量程、过热、冒烟和火花、焦臭味或劈啪声，以及出现保险丝熔断等异常现象时，应立即切断电源，在故障未检查出并排除前不准再次闭合电源。

④ 各种负载的增加和减少、电路参数的调节均应缓慢进行，不能操之过急，酿成事故。

⑤ 使用36 V以下的低压电源、信号发生器等时，切不可因其电压值低，不会对人体造成伤害而掉以轻心，以免因发生短路或过电压造成贵重仪器设备不必要的损坏。

⑥ 各种仪器设备的地线（⊥）应正确连接，以防干扰。要求与大地相接的应妥善接地，不允许接地的严禁接地，以免引起短路，造成不必要的事故。

⑦ 搬动仪器设备时，应轻拿轻放；未经允许不可随意调换仪器设备，更不准擅自拆卸仪器设备。

⑧ 仪器设备使用完毕，应将面板上的各个开关和旋钮调至合适的安全位置，如电源应调至零，万用表应调至电压挡，电压表量程开关应旋至最高挡位，等等。

第2章　电子元件及其识别

2.1　电　　阻

电阻器是电路元件中应用最广泛的一种，在电子设备中约占元件总数的30%以上，其质量的好坏对电路工作的稳定性有极大影响。它的主要用途是稳定和调节电路中的电流和电压，其次还作为分流器、分压器和负载使用。

2.1.1　分类

在电子电路中常用的电阻器有固定式电阻器和电位器，按制作材料和工艺不同，固定式电阻器可分为膜式电阻(碳膜RT、金属膜RJ、合成膜RH和氧化膜RY)、实芯电阻(有机RS和无机RN)、金属线绕电阻(RX)、特殊电阻(MG型光敏电阻、MF型热敏电阻)4种。电阻器外观如图2-1所示。如表2-1所示为几种常用电阻的结构和特点。

图2-1　电阻器外观

表 2-1　几种常用电阻的结构和特点

电阻种类	电阻结构和特点	实物图片
碳膜电阻	气态碳氢化合物在高温和真空中分解，碳沉积在瓷棒或者瓷管上，形成一层结晶碳膜。改变碳膜厚度和用刻槽的方法变更碳膜的长度，可以得到不同的阻值。碳膜电阻成本较低，性能一般	
金属膜电阻	在真空中加热合金，合金蒸发，使瓷棒表面形成一层导电金属膜。刻槽和改变金属膜厚度可以控制阻值。这种电阻和碳膜电阻相比，体积小、噪声低、稳定性好，但成本较高	
碳质电阻	把碳黑、树脂、粘土等混合物压制后经过热处理制成。在电阻上用色环表示它的阻值。这种电阻成本低，阻值范围宽，但性能差，很少采用	
线绕电阻	用康铜或者镍铬合金电阻丝，在陶瓷骨架上绕而制成。这种电阻分固定和可变两种。它的特点是工作稳定，耐热性能好，误差范围小，适用于大功率的场合，额定功率一般在 1 W 以上	
碳膜电位器	它的电阻体是在马蹄形的纸胶板上涂上一层碳膜制成。它的阻值变化和中间触头位置的关系有直线式、对数式和指数式 3 种。碳膜电位器有大型、小型、微型等几种，有的和开关一起组成带开关电位器。还有一种直滑式碳膜电位器，它是靠滑动杆在碳膜上滑动来改变阻值的，这种电位器调节方便	
线绕电位器	用电阻丝在环状骨架上绕而制成。它的特点是阻值范围小，功率较大	

电位器是一种连续可调的电阻器，它有 3 个引出端，一个为滑动端，另外两个为固定端。滑动端上的触点紧贴在两个固定端之间的电阻体上滑动，使它的输出电位发生变化，因此称这种可变电阻器为电位器。常用的电位器外形如图 2-2 所示。

电位器的种类也很多，用途各不相同，通常可按其材料、结构特点、用途等进行分类。

2.1.2　主要性能指标

(1) 额定功率

额定功率是在规定的环境温度和湿度下，假定周围空气不流通，在长期连续负载而不损

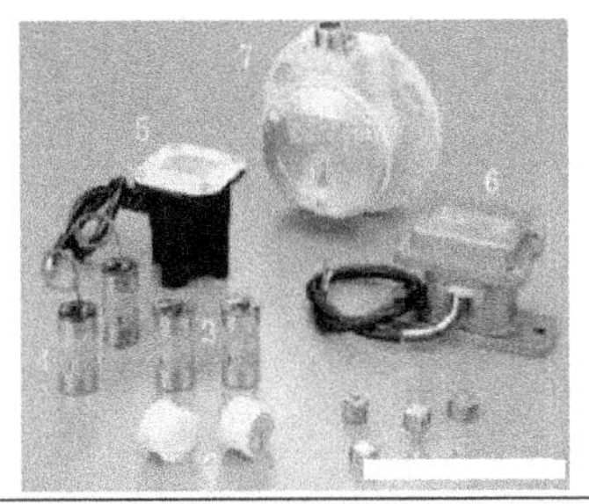

倾角电位器

直线型电位器

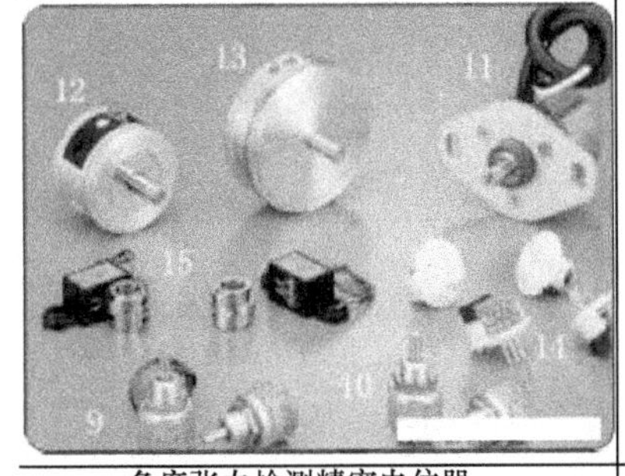

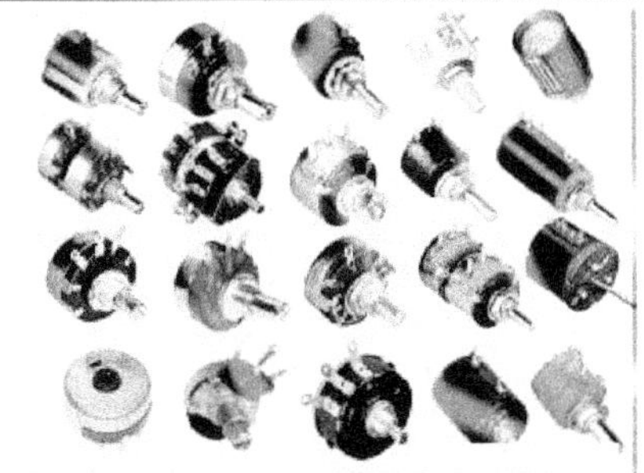

角度张力检测精密电位器

电位器-旋钮

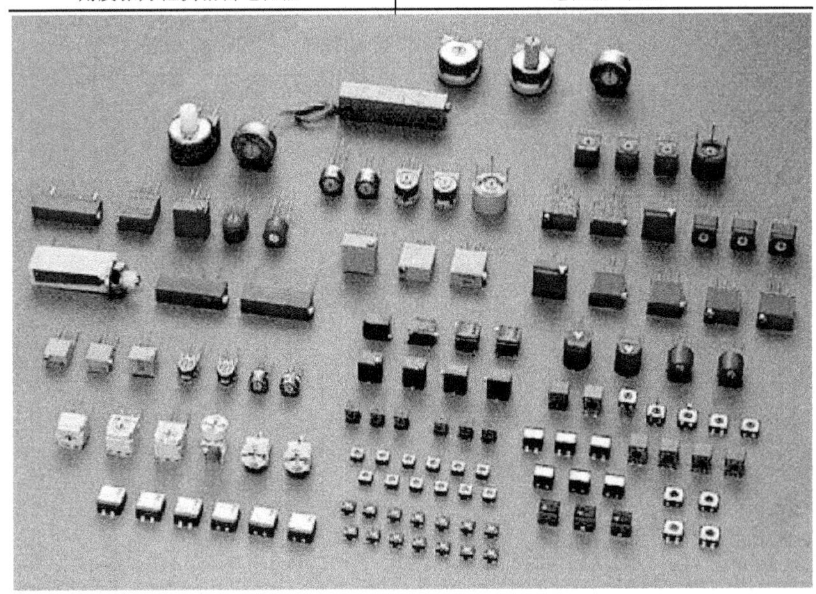

可调电阻

图 2-2　电位器外观

坏或基本不改变性能的情况下，电阻器上允许消耗的最大功率。为保证安全使用，一般选其额定功率比它在电路中消耗的功率高 1～2 倍。额定功率分 19 个等级，常用的有 0.05 W、0.125 W、0.25 W、0.5 W、1 W、2 W、3 W、5 W、7 W、10 W，在电路图中非线绕电阻器额定功率的符号表示如图 2-3 所示。

（2）标称阻值

标称阻值是产品上标示的阻值，其单位为 Ω、kΩ、MΩ，标称阻值都应符合如表 2-2 所列数值乘以 $10N$ Ω，其中 N 为整数。

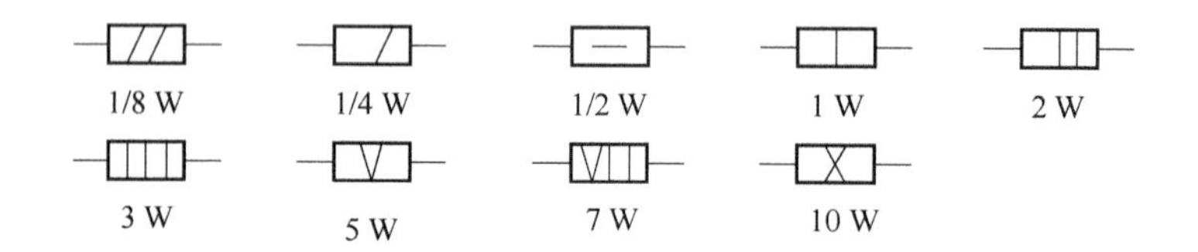

图 2-3　电路图中的电阻符号

表 2-2　标称阻值系列

允许误差	系列代号	标称阻值系列
5%	E24	1.0、1.1、1.2、1.3、1.5、1.6、1.8、2.0、2.2、2.4、2.7、3.0、3.3、3.6、3.9、4.3、4.7、5.1、5.6、6.2、6.8、7.5、8.2、9.1
10%	E12	1.0、1.2、1.5、1.8、2.2、2.7、3.3、3.9、4.7、5.6、6.8、8.2、
20%	E6	1.0、1.5、2.2、3.3、4.7、6.8

(3) 允许误差

电阻器和电位器实际阻值对于标称阻值的最大允许偏差范围,即为允许误差。它表示产品的精度,允许误差的等级如表 2-3 所示。

表 2-3　允许误差等级

级别	005	01	02	Ⅰ	Ⅱ	Ⅲ
允许误差	0.5%	1%	2%	5%	10%	20%

① 标称阻值与误差允许范围的标识方法,如表 2-4 所示。现举例如下。

表 2-4　色环颜色所代表的数字或意义

色　别	第 1 色环: 最大一位数字	第 2 色环: 第二位数字	第 3 色环: 应乘的数	第 4 色环: 误　差
棕	1	1	10	
红	2	2	100	
橙	3	3	1 000	
黄	4	4	10 000	
绿	5	5	100 000	
蓝	6	6	1 000 000	
紫	7	7	10 000 000	
灰	8	8	100 000 000	
白	9	9	1 000 000 000	
黑	0	0	1	
金			0.1	±5%
银			0.01	±10%
无色				±20%

• 在电阻体的一端标以彩色环,电阻的色标是由左向右排列的,如图 2-4(a)所示的电阻为 27 000(1±0.5%)Ω。

• 精密度电阻器的色环标志用 5 个色环表示。第 1～3 色环表示电阻的有效数字，第 4 色环表示倍乘数，第 5 色环表示容许偏差，如图 2-4(b)所示的电阻为 17.5(1±1%)Ω。

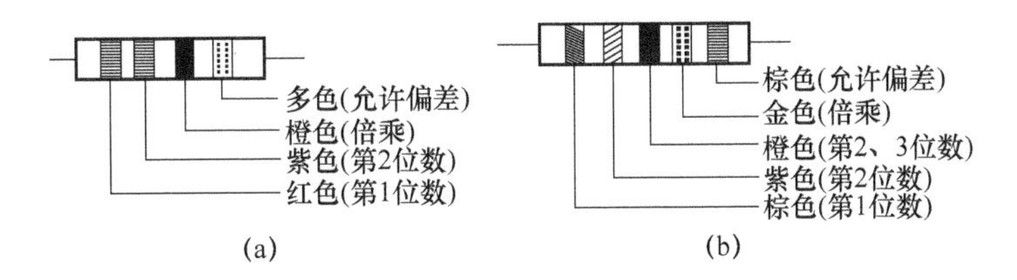

图 2-4　电阻标识

② 在电路图中电阻器和电位器的单位标注规则如下。

• 阻值在兆欧以上，标注单位为 M。比如 1 兆欧，标注为 1 M；2.7 兆欧，标注为 2.7 M。

• 阻值在 1 千欧到 100 千欧之间，标注单位为 k。比如 5.1 千欧，标注为 5.1 k；68 千欧，标注为 68 k。

• 阻值在 100 千欧到 1 兆欧之间，可以标注单位 k，也可以标注单位 M。比如 360 千欧，可以标注为 360 k，也可以标注为 0.36 M。

• 阻值在 1 千欧以下，可以标注单位 Ω，也可以不标注。比如 5.1 欧，可以标注 5.1 Ω 或者 5.1；680 欧，可以标注 680 Ω 或者 680。

③ 最高工作电压：它是指电阻器长期工作不发生过热或电击穿损坏时的电压。如果电压超过规定值，电阻器内部会产生火花，引起噪声，甚至损坏。如表 2-5 所示是碳膜电阻的最高工作电压。

表 2-5　碳膜电阻的最高工作电压

标称功率/W	1/16	1/8	1/4	1/2	1	2
最高工作电压/V	100	150	350	500	750	1 000

(4) 稳定性

稳定性是衡量电阻器在外界条件(温度、湿度、电压、时间、负荷性质等)作用下电阻变化的程度。

① 温度系数 a_t，表示温度每变化 1 ℃时，电阻器阻值的相对变化量。即：

$$a_t=\frac{R_2-R_1}{R_1(t_2-t_1)}(1/℃) \tag{2-1}$$

式(2-1)中，R_1、R_2 分别为温度 t_1 和 t_2 时的电阻值。

② 电压系数 a_V 表示电压每变化 1 V 时，电阻器阻值的相对变化量，即：

$$a_V=\frac{R_2-R_1}{R_1(U_2-U_1)}(1/\mathrm{V}) \tag{2-2}$$

式(2-2)中，R_1、R_2 分别是电压为 U_1 和 U_2 时的电阻值。

(5) 噪声电动势

电阻器的噪声电动势在一般电路中可以不考虑，但在弱信号系统中不可忽视。

线绕电阻器的噪声只决定于热噪声(分子扰动引起)，仅与阻值、温度和外界电压的频带有关。薄膜电阻除了热噪声外，还有电流噪声，这种噪声近似地与外加电压成正比。

(6) 高频特性

电阻器使用在高频条件下，要考虑其固有电感和固有电容的影响。这时，电阻器变为一个直流电阻(R_0)与分布电感串联，然后再与分布电容并联的等效电路，非线绕电阻器的 L_R 为 0.01～0.05 μH，C_R＝0.1～5 pF，线绕电阻器的 L_R 达几十微亨，C_R 达几十皮法，即使是无感绕法的线绕电阻器，L_R 仍有零点几微亨。

2.1.3 命名方法

根据部颁标准(SJ-73)规定，电阻器、电位器的命名由下列 4 部分组成：第 1 部分为主称；第 2 部分为材料；第 3 部分为分类特征；第 4 部分为序号。它们的型号及意义如表 2-6 所示。

表 2-6 电阻器的型号命名法

<table>
<tr><th colspan="2">第 1 部分：
用字母表示主称</th><th colspan="2">第 2 部分：
用字母表示材料</th><th colspan="2">第 3 部分：
用数字或字母表示特征</th><th rowspan="2">第 4 部分：
序号</th></tr>
<tr><th>符 号</th><th>意 义</th><th>符 号</th><th>意 义</th><th>符 号</th><th>意 义</th></tr>
<tr><td>R</td><td>电阻器</td><td>T</td><td>碳 膜</td><td>1,2</td><td>普 通</td><td rowspan="15">包括：
额定功率
阻值
允许误差
精度等级</td></tr>
<tr><td rowspan="14">RP</td><td rowspan="14">电位器</td><td>P</td><td>金属膜</td><td>3</td><td>超高频</td></tr>
<tr><td>U</td><td>合成膜</td><td>4</td><td>高阻</td></tr>
<tr><td>C</td><td>沉积膜</td><td>7</td><td>高温</td></tr>
<tr><td>H</td><td>合成膜</td><td>8</td><td>精密</td></tr>
<tr><td>I</td><td>玻璃釉膜</td><td>9</td><td>电阻器-高压</td></tr>
<tr><td>J</td><td>金属膜</td><td>G</td><td>电位器-特殊函数</td></tr>
<tr><td>Y</td><td>氧化膜</td><td>T</td><td>特殊</td></tr>
<tr><td>S</td><td>有机实芯</td><td>X</td><td>高功率</td></tr>
<tr><td>N</td><td>无机实芯</td><td>L</td><td>可调</td></tr>
<tr><td>X</td><td>线绕</td><td>W</td><td>小型</td></tr>
<tr><td>R</td><td>热敏</td><td rowspan="3">D</td><td rowspan="3">测量用
微调
多圈</td></tr>
<tr><td>G</td><td>光敏</td></tr>
<tr><td>M</td><td>压敏</td></tr>
</table>

例如，RJ81-0.125-5.1kI 型的命名含义如下。

R：电阻器；J：金属膜；8：精密，1：序号；0.125：额定功率；5.1k：标称阻值；I：误差 5%。

2.1.4 选用常识

根据电子设备的技术指标和电路的具体要求选用电阻的型号和误差等级；额定功率应大于实际消耗功率的 1.5～2 倍；电阻装接前要测量核对，尤其是要求较高时，还要人工老化处理，提高稳定性；根据电路工作频率选择不同类型的电阻。对于电阻器，具体应该做到以下几点。

(1) 优先选用通用型电阻器

选用通用型和标准系列的电阻器，不仅因为种类多、规格齐全、货源充足，而且成本低，并且在以后的维修工作中也易替换。如果确实不能满足要求时，再考虑选用特殊型、非标准系列的电阻器。通用型电阻器种类很多，如碳膜电阻器、金属膜电阻器、金属氧化膜电阻器、金属玻璃釉电阻器、实心电阻器、线绕电阻器等。这类电阻器的阻值范围宽，精度包括±5%、±10 %和±20%三级，功率为 0.1～10 W。

(2) 所用电阻器的额定功率必须大于其实际承受功率的两倍

要保证电阻器正常工作而不致烧坏，必须使其实际工作时所承受的功率不超过其额定功率。为了使电阻器工作可靠，通常所选用电阻器的额定功率是其实际承受功率的两倍以上。例如，电路中某电阻器实际承受功率为 0.5 W，则应选用额定功率为 1 W 以上的电阻器。

(3) 选用噪声电动势小的电阻器

在高增益前置放大电路中，应选用噪声电动势小的电阻器，以减小噪声对有用信号的干扰。例如，可选用金属膜电阻器、金属氧化膜电阻器、碳膜电阻器。实心电阻器噪声电动势较大，一般不宜在前置放大电路中使用。

(4) 根据电路的工作频率选择电阻器

例如，线绕电阻器不适宜在高频电路中工作，但在低频电路中仍可选用；高频电路中可选用分布参数小的膜式电阻器。由于各种电阻器的结构和制造工艺不同，其分布参数也不相同。RS 型线绕电阻器的分布电感和分布电容都比较大，只适用于频率低于 50 kHz 的电路；RH 型合成膜电阻器和 RS 型有机实心电阻器可以用在频率为几十兆赫的电路中；RT 型碳膜电阻器可在频率为 100 MHz 左右的电路中工作而 RJ 型金属膜电阻器和 RY 型氧化膜电阻器可以工作在频率高达数百兆赫兹的高频电路中。

(5) 根据电路对温度稳定性的要求，选择电阻器

原则上讲温度系数越小，该电阻器随温度的变化就越小，电路就越稳定。但若在实际中，考虑到寿命、价格及该电阻器在电路中的具体作用时，就可忽略这个因素。由于电阻器在电路中的作用不同，所以对它们的温度稳定性要求也就不同，例如，在退耦电路中的电阻器，即使阻值有所变化，对电路工作影响也并不大，因而对电阻器的温度稳定性要求不高；而应用在稳压电源中作电压取样的电阻器，其阻值的变化，将引起输出电压的变化，因而要求选用温度系数小的金属氧化膜电阻器或玻璃釉电阻器等。

实心电阻器温度系数较大，不宜用在稳定性要求较高的电路中；碳膜电阻器、金属膜电阻器、玻璃釉膜电阻器都具有较好的温度特性，很适合应用于稳定性要求较高的场合；线绕电阻器由于采用特殊的合金线绕制，其温度系数极小，因此阻值最为稳定。

(6) 根据安装位置选用电阻器

由于制作电阻器的材料和工艺不同，因此相同功率的电阻器，其体积并不相同。

例如，相同功率的金属膜电阻器的体积是碳膜电阻器的 1/2 左右，因此适合于安装在元器件比较紧凑的电路中；相反，在元器件安装位置比较宽松的场合，选用碳膜电阻器就相对经济些。

(7) 根据工作环境条件选用电阻器

这里主要考虑该电阻器具体的工作环境，如果靠近热源，则应耐高温；如果湿度太大，则应选防潮性能好的玻璃釉电阻器；如果有酸、碱、盐腐蚀的影响，则应选抗腐蚀性电阻器。

对于电位器的选用，应该做到以下几点。

① 根据电位器的结构形式和调节方式选用。单声道音量调节兼电源开关，选用带开关

的电位器;立体声音量调节,选用双联同轴电位器;多个电路同步调节,选用多联电位器;调节后不能变动,选用轴端锁紧式电位器;精密仪器调节,选用多圈电位器。

② 根据电位器的技术性能选用。高精度,选用精密合成膜电位器;高分辨率,选用非线绕电位器或多圈式微调电位器;精密、微量调节,选用有慢轴调节结构的微调电位器;分辨率高、阻值范围宽、可靠性高、高频特性好等,选用金属玻璃釉电位器。

③ 根据电路的功率及工作频率选用。大功率、低频电路,选用功率型线绕电位器或金属玻璃釉电位器;中频或高频电路,选用金属膜或碳膜电位器;高频、高稳定性电路,选用薄膜型电位器。

④ 根据电位器的阻值变化规律选用。电压调节、放大电路工作点的调节,选用直线式电位器;音量控制,选用指数式电位器;音调控制,选用对数式电位器。

2.1.5 检测方法与经验

1. 固定电阻器的检测

将两表笔(不分正负)分别与电阻的两端引脚相接即可测出实际电阻值。为了提高测量精度,应根据被测电阻标称值的大小来选择量程。由于欧姆挡刻度的非线性关系,它的中间一段分度较为精细,因此应使指针指示值尽可能落到刻度的中段位置,即全刻度起始的20%~80%弧度范围内,以使测量更准确。

根据电阻误差等级不同,读数与标称阻值之间分别允许有±5%、±10%或±20%的误差。如不相符,超出误差范围,则说明该电阻值变值了。

注意:①测试时,特别是在测几十千欧以上阻值的电阻时,手不要触及表笔和电阻的导电部分;②被检测的电阻从电路中焊下来,至少要焊开一个头,以免电路中的其他元件对测试产生影响,造成测量误差;③色环电阻的阻值虽然能以色环标志来确定,但在使用时最好还是用万用表测试一下其实际阻值。

2. 水泥电阻的检测

检测水泥电阻的方法及注意事项与检测普通固定电阻完全相同。

3. 熔断电阻器的检测

在电路中,当熔断电阻器熔断开路后,可根据经验作出判断:若发现熔断电阻器表面发黑或烧焦,可断定是其负荷过重,是因为通过它的电流超过其额定值很多倍所致;如果其表面无任何痕迹而开路,则表明流过的电流刚好等于或稍大于其额定熔断值。对于表面无任何痕迹的熔断电阻器好坏的判断,可借助万用表 R×1 挡来测量。为保证测量准确,应将熔断电阻器一端从电路上焊下。若测得的阻值为无穷大,则说明此熔断电阻器已失效开路,若测得的阻值与标称值相差甚远,表明电阻变值,也不宜再使用。在维修实践中发现,也有少数熔断电阻器在电路中被击穿短路的现象,检测时也应予以注意。

4. 电位器的检测

检查电位器时,首先要转动旋柄,看看旋柄转动是否平滑,开关是否灵活,开关通、断时"喀哒"声是否清脆,并听一听电位器内部接触点和电阻体摩擦的声音,如有"沙沙"声,说明质量不好。用万用表测试时,先根据被测电位器阻值的大小,选择好万用表的合适电阻挡位,然后可按下述方法进行检测。

① 用万用表的欧姆挡测"1"、"2"两端,其读数应为电位器的标称阻值,如万用表的指针

不动或阻值相差很多，则表明该电位器已损坏。

② 检测电位器的活动臂与电阻片的接触是否良好。用万用表的欧姆挡测“1”、“2”（或“2”、“3”）两端，将电位器的转轴按逆时针方向旋至接近“关”的位置，这时电阻值越小越好。再顺时针慢慢旋转轴柄，电阻值应逐渐增大，表头中的指针应平稳移动。当轴柄旋至极端位置“3”时，阻值应接近电位器的标称值。如万用表的指针在电位器的轴柄转动过程中有跳动现象，说明活动触点有接触不良的故障。

5. 正温度系数热敏电阻(PTC)的检测

检测时，用万用表 R×1 挡，具体可分如下两步操作。

① 常温检测(室内温度接近 25 ℃)：将两表笔接触 PTC 热敏电阻的两引脚测出其实际阻值，并与标称阻值相对比，两者相差在±2 Ω 内即为正常。实际阻值若与标称阻值相差过大，则说明其性能不良或已损坏。

② 加温检测：在常温测试正常的基础上，即可进行第二步测试——加温检测，将一热源(例如电烙铁)靠近 PTC 热敏电阻对其加热，同时用万用表监测其电阻值是否随温度的升高而增大，如果是，说明热敏电阻正常，若阻值无变化，说明其性能变劣，不能继续使用。注意不要使热源与 PTC 热敏电阻靠得过近或直接接触热敏电阻，以防止将其烫坏。

6. 负温度系数热敏电阻(NTC)的检测

(1) 测量标称电阻值 R_t

用万用表测量 NTC 热敏电阻的方法与测量普通固定电阻的方法相同，即根据 NTC 热敏电阻的标称阻值选择合适的电阻挡可直接测出 R_t 的实际值。但因 NTC 热敏电阻对温度很敏感，故测试时应注意以下几点。

① R_t 是生产厂家在环境温度为 25℃时所测得的，所以用万用表测量 R_t 时，亦应在环境温度接近 25℃时进行，以保证测试的可信度。

② 测量功率不得超过规定值，以免电流热效应引起测量误差。

③ 注意正确操作。测试时，不要用手捏住热敏电阻体，以防止人体温度对测试产生影响。

(2) 估测温度系数 α_t

先在室温 t_1 下测得电阻值 R_{t_1}，再用电烙铁作热源，靠近热敏电阻 R_t，测出电阻值 R_{T_2}，同时用温度计测出此时热敏电阻 R_T 表面的平均温度 t_2 再进行计算。

7. 压敏电阻的检测

用万用表的 R×1 k 挡测量压敏电阻两引脚之间的正、反向绝缘电阻，均为无穷大，否则，说明漏电流大。若所测电阻很小，说明压敏电阻已损坏，不能使用。

8. 光敏电阻的检测

光敏电阻的检测方法如下。

① 用一黑纸片将光敏电阻的透光窗口遮住，此时万用表的指针基本保持不动，阻值接近无穷大。此值越大，说明光敏电阻性能越好。若此值很小或接近为零，说明光敏电阻已烧穿损坏，不能再继续使用。

② 将一光源对准光敏电阻的透光窗口，此时万用表的指针应有较大幅度的摆动，阻值明显减小。此值越小，说明光敏电阻性能越好。若此值很大甚至无穷大，表明光敏电阻内部开路损坏，也不能再继续使用。

③ 将光敏电阻透光窗口对准入射光线，用小黑纸片在光敏电阻的遮光窗上部晃动，使其间断受光，此时万用表指针应随黑纸片的晃动而左右摆动。如果万用表指针始终停在某一位置不随纸片晃动而摆动，说明光敏电阻的光敏材料已经损坏。

2.2 电容器

电容器是一种储能元件，在电路中用于调谐、滤波、耦合、旁路、能量转换和延时。电容器通常叫做电容。

按其结构可分为固定电容器、半可变电容器、可变电容器 3 种。如图 2-5 所示为电容器外观。

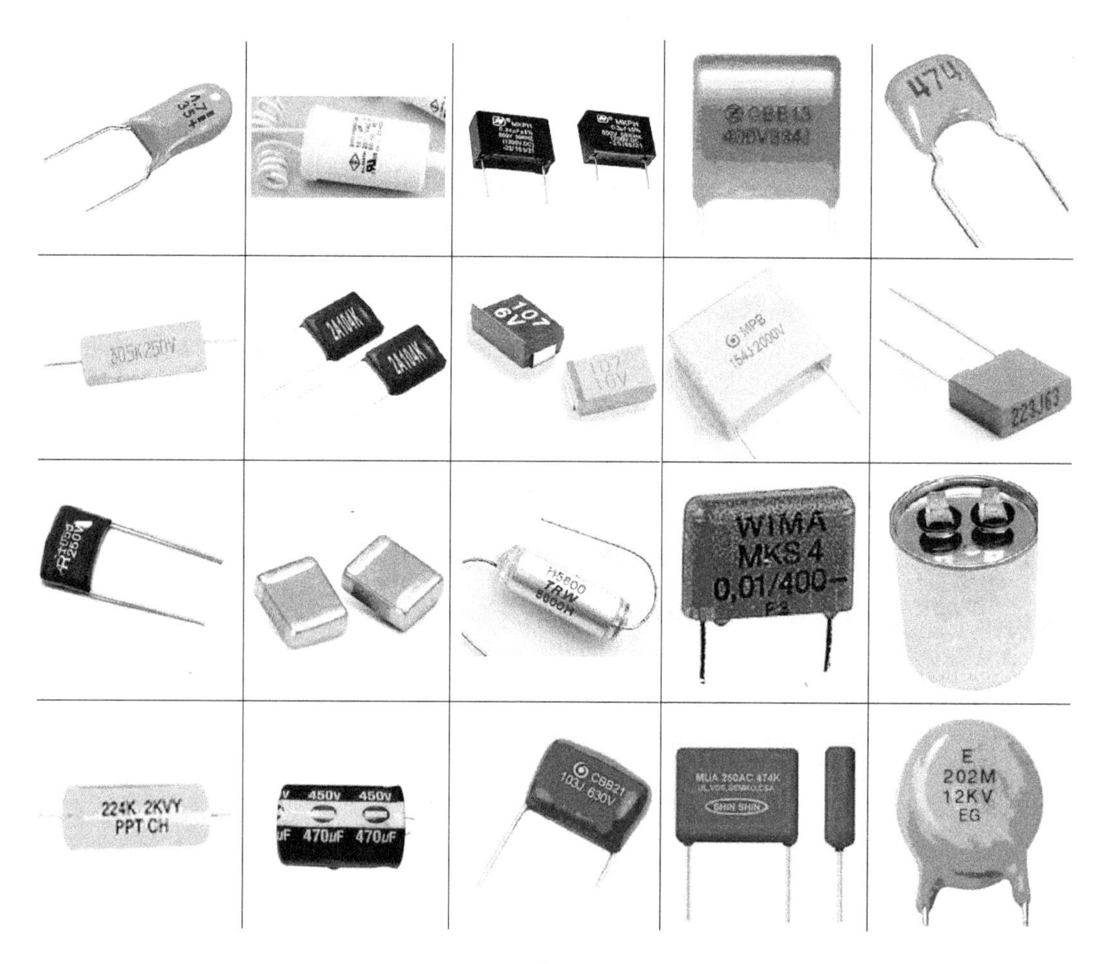

图 2-5 电容器外观

2.2.1 常用电容的结构和特点

常用的电容器按其介质材料可分为电解电容器、云母电容器、瓷介电容器、玻璃釉电容等。常用电容的结构和特点如表 2-7 所示。

表 2-7　常用电容的结构和特点

电容种类	电容结构和特点	实物图片
铝电解电容	它是由铝圆筒做负极，里面装有液体电解质，插入一片弯曲的铝带做正极制成。还需要经过直流电压处理，使正极片上形成一层氧化膜做介质。它的特点是容量大，但是漏电大、误差大、稳定性差，常用作交流旁路和滤波，在要求不高时也用于信号耦合。电解电容有正、负极之分，使用时不能接反。有正负极性，使用的时候，正负极不要接反	
纸介电容	用两片金属箔做电极，夹在极薄的电容纸中，卷成圆柱形或者扁柱形芯子，然后密封在金属壳或者绝缘材料（如火漆、陶瓷、玻璃釉等）壳中制成。它的特点是体积较小，容量可以做得较大。但是其固有电感和损耗都比较大，用于低频比较合适	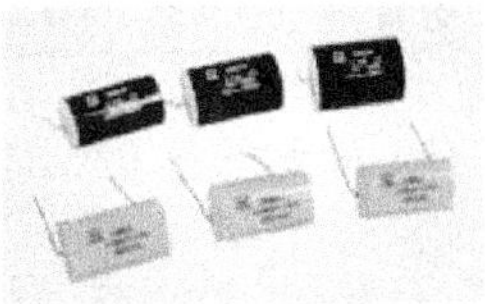
金属化纸介电容	结构和纸介电容基本相同。它是在电容器纸上覆上一层金属膜来代替金属箔，体积小、容量较大，一般用在低频电路中	
油浸纸介电容	它是把纸介电容浸在经过特别处理的油里，能增强它的耐压。它的特点是电容量大、耐压高，但是体积较大	
玻璃釉电容	以玻璃釉作介质，具有瓷介电容器的优点，且体积更小，耐高温。	
陶瓷电容	用陶瓷做介质，在陶瓷基体两面喷涂银层，然后烧成银质薄膜做极板制成。它的特点是体积小、耐热性好、损耗小、绝缘电阻高，但容量小，适宜用于高频电路。铁电陶瓷电容容量较大，但是损耗和温度系数较大，适宜用于低频电路	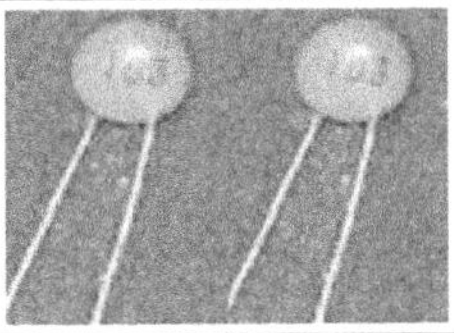
薄膜电容	结构和纸介电容相同，介质是涤纶或者聚苯乙烯。涤纶薄膜电容，介电常数较高，体积小、容量大，稳定性较好，适宜做旁路电容。聚苯乙烯薄膜电容，介质损耗小，绝缘电阻高，但是温度系数大，可用于高频电路	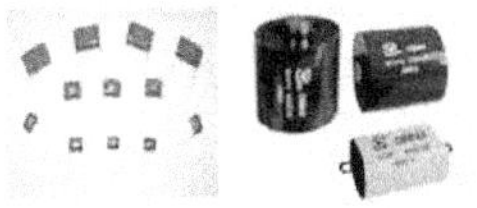
云母电容	用金属箔或者在云母片上喷涂银层做电极板，极板和云母一层一层叠合后，再压铸在胶木粉或封固在环氧树脂中制成。它的特点是介质损耗小、绝缘电阻大、温度系数小，适宜用于高频电路	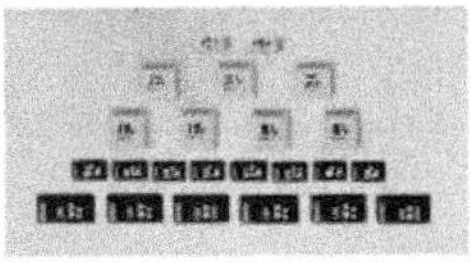
钽、铌电解电容	它是用金属钽或者铌做正极，用稀硫酸等配液做负极，用钽或铌表面生成的氧化膜做介质制成。它的特点是体积小、容量大、性能稳定、寿命长、绝缘电阻大、温度特性好。用在要求较高的设备中	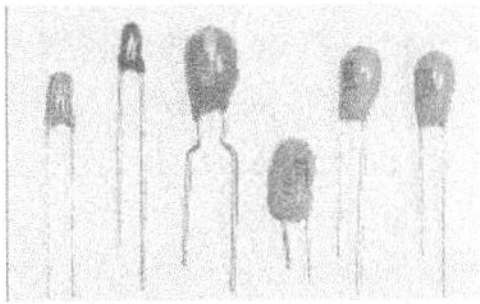
半可变电容	它也叫做微调电容。是由两片或者两组小型金属弹片，中间夹着介质制成。调节的时候改变两片之间的距离或者面积。它的介质有空气、陶瓷、云母、薄膜等	
可变电容	它由一组定片和一组动片组成，它的容量随着动片的转动可以连续改变。把两组可变电容装在一起同轴转动，叫做双连。可变电容的介质有空气和聚苯乙烯两种。空气介质可变电容体积大，损耗小，多用在电子管收音机中。聚苯乙烯介质可变电容做成密封式的，体积小，多用在晶体管收音机中	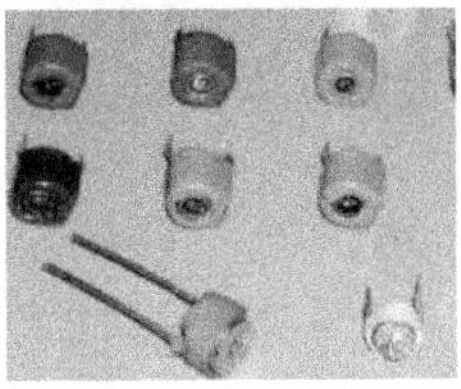

电容器的图形符号如图 2-6 所示。

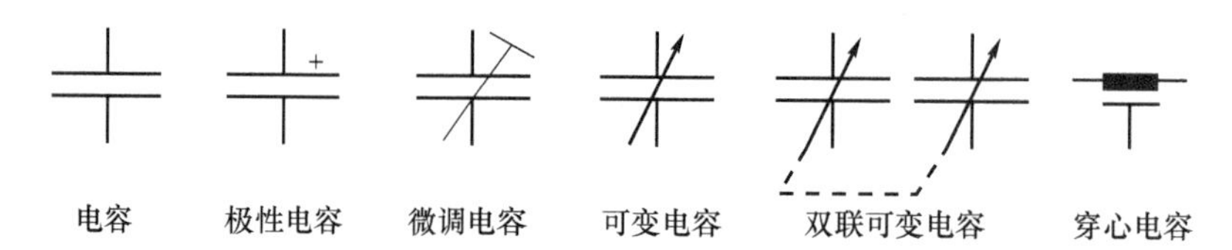

图 2-6 电容器的图形符号

2.2.2 主要性能指标

(1) 标称容量和允许误差

标称容量是电容器储存电荷的能力，常用的单位是 F、μF、pF。电容器上标有的电容数是电容器的标称容量。电容器的标称容量和它的实际容量会有误差。常用固定电容允许误差的等级如表 2-8 所示。常用固定电容的标称容量系列如表 2-9 所示。一般，电容器上都直接写出其容量，也有用数字来标志容量的，通常在容量小于 10 000 pF 的时候，用 pF 做单位，大于 10 000 pF 的时候，用 uF 做单位。为了简便起见，大于 100 pF 而小于 1 μF 的电容常常不注单位。没有小数点的，它的单位是 pF，有小数点的，它的单位是 μF。如有的电容上标有“332”(3 300 pF)3 位有效数字，左起两位给出电容量的第一、二位数字，而第三位数字则表示在后加 0 的个数，单位是 pF。

表 2-8 常用固定电容允许的误差等级

允许误差	±2%	±5%	±10%	±20%	(+20% −30%)	(+50% −20%)	(+100%−10%)
级　别	02	Ⅰ	Ⅱ	Ⅲ	Ⅳ	Ⅴ	Ⅵ

表 2-9 常用固定电容的标称容量系列

电容类别	允许误差	容量范围	标称容量系列/μF
纸介电容、金属化纸介电容、纸膜复合介质电容、低频(有极性)有机薄膜介质电容	5% ±10% ±20%	100 pF～1 μF	1.0、1.5、2.2、3.3、4.7、6.8
		1 μF～100 μF	1、2、4、6、8、10、15、20、30、50、60、80、100
高频(无极性)有机薄膜介质电容、瓷介电容、玻璃釉电容、云母电容	5%	1 pF～1 μF	1.1、1.2、1.3、1.5、1.6、1.8、2.0、2.4、2.7、3.0、3.3、3.6、3.9、4.3、4.7、5.1、5.6、6.2、6.8、7.5、8.2、9.1
	10%		1.0、1.2、1.5、1.8、2.2、2.7、3.3、3.9、4.7、5.6、6.8、8.2
	20%		1.0、1.5、2.2、3.3、4.7、6.8
铝、钽、铌、钛电解电容	10% ±20% +50/−20% +100/−10%	1 μF～1 000 000 μF	1.0、1.5、2.2、3.3、4.7、6.8

(2) 额定工作电压

在规定的工作温度范围内,电容长期可靠地工作,它能承受的最大直流电压就是电容的耐压,也叫做电容的直流工作电压。如果在交流电路中,要注意所加的交流电压最大值不能超过电容的直流工作电压值。常用的固定电容工作电压有 6.3 V、10 V、16 V、25 V、50 V、63 V、100 V、250 V、400 V、500 V、630 V、1 000 V。

(3) 绝缘电阻

由于电容两极之间的介质不是绝对的绝缘体,它的电阻不是无限大,而是一个有限的数值,一般在 1 000 MΩ 以上,电容两极之间的电阻叫做绝缘电阻,或者叫做漏电电阻,大小是额定工作电压下的直流电压与通过电容的漏电流的比值。漏电电阻越小,漏电越严重。电容漏电会引起能量损耗,这种损耗不仅影响电容的寿命,而且会影响电路的工作。因此,漏电电阻越大越好。

(4) 介质损耗

介质损耗是指电容器在电场作用下消耗的能量,通常用损耗功率和电容器的无功功率之比,即损耗角的正切值表示。损耗角越大,电容器的损耗越大,损耗角大的电容不适于高频情况下工作。

常用电容的几项特性如表 2-10 所示。

表 2-10　常用电容的几项特性

电容种类	容量范围	直流工作电压/V	运用频率/MHz	漏电电阻/MΩ
中小型纸介电容	470 pF～0.22 μF	63～630	8 以下	>5 000
金属壳密封纸介电容	0.01 μF～10 μF	250～1 600	直流,脉动直流	>1 000～5 000
中小型金属化纸介电容	0.01 μF～0.22 μF	160、250、400	8 以下	>2 000
金属壳密封金属化纸介电容	0.22 μF～30 μF	160～1 600	直流,脉动电流	>30～5 000
薄膜电容	3 pF～0.1 μF	63～500	高频、低频	>10 000
云母电容	10 pF～0.51 μF	100～7 000	75～250 以下	>10 000
瓷介电容	1 pF～0.1 μF	63～630	低频、高频	>10 000
铝电解电容	1 μF～10 000 μF	4～500	直流,脉动直流	
钽、铌电解电容	0.47 μF～1 000 μF	6.3～160	直流,脉动直流	
瓷介微调电容	2/7 pF～7/25 pF	250～500	高频	>1 000～10 000
可变电容	7 pF～1 100 pF	100 以上	低频,高频	>500

2.2.3　命名方法

根据部颁标准(SJ-73)规定,电容器的命名由下列 4 部分组成:第 1 部分为主称;第 2 部分为材料;第 3 部分为分类特征;第 4 部分为序号。它们的型号及意义如表 2-11、表 2-12所示。

表 2-11　电容器型号命名方法

第 1 部分：用字母表示主称		第 2 部分：用字母表示材料		第 3 部分：用数字或字母表示特征		第 4 部分：
符　号	意　义	符　号	意　义	符　号	意　义	序　号
C	电容器	C	瓷介	T	铁电	包括：品种、尺寸、代号、温度特性、直流工作电压、标称值、允许误差、标准代号
		I	玻璃釉	W	微调	
		O	玻璃膜	J	金属化	
		Y	云母	X	小型	
		V	云母纸	S	独石	
		Z	纸介	D	低压	
		J	金属化纸	M	密封	
		B	聚苯乙烯	Y	高压	
		F	聚四氟乙烯	C	穿心式	
		L	涤纶			
		S	聚碳酸酯			
		Q	漆膜			
		H	纸膜复合			
		D	铝电解			
		A	钽电解			
		G	金属电解			
		N	铌电解			
		T	钛电解			
		M	压敏			
		E	其他材料			

表 2-12　第 3 部分是数字时所代表的意义

符号	特征(型号的第 3 部分)的意义			
(数字)	瓷介电容器	云母电容器	有机电容器	电解电容器
1	圆片		非密封	箔式
2	管型	非密封	非密封	箔式
3	迭片	密封	密封	烧结粉液体
4	独石	密封	密封	烧结粉固体
5	穿心		穿心	
6				
7				无极性
8	高压	高压	高压	
9			特殊	特殊

2.2.4　电容器的选用常识

(1) 根据电路要求选择合适型号

一般的耦合、旁路等,可选用一般电容器;在高频电路中应选用云母电容器或瓷介电容器;在电源滤波和退耦等处应选用电解电容器。

(2) 正确选取电容量及精度

电容器的电容量应选择靠近计算值的一个标称值。若有高精度要求,则应选用精度高的电容器。在某些场合下可从 I、II、III 级精度的电容器中挑选或采用串、并联的方法,也可并上一个半可变电容器,供调整容量用。

(3) 注意电容器的绝缘电阻与损耗

由于电容器的绝缘电阻与工作电压、温度的关系较大,所以在高温、高压下使用时,必须选用绝缘电阻高的电容器,否则就可能由于漏电流而产生功率损耗,使电容器发热,以致恶性循环,导致电容损坏。作为运算元件(如积分器的积分电容),必须考虑其绝缘电阻的量级,否则将严重影响其运算精度。

用于谐振电路(振荡、选频、滤波)时,必须选用 $\mathrm{tg}\,\delta$ 小的电容器。因为 $\mathrm{tg}\,\delta$ 与谐振电路的 Q 值密切相关,直接影响谐振电路的谐振特性。

(4) 注意电容器的温度稳定性

一般用于耦合、旁路等电路的电容器对准确度的要求不高,不必考虑工作温度对电容量的影响。但用于振荡器、滤波器等电路时,往往要求有较宽的温度变化范围,保证电容量恒定或变动很小。因此必须选择电容温度系数小的电容器,或采用两个具有相反温度系数的电容器以便实现温度补偿。

(5) 使用中应注意的问题

电解电容器如果长期储存未使用,则在使用时应逐步增大电压至额定值,以免造成击穿或因漏电流过大而损坏。

电容器串联在直流电路中时,应同时串联一个电阻器以防止电容器在充、放电间产生过大电流而损坏。当几个电容器串联使用时,最好在几个电容器上分别并联适当电阻,以均衡电压,防止击穿。各并联电阻器的阻值之比应等于各相应电容器耐压之比。阻值的大小,为相应电容器绝缘电阻的 1/3～1/5。

2.2.5　电容器检测的一般方法

(1) 固定电容器的检测

① 检测 10 pF 以下的小电容。因 10 pF 以下的固定电容器容量太小,用万用表进行测量,只能定性的检查其是否有漏电、内部短路或击穿现象。测量时,可选用万用表 R×10 k 挡,用两表笔分别任意接电容的两个引脚,阻值应为无穷大。若测出阻值(指针向右摆动)为零,则说明电容漏电损坏或内部击穿。

② 检测 10 pF～0.01 μF 固定电容器是否有充电现象,进而判断其好坏。万用表选用 R×1 k 挡。两只三极管的 β 值均为 100 以上,且穿透电流要小。可选用 3DG6 等型号硅三极管组成复合管。万用表的红和黑表笔分别与复合管的发射极 e 和集电极 c 相接。由于复

合三极管的放大作用，把被测电容的充、放电过程予以放大，使万用表指针摆幅加大，从而便于观察。

应注意的是：在测试操作时，特别是在测较小容量的电容时，要反复调换被测电容引脚接触 A、B 两点，才能明显地看到万用表指针的摆动。

③ 对于 0.01 μF 以上的固定电容，可用万用表的 R×10 k 挡直接测试电容器有无充电过程，以及有无内部短路或漏电，并可根据指针向右摆动的幅度大小估计出电容器的容量。

(2) 电解电容器的检测

① 因为电解电容的容量较一般固定电容大得多，所以，测量时，应针对不同容量来选用合适的量程。根据经验，一般情况下，1～47 μF 间的电容，可用 R×1 k 挡测量，大于 47 μF 的电容可用 R×100 挡测量。

② 将万用表红表笔接负极，黑表笔接正极，在刚接触的瞬间，万用表指针即向右偏转较大偏度(对于同一电阻挡，容量越大，摆幅越大)，接着逐渐向左回转，直到停在某一位置。此时的阻值便是电解电容的正向漏电阻，此值略大于反向漏电阻。实际使用经验表明，电解电容的漏电阻一般应在几百千欧以上，否则，将不能正常工作。在测试中，若正向、反向均无充电的现象，即表针不动，则说明容量消失或内部断路；如果所测阻值很小或为零，说明电容漏电大或已击穿损坏，不能再使用。

③ 对于正、负极标志不明的电解电容器，可利用上述测量漏电阻的方法加以判别。即先任意测一下漏电阻，记住其大小，然后交换表笔再测出一个阻值。两次测量中阻值大的那一次便是正向接法，即黑表笔接的是正极，红表笔接的是负极。

④ 使用万用表电阻挡，采用给电解电容进行正、反向充电的方法，根据指针向右摆动幅度的大小，可估测出电解电容的容量。

(3) 可变电容器的检测

① 用手轻轻旋动转轴，应感觉十分平滑，不应有时松时紧的感觉甚至有卡滞现象。将载轴向前、后、上、下、左、右等各个方向推动时，转轴不应有松动的现象。

② 用一只手旋动转轴，另一只手轻摸动片组的外缘，不应感觉有任何松脱现象。转轴与动片之间接触不良的可变电容器，是不能再继续使用的。

③ 将万用表置于 R×10 k 挡，一只手将两个表笔分别接可变电容器的动片和定片的引出端，另一只手将转轴缓缓旋动几个来回，万用表指针都应在无穷大位置不动。在旋动转轴的过程中，如果指针有时指向零，说明动片和定片之间存在短路点；如果碰到某一角度，万用表读数不为无穷大而是出现一定阻值，说明可变电容器动片与定片之间存在漏电现象。

2.3 电　　感

电感线圈是应用电磁感应原理制成的元件。通常分为两类，一类是应用自感作用的电感线圈，另一类是应用互感作用的变压器。电感器的外观如图 2-7 所示。

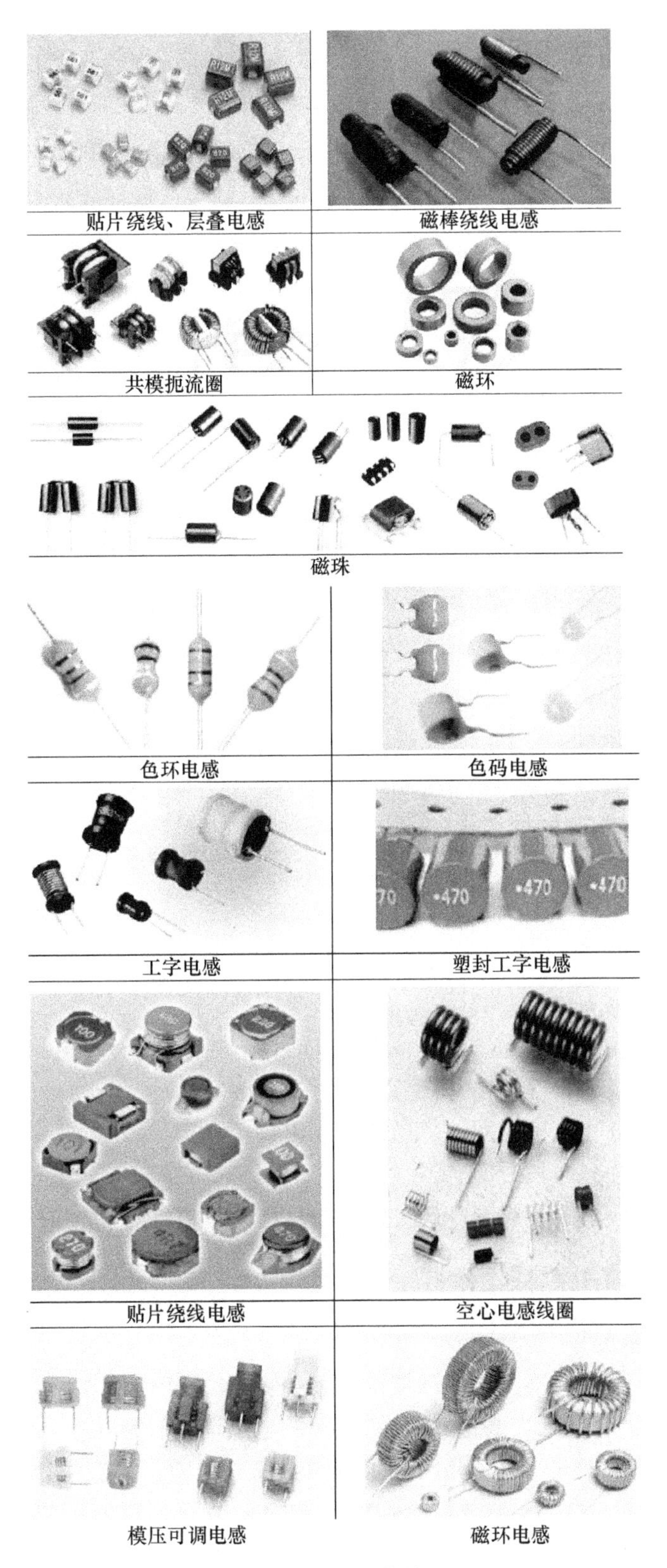
贴片绕线、层叠电感
磁棒绕线电感
共模扼流圈
磁环
磁珠
色环电感
色码电感
工字电感
塑封工字电感
贴片绕线电感
空心电感线圈
模压可调电感
磁环电感

图 2-7　电感器的外观

2.3.1 电感基本知识

(1) 电感线圈与变压器

① 电感线圈:导线中有电流时,其周围即建立磁场。通常我们把导线绕成线圈,以增强线圈内部的磁场。电感线圈就是据此把导线(漆包线、纱包或裸导线)一圈靠一圈(导线间彼此互相绝缘)地绕在绝缘管(绝缘体、铁心或磁心)上制成的。一般情况下,电感线圈只有一个绕组。

② 变压器:电感线圈中流过变化的电流时,不但在自身两端产生感应电压,而且能使附近的线圈中产生感应电压,这一现象叫互感。两个彼此不连接但又靠近、相互间存在电磁感应的线圈一般叫变压器。

(2) 电感的符号与单位

电感在电路中常用字母 L 表示,电感量的单位是亨利,简称为亨,以字母 H 表示。如图 2-8 所示为电感器的图形符号。

$$1\ \text{H}=10^3\ \text{mH(毫亨)}=10^6\ \mu\text{H(微亨)}$$

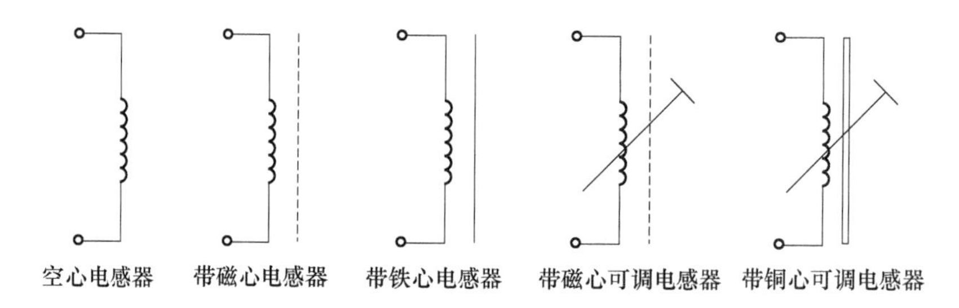

图 2-8 电感器的图形符号

(3) 电感的分类

① 按电感形式分为固定电感、可变电感。

② 按导磁体性质分为空心线圈、铁氧体线圈、铁心线圈、铜心线圈。

③ 按工作性质分为天线线圈、振荡线圈、扼流线圈、陷波线圈、偏转线圈。

④ 按绕线结构分为单层线圈、多层线圈、蜂房式线圈。

⑤ 按工作频率分为高频线圈、低频线圈。

⑥ 按结构特点分为磁心线圈、可变电感线圈、色码电感线圈、无磁心线圈等。

2.3.2 电感的主要特性参数

(1) 电感量及精度

线圈电感量的大小,主要决定于线圈的直径、匝数及有无铁心等。电感线圈的用途不同所需的电感量也不同。例如在高频电路中,线圈的电感量一般为 0.1 μH~100 H。

电感成量的精度,即实际电感量与要求电感量间的误差。对它的要求视用途而定。对振荡线圈要求较高为 0.2%~0.5%。对耦合线圈和高频扼流圈要求较低,允许 10%~15%。对于某些要求电感量精度很高的场合,一般只能在绕制后用仪器测试,通过调节靠近边沿的线匝间距离或线圈中的磁心位置来实现。

(2) 线圈的品质因数

品质因数Q用来表示线圈损耗的大小,高频线圈通常为50～300。对调谐回路线圈的Q值要求较高,用高Q值的线圈与电容组成的谐振电路有更好的谐振特性;用低Q值线圈与电容组成的谐振电路,其谐振特性不明显。对耦合线圈,要求可低一些,对高频扼流圈和低频扼流圈,则无要求。Q值的大小,影响回路的选择性、效率、滤波特性及频率的稳定性。一般均希望Q值大,但提高线圈的Q值并不是一件容易的事,因此应根据实际使用场合,对线圈Q值提出适当的要求。线圈的品质因数为

$$Q=\omega L/R \tag{2-3}$$

式(2-3)中:ω为工作角频;L为线圈的电感量;R为线圈的总损耗电阻,它是由直流电外高频电阻(由集肤效应和邻近效应引起)介质损耗等所组成。

为了提高线圈的品质因数Q,可以采用镀银铜线,以减小高频电阻;用多股的绝缘线代替具有同样总截面的单股线,以减少集肤效应;采用介质损耗小的高频瓷心为骨架,以减小介质损耗。采用磁心虽增加了磁心损耗,但可以大大减小线圈匝数,从而减小导线直流电阻,对提高线圈Q值很有利。

(3) 固有电感

线圈绕组的匝与匝之间存在着分布电容,多层绕组层与层之间,也都存在着分布电容。这个电容的存在,使线圈的工作频率受到限制,Q值也下降。为了保证有效电感量的稳定,使用电感线圈时,都使其工作频率远低于线圈的固有频率。为了减小线圈的固有电容,可以减少线圈骨架的直径,用细导线绕制线圈,或用间绕式、蜂房式绕法。

(4) 线圈的稳定性

电感量相对于温度的稳定性,用电感的温度系数α_L(单位为1/℃)表示,即

$$\alpha_L=\frac{L_2-L_1}{L_1(t_2-t_1)} \tag{2-4}$$

式(2-4)中:L_1和L_2分别是温度为t_1和t_2时的电感量。

对于经过温度循环变化后,电感量不再能恢复到原来值的这种不可逆变化,用电感的不稳定系数表示,即

$$\beta_L=(L-L_t)/L \tag{2-5}$$

式(2-5)中:L和L_t分别为原来和温度循环变化后的电感量。

温度对电感量的影响,主要是因为导线受热膨胀,使线圈产生几何变形而引起的。减小这一影响的方法是:采用热法(绕制时将导线加热,冷却后导线收缩,以保证导线紧紧贴合在骨架上),温度增大时,线圈的固有电容和漏电损耗增加,也会降低线圈的稳定性。改进的方法是:将线圈用防潮物质浸渍或用环氧树脂密封,浸渍后由于浸渍材料的介电常数比空气大,其线匝间的分布电容增大。同时,还引入介质损耗,影响Q值。

(5) 额定电流

其主要是对高频扼流圈和大功率的谐振线圈而言。对于在电源滤波电路中常用的低频扼流圈,额定电流也是一个重要参数。

2.3.3 电感在电路中的作用

(1) 基本作用

电感在电路中的基本作用是滤波、振荡、延迟、限波等。形象的说法:"通直流,阻交流"。

(2) 具体解释

在电子线路中,电感线圈对交流有限流作用,它与电阻器或电容器能组成高通或低通滤波器、移相电路及谐振电路等;变压器可以进行交流耦合、变压、变流和阻抗变换等。

由感抗 $X_L=2\pi fL$ 知,电感 L 越大,频率 f 越高,感抗就越大。该电感器两端电压的大小与电感 L 成正比,还与电流变化速度 $\Delta i/\Delta t$ 成正比,这关系也可用式(2-6)表示:

$$u=L\frac{\Delta i}{\Delta t} \tag{2-6}$$

电感线圈也是一个储能元件,它以磁的形式储存电能,储存的电能大小可用式(2-7)表示:

$$W_L=\frac{1}{2}Li^2 \tag{2-7}$$

可见,线圈电感量越大,流过越大,储存的电能也就越多。

2.3.4 电感线圈的绕制方法

线圈在骨架上的绕法可以分为单层绕法和多层绕法两种。

(1) 单层绕法

单层绕法是将线匝单层分布于线圈骨架的圆柱表面,有间绕和密绕两种,用于高频谐振电路的线圈,都采用间绕法。这种绕法减小了线圈的固有电容,具有较高的品质因数 Q 和稳定性。在中、短波范围内用的谐振线圈,都采用单层密绕。

(2) 多层绕法

电感量为几百微亨以上的线圈,可采用多层绕法,多层绕法又分多层密绕和蜂房式绕法两种。

前者是线匝一层层的紧密排列,其分布电容较大;后者线匝间不是平行排列,而是具有一定的角度,其分布电容较小,但绕制时需要用蜂房式绕线机。一般的高频扼流圈,由于要求有较大的电感量和较小的体积,而对电感量的精度、Q 值及稳定性要求不高,都采用多层密绕法。对于在高压、大功率下运行的谐振电路,绕制电感线圈时,必须考虑线匝能承受的电流值和线圈的耐压。同时应注意线圈的发热。

2.3.5 电感器的检测

① 先检测电感器外观是否有生锈现象,线圈是否松散、发霉,引脚是否折断。

② 用万用表 R×1 或 R×10 挡测线圈的直流电阻,若电阻值无穷大,说明线圈内部或线圈与引脚间已经断路;若电阻值为零,说明线圈内部已经短路。若电阻值很小,说明电感器正常。

③ 一般情况下,不要求对具体的电感量进行测量,如果要准确测量电感器的电感量 L 和品质因数 Q,需要用专门的仪器来进行测量,测试步骤请参阅相关仪器使用说明书。

2.3.6　电感器的选用

① 选用电感器时，首先要弄清楚线圈的使用频率范围。一般来说，铁心线圈只能用于低频；铁氧体线圈、空心线圈可用于高频。其次要弄清楚线圈的电感量和适用的电压范围。

② 使用线圈时应注意不要随便改变线圈的形状、大小和线圈间的距离，否则会影响原来线圈的电压范围。

③ 线圈在安装时要注意互相之间的位置，若两个线圈同时使用，一般应使相互靠近的电感线圈的轴线互相垂直，避免互感的影响。

2.4　变　压　器

变压器是一种特殊的电感器，它是利用电磁互感应原理制成的。在电路中用来变换电压、电流和阻抗，起传输能量和传递交流信号的作用。变压器的外观如图 2-9 所示。

电源变压器（从左向右依次为线路板焊接型、E型、R型、C型、O型）

图 2-9　变压器的外观

2.4.1　变压器的型号命名

变压器型号命名由 3 部分组成。第 1 部分为主称，用字母表示（D 为电源，G 为高压）；第 2 部分为功率，用数字表示；第 3 部分为序号，用数字表示。

2.4.2　变压器的分类

变压器的种类很多，按其用途的不同可分为电源变压器、自耦变压器、音频变压器、耦合变压器、隔离变压器、脉冲变压器等；按其工作频率的不同可分为高频变压器、中频变压器、低频变压器。变压器的图形符号如图 2-10 所示。

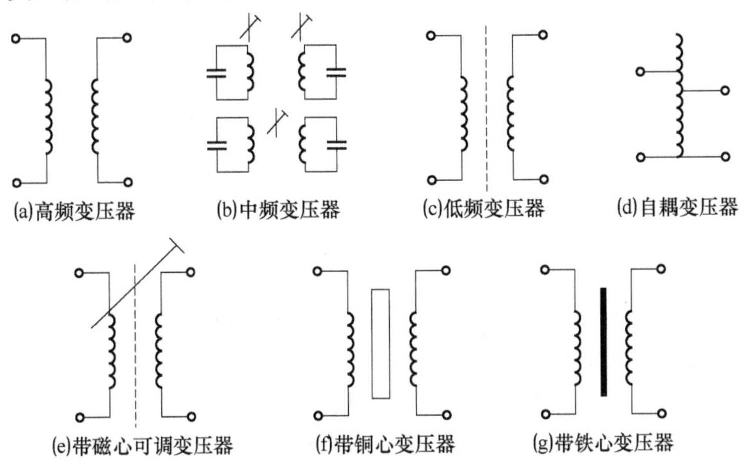

图 2-10　变压器的图形符号

1. 高频变压器

高频变压器又称耦合线圈或调谐线圈，主要有半导体收音机中的天线线圈、振荡线圈和电视机中的天线阻抗变换器，如图 2-11 所示。

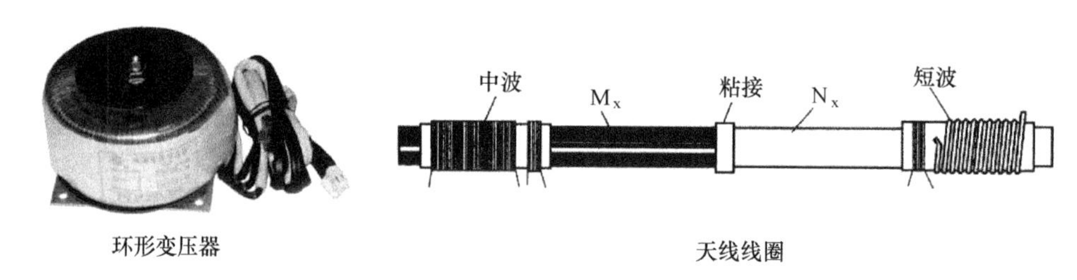

图 2-11　高频变压器外形

2. 中频变压器和振荡线圈

中频变压器简称中周，它是超外差收音机中不可缺少的元件，对收音机的灵敏度、选择性和通频带等指标有很大的影响，在电路中还能起到选频、耦合及转换阻抗的作用。中频变压器与适量的电容器配合，能从前级的信号中，选出某一特定频率的信号送给下一级。在调幅收音机中为 465 kHz，在调频收音机中为 10.7 MHz，电视机伴音中放频率为 6.5 MHz。

① 中频变压器的外形与结构如图 2-12 所示。一般采用工字形或螺纹调杆形结构，整个结构封闭在金属屏蔽罩内，下面底座上有引出脚，上面有调节孔。磁帽和磁心都是由铁氧体制成的。在磁帽顶端涂有不同颜色的漆，以区别于相同的中频变压器和振荡线圈。线圈绕在磁心上，再把磁帽罩在磁心上。磁帽做成螺纹，可以在尼龙框架上旋动。调节磁帽和磁心之间的间隙，就可以改变线圈的电感量。中频变压器一般两台一套，一台为第一级输入用，另一台为第二级输出用。

② 振荡线圈的外形和结构与中周相同，在超外差收音机中需要产生一个比外来信号高 465 kHz 的高频等幅信号，这个任务主要由振荡线圈与电容组成的振荡回路完成的。

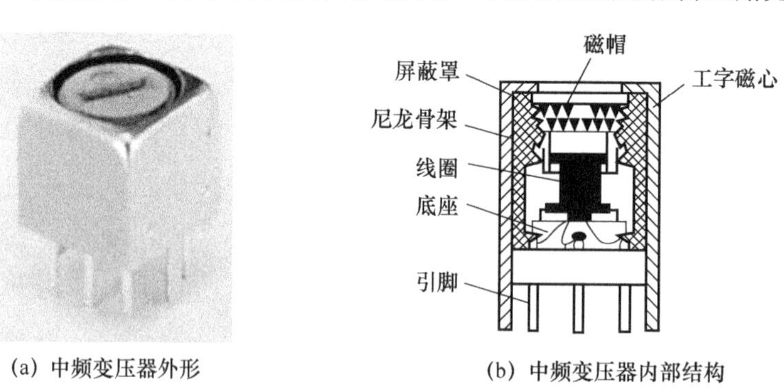

图 2-12　中频变压器的外形与内部结构

3. 低频变压器

低频变压器主要用来传送信号电压和信号功率，实现电路间的阻抗匹配并对直流进行隔离。按照用途可分为输入变压器、输出变压器和级间耦合变压器等。它们通常在收音机电路中被广泛应用。使用低频变压器时，首先要考虑在工作频率范围内保证阻抗匹配，其次在信号源与负载阻抗匹配的情况下，获得最大的输出功率和最小的失真。

(1) 输入变压器

在收音机电路中，低频放大级和功率放大级之间常用变压器耦合，这一变压器称为输入变压器，起到信号耦合、传输作用。输入变压器外形如图 2-13 所示。

(2) 输出变压器

输出变压器接在功率放大器的输出电路和扬声器之间，主要起信号传输和阻抗匹配作用。

(3) 级间耦合变压器

级间耦合变压器接在两级音频放大器之间，将前级放大电路的输出信号传送至后一级，并做适当的阻抗变换。

图 2-13　输入变压器外形

低频变压器的铁心常用硅钢片交叠成“E”型或用冷轧硅钢带卷成“C”型铁心。“E”型铁心磁阻较大、效率低、价格便宜，“C”型铁心磁阻较小、效率高、价格较贵。小型变压器绕组一般用高强度漆包线绕制，在绕制推挽输入变压器二次绕组时，为了达到对称目的，都采用双线并绕法。

2.4.3　变压器的检测

① 先检测变压器的外表是否破损或生锈，绕制引线是否断线、脱焊，绝缘材料是否烧焦等。

② 用万用表 R×1 挡测高频、中频变压器的一次、二次绕组，电阻值通常很小。低频推挽输入变压器的一次、二次绕组的电阻值比高频、中频变压器电阻值大些，二组二次绕组电阻值还应相等。若测出的电阻值无穷大，说明了绕组内部已经断路；若测出电阻值为零，说明了绕组内部已经短路。

2.5　实践：电阻电容电感的识别与测量

实践原始记录表

1. 根据色环识别电阻的阻值，并根据测量值判断是否合格

色环	标称值	万用表挡位	测量值	判断

2. 认识金属模、碳膜电阻

文字标识	含义	万用表挡位	测量值	判断

3. 认识瓷片电容

元件序号		标称值		

4. 写出微调电容上文字的含义

5. 测量电解电容的绝缘电阻

型号	万用表挡位	绝缘电阻	判断	

6. 识别色环电感

色环	标称值			

第3章　电子器件及其识别

半导体是一种导电能力介于导体和绝缘体之间，或者说电阻是介于导体与绝缘体之间的物质。如：锗、硅、硒及大多数金属的氧化物都是半导体。半导体的独特性能不仅在于它的电阻率因温度、掺杂和光照会产生显著变化。利用半导体的特性可制成二极管、三极管多种半导体器件。

3.1　晶体二极管

晶体二极管在电路中常用“VD＋数字”表示，如：VD_5 表示编号为 5 的二极管。晶体二极管的外观如图 3-1 所示。

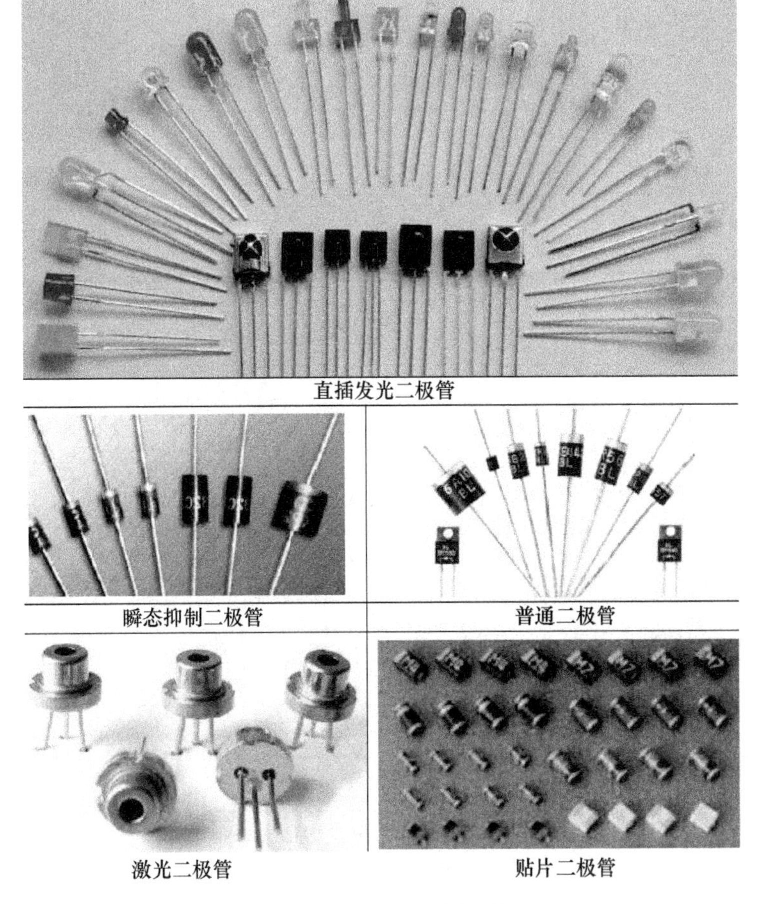

图 3-1　晶体二极管外观

(1) 二极管的作用

二极管的主要作用:二极管的主要特性是单向导电性,也就是在正向电压的作用下,导通电阻很小;而在反向电压作用下导通电阻极大或无穷大。正因为二极管具有上述特性,无绳电话机中常把它用在整流、隔离、稳压、极性保护、编码控制、调频调制和静噪等电路中。

(2) 二极管的分类

电话机里使用的晶体二极管按作用可分为整流二极管(如:1N4004)、隔离二极管(如:1N4148)、肖特基二极管(如:BAT85)、发光二极管、稳压二极管等。如图 3-2 所示。

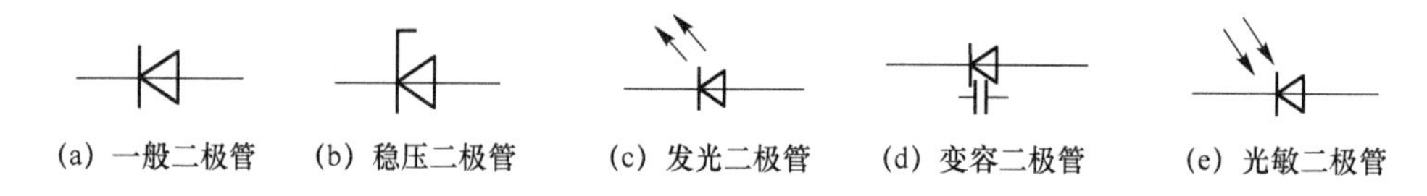

图 3-2 二极管图形符号

3.1.1 晶体二极管型号的命名方法

我国的晶体管型号由 5 部分组成。第 1 部分用数字表示晶体管的电极数目,第 2 部分用字母表示半导体材料和极性,第 3 部分用字母表示晶体管的类别(如表 3-1 所示),第 4 部分用数字表示晶体管的序号,第 5 部分用字母表示区别代号。有些特殊的晶体复合管、PIV 管的型号只有第 3、4、5 部分,而没有第 1、2 部分。

表 3-1 晶体管型号命名法的第 2、3 部分字母意义

第 1 部分:主称		第 2 部分:材料和极性		第 3 部分:类型				第 4 部分:序号	第 5 部分:区别代号
符号	意义	符号	意义	符号	意义	符号	意义		
2	二极管	A	N 型,锗材料	P	普通管	D	低频大功率管(f_a<3 MHz,P_c≥1 W)	数字表示	字母表示
		B	P 型,锗材料	V	微波管				
		C	N 型,硅材料	W	稳压管	A	高频大功率管(f_a≥3 MHz,P_c≥1 W)		
		D	P 型,硅材料	C	参量管				
3	三极管	A	PNP 型,锗材料	Z	整流管	T	半导体闸流管(可控整流器件)		
		B	NPN 型,锗材料	L	整流管				
		C	PNP 型,硅材料	S	隧道管	Y	体效应器件		
		D	NPN 型,硅材料	N	阻尼管	B	雪崩管		
		E	化合物材料	U	光电器件	J	阶跃恢复管		
				K	开关管	CS	场效应器件		
				X	低频小功率管(f_a<3 MHz,P_c<1 W)	BT	半导体特殊器件		
						FH	复合管		
				G	低频小功率管(f_a≥3 MHz,P_c<1 W)	PIN	PIN 型管		
						JG	激光器件		

3.1.2 晶体二极管的参数

一般常用的检波、整流二极管，主要有以下4个参数。

(1) 最大整流电流 I_{DM}

最大整流电流是指半波整流连续工作的情况下，为使PN结的温度不超过额定值（锗管约为80 ℃，硅管约为150 ℃），二极管中能允许通过的最大直流电流。

因为电流流过二极管时就要发热，电流过大二极管就会过热而烧毁，所以应用二极管时要特别注意最大电流不得超过 I_{DM} 值。大电流整流二极管应用时要加散热片。

(2) 最大反向电压 U_{RM}

最大反向电压指不致引起二极管击穿的反向电压。工作电压的峰值不能超过 U_{RM}，否则反向电流增长，整流特性变坏，甚至烧毁二极管。

二极管的反向工作电压一般为击穿电压的1/2，而有些小容量二极管，其最高反向工作电压则定为反向击穿电压的2/3。晶体管的损坏一般来说对电压比对电流更为敏锐，也就是说，过电压更容易引起管子的损坏，故应用中一定要保证不超过最大反向工作电压。

(3) 最大反向电流 I_{RM}

在给定（规定）的反向偏压下，通过二极管的直流电称为反向电流 I_S。理想情况下二极管是单向导电的，但实际上反向电压下总有一点微弱的电流。这一电流在反向击穿之前大致不变，故又称反向饱和电流。实际的二极管，反向电流往往随反向电压的增大而缓慢增大。在最大反向电压 U_{RM} 时，二极管中的反向电流就是最大反向电流 I_{RM}。通常在室温下的 I_S 硅管为1 μA或更小，锗管为几十至几百微安培。反向电流的大小，反映了二极管单向导电性能的好坏，反向电流的数值越小越好。

(4) 最高工作频率 f_M

二极管按照材料、制造工艺和结构的不同，其使用频率也不相同，有的可以工作在高频电路中，如2AP系列、2AK系列等。有的只能在低频电路中使用，如2CP系列、2CZ系列等。晶体二极管保持原来良好工作特性的最高频率，称为最高工作频率。有时手册中标出的不是“最高工作频率（f_M）”，而是标出“频率（f）”，意义是一样的。典型的2AP系列二极管 f_M<150 MHz，而2CP系列 f_M<50 kHz。

3.1.3 晶体二极管的分类

1. 整流二极管

整流二极管是面接触型的，多采用硅材料构成。由于PN结面较大，能承受较大的正向电流和高反向电压，性能比较稳定，但因结电容较大，不适宜在高频电路中应用，不能用于检波。整流二极管有金用封装和塑料封装两种。

2. 检波二极管

检波的作用是把调制在高频电磁波上的低频信号检取出来。检波二极管要求结电容小，反向电流也小，所以检波二极管常采用点接触式二极管，常用的检波二极管有2AP1～2AP7及2AP9～2AP17等型号。除一般二极管参数外，检波二极管还有一个特殊参数——检波效率，即在检波二极管输出电路的电阻负载上产生的直流输出电压与加在输入端的正

弦交流信号电压峰值之比的百分数，即

$$检波效率=\frac{直流输出电压}{输入信号电压峰值}\times 100\%$$

检波二极管的检波效率会随工作频率的增高而下降。检波二极管的封装多采用玻璃或陶瓷外壳，以保证良好的高频特性，它也可以用于小电流整流。

3. 开关二极管

由于晶体二极管具有单向导电的特性，在正偏压(即导通状态)下，其电阻很小，约几十至几百欧姆；在反偏压下呈截止状态，其电阻很大，硅管在 10 MΩ 以上，锗管也有几十千欧至几百千欧。利用二极管这一特性，在电路中对电流进行控制，可起到“接通”或“关断”的开关作用。开关二极管就是为在电路上进行“开”、“关”而特殊设计、制造的一类二极管。开关二极管从截止(高阻)到导通(低阻)的时间叫“开通时间”，从导通到截止的时间叫“反向恢复时间”，两个时间加在一起统称“开关时间”。一般反向恢复时间远大于开通时间，故手册上常只给出反向恢复时间。一般开关二极管的开关速度是很快的。硅开关二极管反向恢复时间只有几个纳秒(ns)，锗开关二极管反向恢复时间要长一些，但也只有几百个纳秒(ns)。开关二极管有开关速度快、体积小、寿命长、可靠性高等优点，广泛用于自动控制电路中。开关二极管多以玻璃及同外形封装，以减少管壳电容。

4. 稳压二极管

稳压二极管是利用 PN 结反向击穿特性所具有的稳压功能而制成的器件。它在电子电路中起稳定电压的作用。为了防止大电流烧坏稳压管，使用时应串接合适的限流电阻。

5. 变容二极管

变容二极管是利用 PN 结之间的电容能随外加反向电压的改变而变化的原理，采用特殊工艺制成的二极管。适用于无线电通信设备或仪器的限幅和频率微调等电路。

6. 发光二极管

发光二极管是由磷化镓、镓铝砷等半导体材料制成的半导体器件。它和普通二极管一样具有单向导电性，正向导通时才能发光。发光的颜色有红、黄、绿、蓝等。形状有圆形、圆柱形、方形、矩形等。常用于单个显示电路、七段矩阵显示器、逻辑显示器等场合。

7. 光敏二极管

光敏二极管是一种能将光能转变为电能的敏感元件，它在电路中必须采用反向接法(使用时参阅说明书)。除了普通光敏二极管外，还有红外光敏二极管、视觉光敏二极管等。它们主要用于各种控制电路。

3.1.4 二极管检测方法

1. 普通二极管的检测

将万用表置于 R×100 Ω 或 R×1 kΩ(对面接触型的大电流进流管可用 R×1 Ω 或 R×10 Ω)挡，把黑表笔与红表笔各接二极管的一个电极，测出二极管的电阻值，然后对调两表笔再测一次二极管的电阻值。若二极管是好的，则这先后两次所测的阻值差异较大，阻值小的为正向电阻，其阻值一般在 10 kΩ 以下，锗管一般在 100～1 000 Ω 左右，硅管为 1 千欧至几千欧。阻值大的为二极管的反向电阻，其阻值应为 50 kΩ 以上，甚至几百千欧以上，而且，阻值为小值时，黑表笔接的电极就是二极管的正极，红表笔接的是二极管的负极。

如果测得的二次结果，阻值均很小，接近零欧姆时，说明被测二极管内部 PN 结击穿或已短路；反之如二次阻值均极大(接近)，则说明该二极管内部已断路，这两种情况都属于二极管已损坏，不能使用。

由于二极管是非线性元件，用不同量程的欧姆挡或不同型号的万用表测试时，所得阻值不同，但二极管正、反向电阻相差几百倍，这一原则是不变的。

如果不知道该被测二极管是硅管还是锗管，这时再借助于一节干电地，就可以很快地加以判断。方法是在干电池(1.5 V)的一端串接一个电阻(约 1 kΩ)，同时按极性与二极管相接，使二极管正向导通，这时用万用表测量二极管两端的管压降，如为 0.6～0.8 V 即为硅管，如为 0.2～0.4 V 即为锗管。具体方法如表 3-2 所示。

表 3-2　二极管简易测试方法

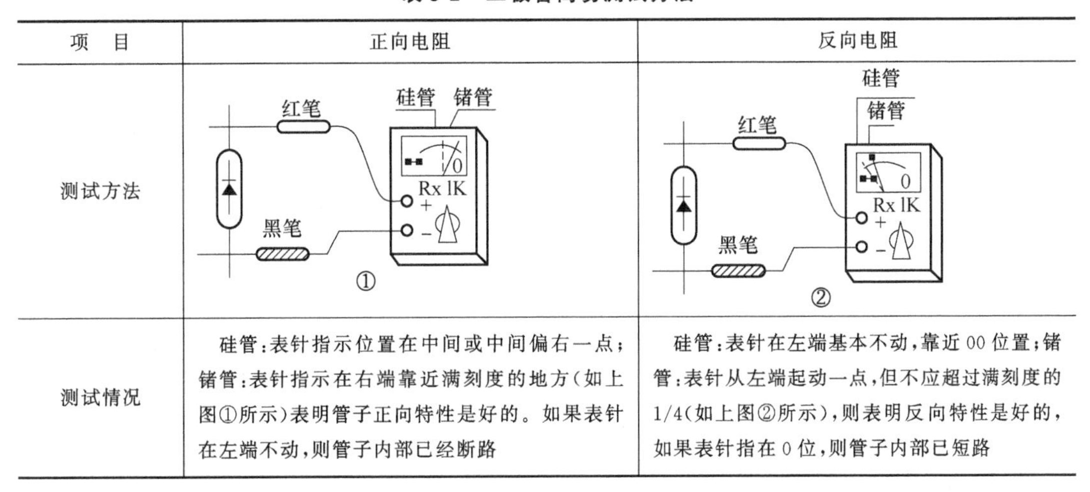

项　目	正向电阻	反向电阻
测试方法	①	②
测试情况	硅管：表针指示位置在中间或中间偏右一点；锗管：表针指示在右端靠近满刻度的地方(如上图①所示)表明管子正向特性是好的。如果表针在左端不动，则管子内部已经断路	硅管：表针在左端基本不动，靠近 00 位置；锗管：表针从左端起动一点，但不应超过满刻度的 1/4(如上图②所示)，则表明反向特性是好的，如果表针指在 0 位，则管子内部已短路

2. 普通发光二极管的检测

(1) 用万用表检测

利用具有 R×10 k 挡的指针式万用表可以大致判断发光二极管的好坏。正常时，二极管正向电阻阻值为几十至二百千欧，反向电阻的值为∞。如果正向电阻值为 0 或为∞，反向电阻值很小或为 0，则易损坏。这种检测方法，不能实地看到发光管的发光情况，因为 R×10 k 挡不能向 LED 提供较大正向电流。

如果有两块指针万用表(最好同型号)，可以较好地检查发光二极管的发光情况。用一根导线将其中一块万用表的“＋”接线柱与另一块表的“－”接线柱连接。余下的“－”笔接被测发光管的正极(P 区)，余下的“＋”笔接被测发光管的负极(N 区)。两块万用表均置 R×10Ω 挡。正常情况下，接通后就能正常发光。若亮度很低，甚至不发光，可将两块万用表均拨至 R×1Ω 挡，若仍很暗，甚至不发光，则说明该发光二极管性能不良或损坏。应注意，不能一开始测量就将两块万用表置于 R×1 Ω 挡，以免电流过大，损坏发光二极管。

(2) 外接电源测量

用 3 V 稳压源或两节串联的干电池及万用表(指针式或数字式皆可)可以较准确地测量出发光二极管的光、电特性。为此可按如图 3-3 所示的连接电路即可。如果测得 VF 在 1.4～3 V 之间，且发光亮度正常，则可以说明发光管正常。如果测得 VF＝0 或 VF≈3 V，且不发光，说明发光管已坏。

3. 红外发光二极管的检测

由于红外发光二极管发射 1～3 μm 的红外光，所以人眼看不到。通常单只红外发光二极管发射功率只有数毫瓦，不同型号的红外 LED，发光强度角分布也不相同。红外 LED 的正向压降一般为 1.3～2.5 V。正是由于其发射的红外光人眼看不见，所以利用上述可见光 LED 的检测法只能判定其 PN 结正、反向电学特性是否正常，而无法判定其发光情况是否正常。为此，最好准备一只光敏器件(如 2CR、2DR 型硅光电池)作接收器。用万用表测光电池两端电压的变化情况，来判断红外 LED 加上适当正向电流后是否发射红外光。其测量电路如图 3-4 所示。

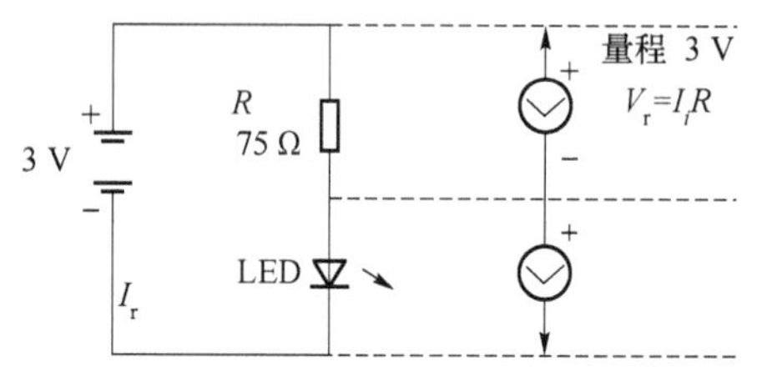

图 3-3　外接电源测量法

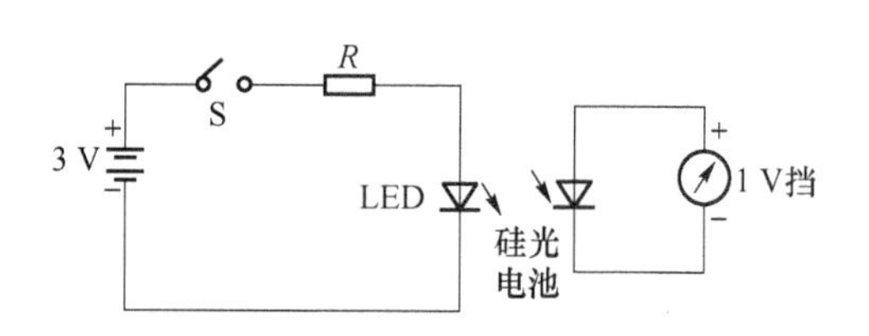

图 3-4　红外管测量方法

3.2　晶体三极管

晶体三极管简称为三极管。它是由两个做在一起的 PN 结连接相应电极再封装而成。三极管的特点是起放大作用。如图 3-5 所示为常见三极管外观。

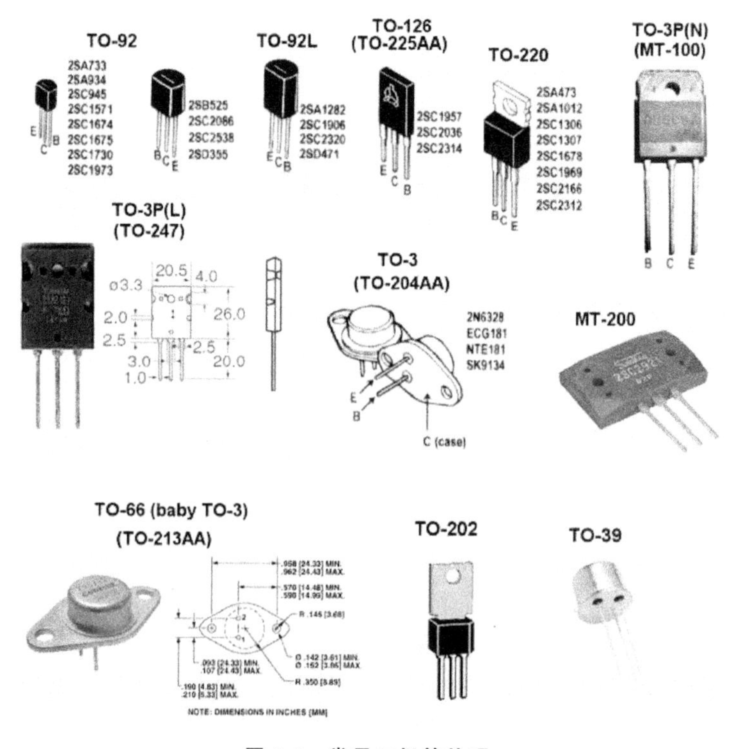

图 3-5　常见三极管外观

3.2.1 晶体三极管型号的命名方法

三极管的种类很多，并且不同型号有不同的用途。三极管大都是塑料封装或金属封装，常见三极管的外观，有一个箭头的电极是发射极，箭头朝外的是NPN型三极管，而箭头朝内的是PNP型。实际上箭头所指的方向是电流的方向。

电子制作中常用的三极管有90××系列，包括低频小功率硅管9013(NPN)、9012(PNP)，低噪声管9014(NPN)，以及高频小功率管9018(NPN)等。它们的型号一般都标在塑壳上，而样子都一样，都是TO-92标准封装。在老式的电子产品中还能见到3DG6(低频小功率硅管)、3AX31(低频小功率锗管)等，它们的型号也都印在金属的外壳上。我国生产的晶体管有一套命名规则，电子工程技术人员和电子爱好者应该了解三极管符号的含义。

三极管以符号BG(旧)或(T)表示，符号的第1部分"3"表示三极管。符号的第2部分表示器件的材料和结构：A为PNP型锗材料；B为NPN型锗材料；C为PNP型硅材料；D为NPN型硅材料。符号的第3部分表示功能：U为光电管；K为开关管；X为低频小功率管；G为高频小功率管；D为低频大功率管；A为高频大功率管。另外，3DJ型为场效应管，BT打头的表示半导体特殊元件。

三极管的种类很多，按制造材料的不同，可分为锗管和硅管两大类。国产锗管多为PNP型，硅管多为NPN型；按工作频率不同，可分为低频管、高频管和超高频管；按功率不同，可分为小功率管、中功率管和大功率管；按用途不同，又可分为放大管和开关管。常用三极管的图形符号如图3-6所示。

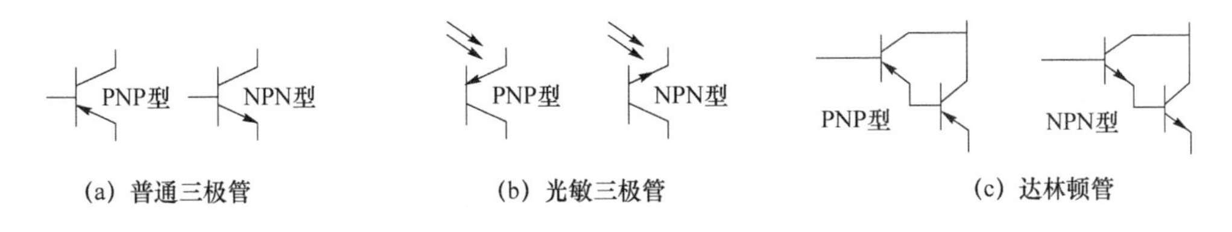

图3-6　常用三极管图形符号

3.2.2 晶体三极管型号的结构

三极管是在一块半导体基片上制作两个相距很近的PN结，这样的两个PN结把整块半导体分成3部分，中间部分是基区，两侧部分是发射区和集电区，排列方式有PNP和NPN两种，如图3-7所示从3个区引出相应的电极，分别为基极b、发射极e和集电极c。

发射区和基区之间的PN结叫发射结，集电区和基区之间的PN结叫集电极。基区很薄，而发射区较厚，杂质浓度大，PNP型三极管发射区"发射"的是空穴，其移动方向与电流方向一致，故发射极箭头向里；NPN型三极管发射区"发射"的是自由电子，其移动方向与电流方向相反，故发射极箭头向外。发射极箭头的指向也是PN结在正向电压下的导通方向。硅晶体三极管和锗晶体三极管都有PNP型和NPN型两种类型。如图3-8所示为三极管的PN结。

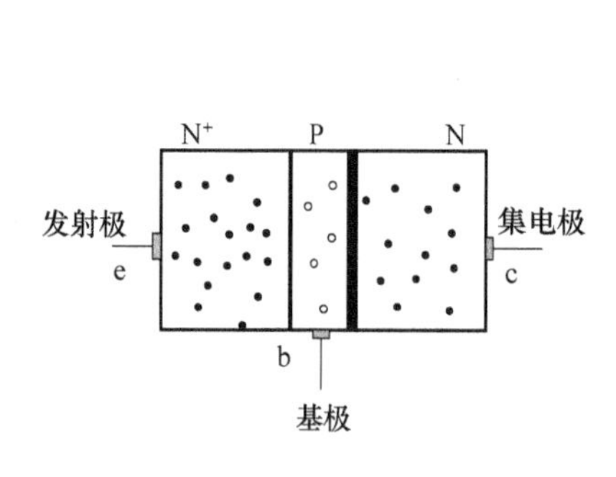

图 3-7　三极管的 3 个电极

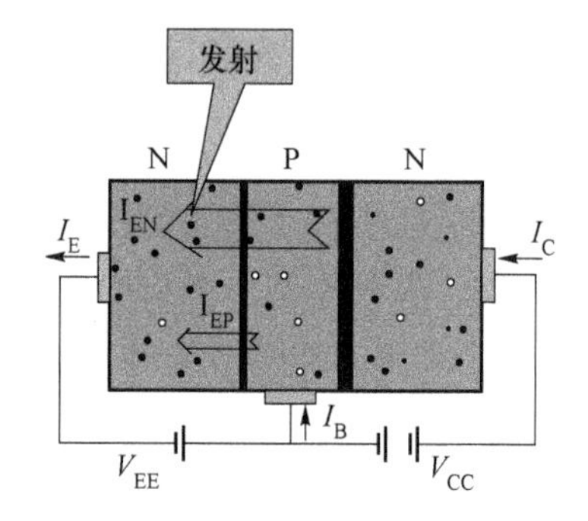

图 3-8　三极管的 PN 结

主要的中小类型三极管的基本参数如表 3-3 所示。

表 3-3　常用中小功率三极管参数

型　号	材料与极性	P_{cm}/W	I_{cm}/mA	BV_{cbo}/V	f_t/MHz
3DG6C	SI-NPN	0.1	20	45	>100
3DG7C	SI-NPN	0.5	100	>60	>100
3DG12C	SI-NPN	0.7	300	40	>300
3DG111	SI-NPN	0.4	100	>20	>100
3DG112	SI-NPN	0.4	100	60	>100
3DG130C	SI-NPN	0.8	300	60	150
3DG201C	SI-NPN	0.15	25	45	150
C9011	SI-NPN	0.4	30	50	150
C9012	SI-PNP	0.625	−500	−40	
C9013	SI-NPN	0.625	500	40	
C9014	SI-NPN	0.45	100	50	150
C9015	SI-PNP	0.45	−100	−50	100
C9016	SI-NPN	0.4	25	30	620
C9018	SI-NPN	0.4	50	30	1 100
C8050	SI-NPN	1	1 500	40	190
C8580	SI-PNP	1	−1 500	−40	200
2N5551	SI-NPN	0.625	600	180	
2N5401	SI-PNP	0.625	−600	160	100
2N4124	SI-NPN	0.625	200	30	300

3.2.3　晶体三极管的主要参数

1. 电流放大系数

电流放大系数是用来表示晶体管放大能力的物理量。它是当三极管接成共射极电路时，集电极变化量 ΔI_C 与基极电流变化量 ΔI_B 的比值，即 $\beta=\Delta I_C/\Delta I_B$。

2. 极间反向电流

集电极和基极之间的反向饱和电流 I_{CBO} 是指发射极开路时，集电极流向基极的反向电流，它是衡量晶体管温度特性的主要参数。

集电极和发射极之间的反向击穿电流 I_{CEO} 是指基极开路时，集电极流向发射极的反向电流，也称为穿透电流。

极间反向电流 I_{CBO} 和 I_{CEO} 越小，说明晶体管的性能特性越好。

3. 极限参数

最大集电极电流 I_{CM}，是指集电极所允许通过的最大电流。最大反向击穿电压 U_{CEO}、U_{CBO}、U_{EBO} 是指晶体管各极之间的最大击穿电压。最大允许耗散功率 P_{CM}，是指晶体管集电极最大允许耗散功率。

3.2.4　晶体三极管的识别

（1）三极管电极的识别

一般三极管的外壳上都印有型号和标记。常用的小功率硅管和锗管有塑料外壳封装和金属外壳封装两种，其管脚排列如图 3-9 所示。识别塑料外壳封装的 NPN 型管时，面对侧平面将三根电极置于下方，从左到右 3 根电极依次为 e、b、c。金属外壳封装的管壳上一般有定位销，将管脚底朝上，从定位销起按顺时针方向 3 根电极依次为 e、b、c。

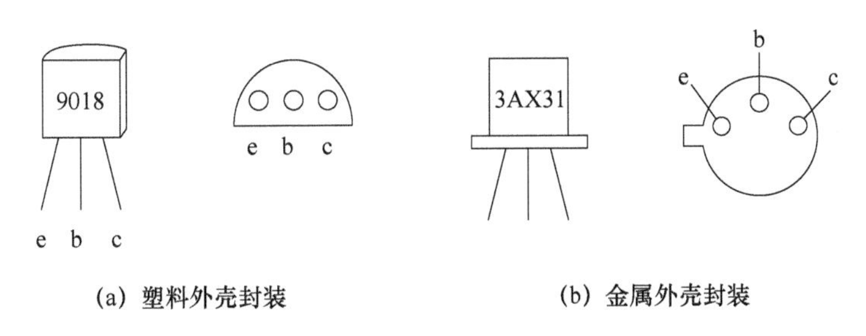

(a) 塑料外壳封装　　(b) 金属外壳封装

图 3-9　三极管电极的识别

（2）万用表判别三极管电极

将指针式万用表置于电阻 R×1 k 挡或 R×100 挡，用红表笔接三极管的某一管脚（假设基极），再用黑表笔分别接另外两个管脚。如果表针指示的两次都很大，该管便是 NPN 管，其中红表笔所接的管脚是基极。若表针指示的两个阻值均很小，则说明这是一只 PNP 管，红表笔所接的管脚是基极。如图 3-10 所示。若无一个电极符合上述测量结果，说明三极管已坏。

将两表笔分别接除基极之外的两电极，如果是 NPN 型管，用一个 100 kΩ 的电阻接于基极与黑表笔之间，可测得一电阻值；然后将两表笔交换，同样又测得一电阻值；两次测量中阻值小的一次黑表笔所对应的是 NPN 管集电极，红表笔所对应的是发射极。如果是 PNP 型管，100 kΩ 的电阻就要接在基极与红表笔之间，按上述方法测量两次，其中电阻小的一次红表笔对应的是 PNP 管集电极，黑表笔对应的是发射极。如图 3-11 所示。注意测量时不要让集电极和基极碰在一起，以免损坏晶体管。在测试中也可以用潮湿的手指捏住集电极与基极来代替 100 kΩ 的电阻接在集电极与基极之间。

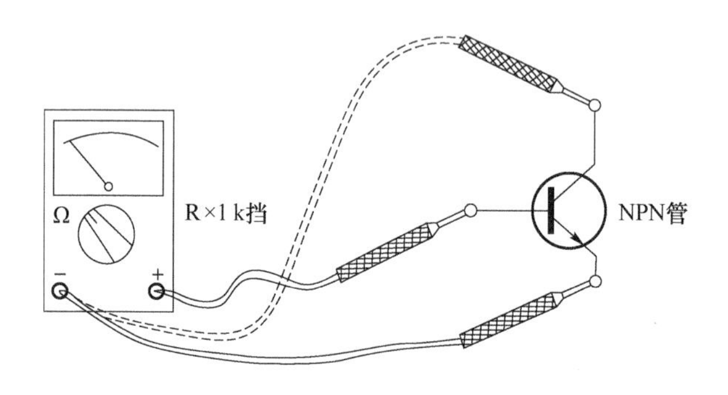

图 3-10　NPN 管基极的判别

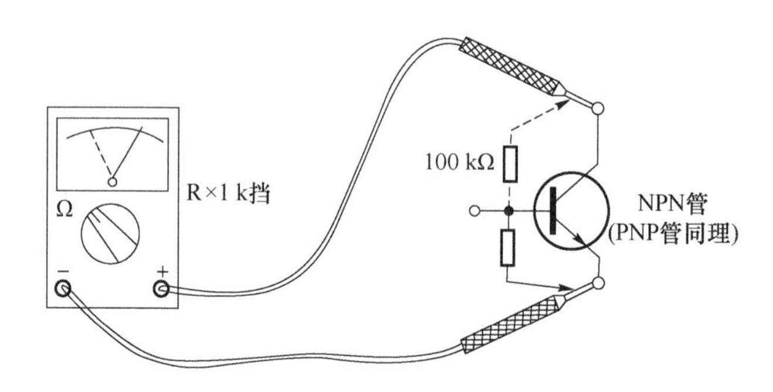

图 3-11　NPN 管集电极的判别

(3) 万用表测量三极管 β 值

把万用表放到 R×10 挡，即 h_{FE}挡，表笔短接调零。

把三极管 e、b、c 管脚放到对应的 e、b、c 插孔里面(NPN 管放 N 一侧，PNP 管放 P 一侧)。指针偏转，读取的 h_{FE}刻度读数即三极管 β 值。

(4) 用数字式万用表辨别三极管

指针式万用表和数字式万用表，在广大电子工作者中都是同时拥有的两台随身仪器。它们互有长短，互补不足。数字表读数准确直观，输入阻抗高，但有些情况下还是指针式万用表用起来更方便。譬如测量动态电平值、测量晶体管等的场合。

以分辨三极管 e、b、c 三极为例，指针式万用表就比数字表方便、快捷，熟练者可在 10 s 左右就测出结果。若确实没有指针式表，也可用数字表的 HFE 挡。具体步骤如下。

① 先用二极管挡找出 b 极。判断是 PNP 还是 NPN，有没有击穿。

② 当 b 极确定、极性确定、管子是好的，则可以把数字表打到 HFE 挡。

③ 按 NPN 或 PNP 把 b 极针插到 b 极孔。

④ 任意把假定的“e”、“c”脚分别插入 e、c 孔，记录 HFE 读数。

⑤ 对调“e”、“c”脚。记录 HFE 读数。

结论：读数大的一次，e 极孔所插的为 e 极。

这个方法经试验是普遍可行的。熟练者可在 20 s 左右得到结果。但要注意，带有阻尼或互补达林顿的管容易产生误判。

3.3　集成电路

集成电路是将许多电阻、电容、晶体管等元件，用半导体工艺或薄膜、厚膜工艺等共同制作在一块硅晶片上或绝缘基体上，然后封装成具有特定功能的完整电路。这种整体电路就称为集成电路。国产半导体集成电路型号命名方法如表3-4所示。

表3-4　国产半导体集成电路

第1部分：用字母表示器件符合国家标准		第2部分：用字母表示器件的类型		第3部分：用数字表示器件的系列和品种代号	第4部分：用字母表示器件的工作温度范围/℃		第5部分：用字母表示器件的封装	
符号	意义	符号	意义		符号	意义	符号	意义
C	中国制造	T	TTL	与国际通用	C	0～70	W	陶瓷扁平
		H	HTL		E	－40～85	B	塑料扁平
		E	ECL		R	－55～85	F	全封闭扁平
		C	CMOS		M	－55～125	D	陶瓷直插
		F	线性放大器				P	塑料直插
		D	音响、电视电路				J	黑陶瓷直插
		W	稳压器				K	金属菱形
		J	接口电路				T	金属圆形
		B	非线性电路					
		M	存储器					
		μ	微型机电路					

3.3.1　集成电路的分类

(1) 按使用功能

按使用功能，集成电路可分为模拟集成电路和数字集成电路两大类。前者用来产生、放大和处理各种模拟电信号，如各类运算放大器、稳压器，音频、视频电路，线性及非线性集成电路。后者用来产生、放大和处理各种数字电信号，如各类门电路、触发器、微处理器、存储器等。

(2) 按集成度

按集成度，集成电路可分为小规模集成电路(集成度为10个门电路或10～100个元件)，通常为逻辑单元电路，如逻辑门、触发器等；中规模集成电路(集成度为10～100个门电路或100～1 000个元件)，通常为逻辑功能电路，如译码器、计数器、寄存器等；大规模集成电路(集成度为100个以上门电路或1 000个以上元件)，如中央控制器、存储器等；超大规模集成电路(集成度为10 000门电路或10万个以上元件)，如在一个芯片上集成一个微型计算机。

(3) 按封装形式

按封装形式，集成电路可分为扁平形、直立扁平形、圆形和双列直插形。其封装材料一般采用塑料、陶瓷、金属等。集成电路的外形如图 3-12 所示。

图 3-12　集成电路的外形

3.3.2　集成电路的引脚识别

① 识别金属圆形封装的集成电路时，应将引脚向上，从突出的管键标记开始，按顺时针方向读引脚 1，2，3，…的序号。

② 识别扁平形平插式集成电路时，通常以正面左方位色点为标记，从色点对应的脚开始按逆时针方向读出引脚 1，2，3，…的序号。

③ 识别单列、双列直插式集成电路时，通常以印有型号一面的左方倒角及凹槽或色标为引线脚标记，引脚向下，按逆时针方向读出 1，2，3，…各脚。

④ 识别陶瓷封装的扁平形直插式集成电路时，也是以正面左方的凹槽或金属封片为引脚标记，同样按逆时针方向读出 1，2，3，…各脚。

3.3.3　集成电路的选用和使用注意事项

（1）通用集成电路使用注意事项

集成电路的种类五花八门，各种功能的集成电路应有尽有。在选用集成电路时，应根据实际情况，查看器件手册，选用功能和参数都符合要求的集成电路。集成电路在使用时，应注意以下几个问题。

① 集成电路在使用时，不许超过参数手册中规定的参数数值。

② 集成电路插装时要注意管脚序号方向，不能插错。

③ 扁平型集成电路外引出线成型、焊接时，引脚要与印制电路板平行，不得穿引扭焊，不得从根部弯折。

④ 集成电路焊接时，不得使用大于 45 W 的电烙铁，每次焊接的时间不得超过 10 s，以免损坏电路或影响电路性能。集成电路引出线间距较小，在焊接时不得相互锡连，以免造成短路。

⑤ CMOS 集成电路有金属氧化物半导体构成的、非常薄的绝缘氧化膜，可由栅极的电压控制源和漏区之间构成导电通路，若加在栅极上的电压过大，栅极的绝缘氧化膜就容易被

击穿。一旦发生了绝缘击穿，就不可能再恢复集成电路的性能。

(2) CMOS 集成电路应注意事项

CMOS 集成电路为保护栅极的绝缘氧化膜免遭击穿，虽备有输入保护电路，但这种保护也有限，使用时如不小心，仍会引起绝缘击穿。因此使用时应注意以下几点。

① 焊接时采用漏电小的烙铁(绝缘电阻在 10 MΩ 以上的 A 级烙铁或起码 1 MΩ 以上的 B 级烙铁)或焊接时暂时拔掉烙铁电源。

② 电路操作者的工作服、手套等应由无静电的材料制成。工作台上要铺上导电的金属板，椅子、工夹器具和测量仪器等均应接到地电位，特别是电烙铁的外壳须有良好的接地线。

③ 当要在印制电路板上插入或拔出大规模集成电路时，一定要先切断电源。

④ 切勿用手触摸大规模集成电路的端子(引脚)。

⑤ 直流电源的接地端子一定要接地。

另外，在存储 CMOS 集成电路时，必须将集成电路放在金属盒内或用金属箔包装起来。

3.4　实践：电位器、二极管和三极管的识别与测量

1. 电位器的测量

文字标识及标称		万用表挡位	电阻值	判断
	1—2 最小			
	1—2 最大			
	2—3 最小			
	2—3 最大			
	1—3			
	1—2 最小			
	1—2 最大			
	2—3 最小			
	2—3 最大			
	1—3			

2. 二极管的测量

型号	正向电阻		反向电阻		判断
	万用表挡位	电阻值	万用表挡位	电阻值	

3. 三极管测量

<table>
<tr><th>型号</th><th>黑表笔</th><th>红表笔</th><th>是否导通</th><th>判断</th></tr>
<tr><td rowspan="6"></td><td>1</td><td>2</td><td></td><td rowspan="6">基　极(　)
发射极(　)
集电极(　)
管　型(　)</td></tr>
<tr><td>2</td><td>1</td><td></td></tr>
<tr><td>1</td><td>3</td><td></td></tr>
<tr><td>3</td><td>1</td><td></td></tr>
<tr><td>2</td><td>3</td><td></td></tr>
<tr><td>3</td><td>2</td><td></td></tr>
<tr><td rowspan="6"></td><td>1</td><td>2</td><td></td><td rowspan="6">基　极(　)
发射极(　)
集电极(　)
管　型(　)</td></tr>
<tr><td>2</td><td>1</td><td></td></tr>
<tr><td>1</td><td>3</td><td></td></tr>
<tr><td>3</td><td>1</td><td></td></tr>
<tr><td>2</td><td>3</td><td></td></tr>
<tr><td>3</td><td>2</td><td></td></tr>
</table>

第 4 章　其他电子器件

随着电子技术的不断发展，电子器件也出现了一些新种类，在本章中将对现在比较流行的一些新型电子器件做一个简单的介绍。

4.1　场效应管

场效应管是一种利用电场效应来控制多数载流子运动的半导体器件，缩写为 FET。其外观如图 4-1 所示。

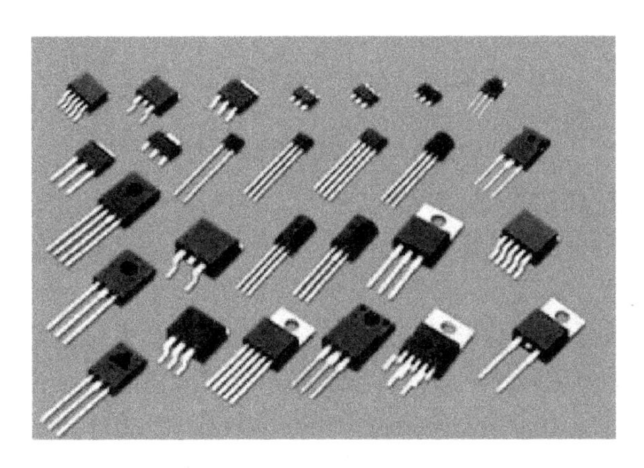

图 4-1　场效应管外观

4.1.1　场效应管的分类、结构与命名

1. 场效应管的分类

场效应管分为两类，一类是结型场效应管，简称 JFET，另一类是绝缘栅场效应管，简称 IGFET。目前广泛应用的是金属-氧化物-半导体场效应管，即 MOSFET。它们都有 3 个电极，即源极(S)、栅极(G)与漏极(D)，且都分为 P 沟道型与 N 沟道型两种，如图 4-2 所示。

2. 场效应管的命名

命名方法可以分为以下两种。

第 1 种：命名方法与双极型三极管相同，第 3 位字母 J 代表结型场效应管，O 代表绝缘栅场效应管。第 2 位字母代表材料，D 是 P 型硅，反型层是 N 沟道；C 是 N 型硅，反型层是 P 沟道。例如，3DJ6D 是结型 N 沟道场效应三极管，3DO6C 是绝缘栅型 N 沟道场效应三极管。

第 2 种：命名方法是 CS××#，CS 代表场效应管，××用以数字代表型号的序号，# 是用字母代表同一型号中的不同规格。例如 CS14A、CS45G 等。

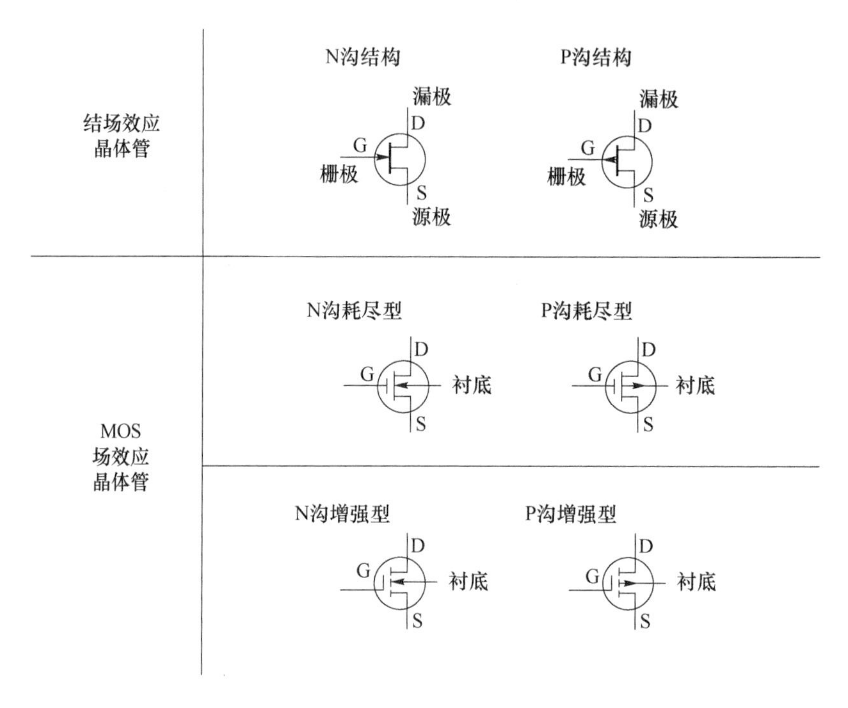

图 4-2　场效应管的结构

(1) 结型场效应管(JFET)

① 结型场效应管的分类:结型场效应管有两种结构形式,它们是 N 沟道结型场效应管和 P 沟道结型场效应管。

② 结型场效应管也具有 3 个电极,它们是栅极、漏极、源极。电路符号中栅极的箭头方向可理解为两个 PN 结的正向导电方向。

③ 结型场效应管的工作原理(以 N 沟道结型场效应管为例),由于 PN 结中的载流子已经耗尽,故 PN 结基本上是不导电的,形成了所谓的耗尽区,当漏极电源电压 E_D 一定时,如果栅极电压越负,PN 结交界面所形成的耗尽区就越厚,则漏、源极之间导电的沟道越窄,漏极电流 I_D 就愈小;反之,如果栅极电压没有那么负,则沟道变宽,I_D 变大,所以用栅极电压 E_G 可以控制漏极电流 I_D 的变化,就是说,场效应管是电压控制元件。

(2) 绝缘栅场效应管(MOS 管)

① 绝缘栅场效应管的分类:绝缘栅场效应管也有两种结构形式,它们是 N 沟道型和 P 沟道型。无论是什么沟道,它们又分为增强型和耗尽型两种。它是由金属、氧化物和半导体所组成,所以又称为金属-氧化物-半导体场效应管,简称 MOS 场效应管。

② 绝缘栅型场效应管的工作原理(以 N 沟道增强型 MOS 场效应管为例),它是利用 U_{GS}来控制"感应电荷"的多少,以改变由这些"感应电荷"形成的导电沟道的状况,然后达到控制漏极电流的目的。在制造管子时,通过工艺使绝缘层中出现大量正离子,故在交界面的另一侧能感应出较多的负电荷,这些负电荷把高渗杂质的 N 区接通,形成了导电沟道,即使在 $V_{GS}=0$ 时也有较大的漏极电流 I_D。当栅极电压改变时,沟道内被感应的电荷量也改变,导电沟道的宽窄也随之而变,因而漏极电流 I_D 随着栅极电压的变化而变化。

3. 场效应管的工作方式

场效应管的工作方式有两种:当栅压为零时有较大漏极电流的称为耗散型;当栅压为零

时，漏极电流也为零，必须再加一定的栅压之后才有漏极电流的称为增强型。

4.1.2　场效应管的特点与作用

场效应管也属于由PN结组成的半导体器件，除了具有体积小、可靠性好的特点外，还有如下特点。

① 电场控制型。其工作原理类似于电子管，它是通过电场作用控制半导体中的多数载流子运动，以达到控制其导电能力，故称之为“场效应”。

② 单极型导电方式。在场效应管中，参与导电的多数载流子仅为电子(N沟道)或空穴(P沟道)一种，在场作用下的漂移运动形成电流，故也称为单极型晶体管。而不像晶体管，参与导电的同时有电子与空穴的扩散和复合运动，属于双极型晶体管。

③ 输入阻抗很高。场效应管输入端的PN结为反向偏置(结型场效应管)或绝缘层隔离(MOS场效应管)，因此其输入阻抗远远超过半导体晶体三极管。通常，结型场效应管的输入阻抗为$10^7 \sim 10^{10}$ Ω，尤其是绝缘栅的场效应管，输入阻抗可达$10^{12} \sim 10^{13}$ Ω，而普通晶体三极管的输入阻抗仅为1 kΩ左右。

④ 抗辐射能力强。它比晶体三极管的抗辐射能力强千倍以上，所以场效应管能在核辐射和宇宙射线下正常工作。

⑤ 噪声低、热稳定性好。

⑥ 便于集成。场效应管在集成电路中占有的体积比晶体三极管小，制造简单，特别适用于大规模集成电路。

⑦ 容易产生静电击穿损坏。由于输入阻抗相当高，当带电荷物体一旦靠近金属栅极时，很容易造成栅极静电击穿，特别是MOSFET，其绝缘层很薄，更易击穿损坏。故要注意栅极保护，应用时不得让栅极“悬空”，储存时应将场效应管的3个电极短路，并放在屏蔽的金属盒内，焊接时电烙铁外壳应接地，或断开电烙铁电源，利用其余热进行焊接，以防止因电烙铁的微小漏电而损坏场效应管。

4.1.3　场效应管的主要参数与作用

1. 场效应管的主要参数

场效应管的主要参数是直流参数、交流参数和极限参数。

(1) 直流参数

① 饱和漏极电流I_{DSS}可定义为：当栅、源极之间的电压等于零而漏、源极之间的电压大于夹断电压时，对应的漏极电流。

② 夹断电压U_P可定义为：当U_{DS}一定时，使I_D减小到一个微小的电流时所需的U_{GS}。

③ 开启电压U_T可定义为：当U_{DS}一定时，使I_D到达某一个数值时所需的U_{GS}。

(2) 交流参数

① 低频跨导g_m是描述栅、源电压对漏极电流的控制作用。

② 极间电容场效应管3个电极之间的电容，它的值越小，表示管子的性能越好。

(3) 极限参数

① 漏、源击穿电压：当漏极电流急剧上升时，产生雪崩击穿时的U_{DS}。

② 栅极击穿电压结型场效应管正常工作时，栅、源极之间的 PN 结处于反向偏置状态，若电流过高，则产生击穿现象。

2. 场效应管的作用

场效应管的作用可以分为以下几个方面。

① 场效应管可应用于放大。由于场效应管放大器的输入阻抗很高，因此耦合电容可以容量较小，不必使用电解电容器。

② 场效应管很高的输入阻抗非常适合于作阻抗变换。常用于多级放大器的输入级，作为阻抗变换。

③ 场效应管可以用作可变电阻。

④ 场效应管可以方便地用作恒流源。

⑤ 场效应管可以用作电子开关。

4.1.4 效应管的判别与测量

(1) 用测电阻法判别结型场效应管的电极

根据场效应管的 PN 结正、反向电阻值不一样的现象，可以判别出结型场效应管的 3 个电极。具体方法：将万用表拨在 R×1 k 挡上，任选两个电极，分别测出其正、反向电阻值。当某两个电极的正、反向电阻值相等，且为几千欧姆时，则该两个电极分别是漏极 D 和源极 S。因为对结型场效应管而言，漏极和源极可互换，剩下的电极肯定是栅极 G。也可以将万用表的黑表笔(红表笔也行)任意接触一个电极，另一只表笔依次去接触其余的两个电极，测其电阻值。当出现两次测得的电阻值近似相等时，则黑表笔所接触的电极为栅极，其余两电极分别为漏极和源极。若两次测出的电阻值均很大，说明是反向 PN 结，即都是反向电阻，可以判定是 N 沟道场效应管，且黑表笔接的是栅极；若两次测出的电阻值均很小，说明是正向 PN 结，即是正向电阻，判定为 P 沟道场效应管，黑表笔接的也是栅极。若不出现上述情况，可以调换黑、红表笔按上述方法进行测试，直到判别出栅极为止。

(2) 用测电阻法判别场效应管的好坏

测电阻法是用万用表测量场效应管的源极与漏极、栅极与源极、栅极与漏极、栅极 G_1 与栅极 G_2 之间的电阻值与场效应管手册标明的电阻值是否相符从而去判别管的好坏。具体方法：首先将万用表置于 R×10 或 R×100 挡，测量源极 S 与漏极 D 之间的电阻，通常在几十欧到几千欧范围(在手册中可知，各种不同型号的管，其电阻值是不相同的)，如果测得的阻值大于正常值，可能是由于内部接触不良；如果测得的阻值是无穷大，可能是内部断极。然后把万用表置于 R×10 k 挡，再测栅极 G_1 与 G_2 之间、栅极与源极、栅极与漏极之间的电阻值，当测得的各项电阻值均为无穷大，则说明管是正常的；若测得上述各阻值太小或为通路，则说明管是坏的。要注意，若两个栅极在管内断极，可用元件代换法进行检测。

(3) 用感应信号输入法估测场效应管的放大能力

具体方法：用万用表的 R×100 挡，红表笔接源极 S，黑表笔接漏极 D，给场效应管加上 1.5 V 的电源电压，此时表针指示出漏源极间的电阻值。然后用手捏住结型场效应管的栅极 G，将人体的感应电压信号加到栅极上。这样，由于管的放大作用，漏源电压 V_{DS} 和漏极

电流 I_b 都要发生变化，也就是漏源极间电阻发生了变化，由此可以观察到表针有较大幅度的摆动。如果手捏栅极表针摆动较小，说明管的放大能力较差；表针摆动较大，表明管的放大能力强；若表针不动，说明管是坏的。

根据上述方法，用万用表的 R×100 挡，测结型场效应管 3DJ2F。先将管的 G 极开路，测得漏源电阻 R_{DS} 为 600 Ω，用手捏住 G 极后，表针向左摆动，指示的电阻 R_{DS} 为 12 kΩ，表针摆动的幅度较大，说明该管是好的，并有较大的放大能力。

运用这种方法时要说明几点：首先，在测试场效应管用手捏住栅极时，万用表指针可能向右摆动（电阻值减小），也可能向左摆动（电阻值增加）。这是由于人体感应的交流电压较高，而不同的场效应管用电阻挡测量时的工作点可能不同（或者工作在饱和区或者在不饱和区）所致，试验表明，多数管的 R_{DS} 增大，即表针向左摆动；少数管的 R_{DS} 减小，使表针向右摆动。但无论表针摆动方向如何，只要表针摆动幅度较大，就说明管有较大的放大能力。其次，此方法对 MOS 场效应管也适 用。但要注意，MOS 场效应管的输入电阻高，栅极 G 允许的感应电压不应过高，所以不要直接用手去捏栅极，必须用手握螺丝刀的绝缘柄，用金属杆去碰触栅极，以防止人体感应电荷直接加到栅极，引起栅极击穿。第三，每次测量完毕，应当 G-S 极间短路一下。这是因为 G-S 结电容上会充有少量电荷，建立起 V_{GS} 电压，造成再进行测量时表针可能不动，只有将 G-S 极间电荷短路放掉才行。

(4) 用测电阻法判别无标志的场效应管

首先用测量电阻的方法找出两个有电阻值的管脚，也就是源极 S 和漏极 D，余下两个脚为第一栅极 G_1 和第二栅极 G_2。先把用两表笔测得的源极 S 与漏极 D 之间的电阻值记下来，对调表笔再测量一次，把其测得的电阻值记下来，两次测得的阻值较大的一次，黑表笔所接的电极为漏极 D；红表笔所接的为源极 S。用这种方法判别出来的 S、D 极，还可以用估测其管的放大能力的方法进行验证，即放大能力大的黑表笔所接的是 D 极；红表笔所接的是 S 极，两种方法检测结果应一样。当确定了漏极 D、源极 S 的位置后，按 D、S 的对应位置装入电路，一般 G_1、G_2 也会依次对准位置，这就确定了两个栅极 G_1、G_2 的位置，从而就确定了 D、S、G_1、G_2 管脚的顺序。

(5) 用测反向电阻值的变化判断跨导的大小

对 VMOS N 沟道增强型场效应管测量跨导性能时，可用红表笔接源极 S、黑表笔接漏极 D，这就相当于在源、漏极之间加了一个反向电压。此时栅极是开路的，管的反向电阻值是很不稳定的。将万用表的欧姆挡选在 R×10 k 的高阻挡，此时表内电压较高。当用手接触栅极 G 时，会发现管的反向电阻值有明显的变化，其变化越大，说明管的跨导值越高；如果被测管的跨导很小，用此法测时，反向阻值变化不大。

4.2 晶闸管

晶闸管又叫可控硅，分为单向可控硅、双向可控硅、快速可控硅、可关断可控硅、逆导可控硅和光控可控硅等几种，是一种大功率的半导体器件。它具有体积小、重量轻、容量大、效率高、使用维护简单、控制灵敏等优点。同时，它的功率放大倍数很高，可以用微小的信号功率对大功率的电源进行控制和变换。在脉冲数字电路中可作为功率开关使用。它的缺点是过载能力和抗干扰能力较差，控制电路比较复杂等。此处只介绍单向晶闸管和双向晶闸管。

其外观如图 4-3 所示。

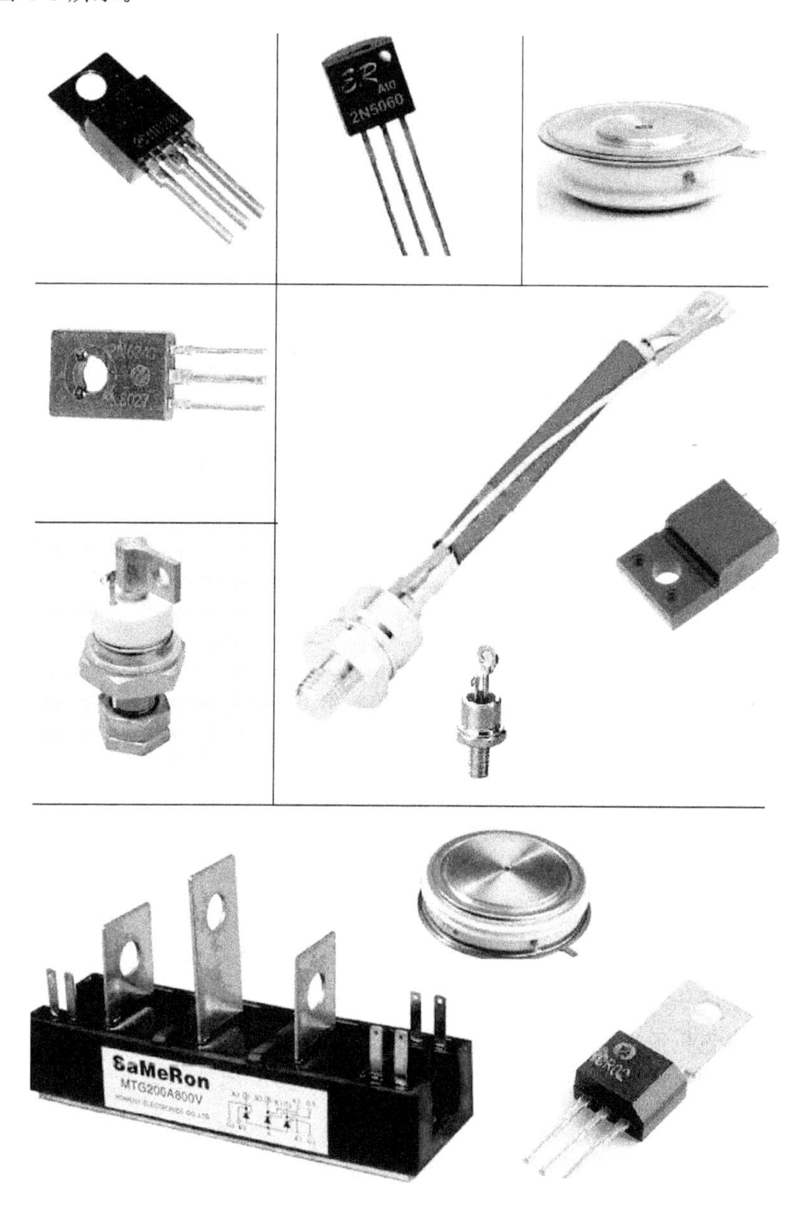

图 4-3　晶闸管的外观

4.2.1　单向晶闸管

单向晶闸管(SCR)广泛地用于可控整流、交流调压、逆变器和开关电源电路中，其外形结构、等效电路如图 4-4 所示。它有 3 个电极，分别为阳极(A)、阴极(K)和控制极(又称门极)(G)。由图可见，它是一种 PNPN 四层半导体器件，其中控制极是从 P 型硅层上引出，供触发晶闸管用。晶闸管一旦导通，即使撤掉正向触发信号，仍能维持导通态。欲使晶闸管关断，必须使正向电流低于维持电流，或施以反向电压强迫其关断。晶闸管的等效电路有两种画法，一种是用两只晶体管等效，另一种则是用 3 只二极管等效。普通晶闸管的工作频率一般在400 Hz以下，随着频率升高，功耗将增大，器件会发热。快速晶闸管(FSCR)一般可工作在5 kHz以上，最高可达40 kHz。

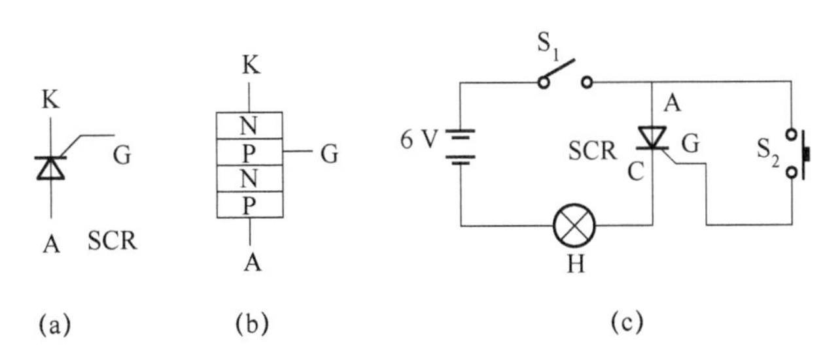

图4-4 晶闸管的符号、外形、结构与等效电路

晶闸管的导通条件是：除在阳、阴极间加上一定大小的正向电压外，还要在控制极与阴极间加正向触发电压。一旦管子触发导通后，控制极即失去控制作用，即使控制极电压变为零，可控硅仍然保持导通。要使可控硅阻断，必须使阳极电流降到足够小，或在阳极和阴极间加反向阻断电压。

4.2.2 单向晶闸管测量

1. 判定单向晶闸管的电极

由图4-4可见，在控制极与阴极之间有一个PN结，而阳极与控制极之间有两个反极串联的PN结。因此用万用表R×100 k挡可首先判定出控制极G。具体方法是：将黑表笔接某一电极，红表笔依次碰触另外两个电极，假如有一次阻值很小，约几百欧，而另一次阻值很大，约几千欧，就说明黑表笔接的是控制极G。在阻值小的那次测量中，红表笔接的是阴极K，而在阻值大的那一次中，红表笔接的是阳极A。若两次测出的阻值都很大。说明用表笔接的不是控制极，应改测其他电极。

2. 检查单向晶闸管的好坏

一只好的单向晶闸管应该是3个PN结结构良好，反向电压能阻断，在阳极加正向电压情况下，当控制极开路时亦能阻断。而当控制极加了正向电流时，晶闸管导通，且在撤去控制极电流后仍能维持导通。

(1) 测极间电阻

先通过测极间电阻检查PN结的好坏。由于单向晶闸管是PNPN四层由三个PN结组成的，故A-G、A-K间正反向电阻都很大。用万用表的最高电阻挡测试，若阻值很小再换低阻挡测试，若阻值非常小，表示被测管PN结已击穿，是只坏的晶闸管。

晶闸管正向阻断特性可凭阳极与阴极间的正向阻值大小来判定。当阳极接黑表笔，阴极接红表笔，测得阻值越大，表明正向漏电流越小，管子的正向阻断特性越好。

晶闸管的反向阻断特性可用阳极与阴极间的反向阻值大小来判定。当阳极接红表笔，阴极接黑表笔，测得阻值愈大，表明反向漏电流愈小，则管子的反向阻断特性愈好。

应该指出的是，测G-K极间的电阻，即是测一个PN结的正、反向阻值，则宜用R×10 k或R×100挡进行。G-K极间的反向阻值应较大，一般单向晶闸管的反向阻值为80 kΩ左右，而正向阻值为2 kΩ左右。若测得正向电阻(G极接黑笔，K极接红笔)极大，甚至接近∞，表示被测管的G-K极间已经被烧坏。

（2）导通试验

电子电路中应用的单向晶闸管大都是小功率的，由于所需的触发电流较小，故可以用万用表进行导通试验。万用表选 R×1 k 挡，黑表笔接 A 极，红表笔接 K 极，这时万用表指针有一定的偏转。将黑表笔在继续保持与 A 极相接触的情况下跟 G 极触及，这相当于给 G 极加上一触发电压，此时应看到万用表指针明显地向小阻值偏转，说明单向晶闸管已触发导通，处于导通态，此后，仍保持黑表笔和 A 极相接，断开黑表笔与 G 极的接触，若晶闸管仍处于导通态，就说明管子的导通性能是良好的，否则，管子可能是坏的。

4.2.3 双向晶闸管

双向晶闸管是正反两个方向都可以控制的晶闸管。不管两个主电极（T_1、T_2）间的电压如何，正向和反向控制极信号都可以使双向晶闸管导通。双向晶闸管的结构和符号如图4-5(a)、(b)所示。它是一个三端五层半导体结构器件，从管芯结构上看，可将其看作是将具有公共控制极(G)的一对反向并联的单向晶闸管做在同一块硅单晶片上，T_1 和 G 在芯片的正面，T_2 在芯片的背面，且控制极区的面积远小于其余面积。由结构图可见，G 极和 T_1 极很近，距 T_2 极很远，因此，G-T_1 之间的正、反向电阻均小，而 G-T_2、T_2-T_1 之间的正反向电阻均为无穷大。

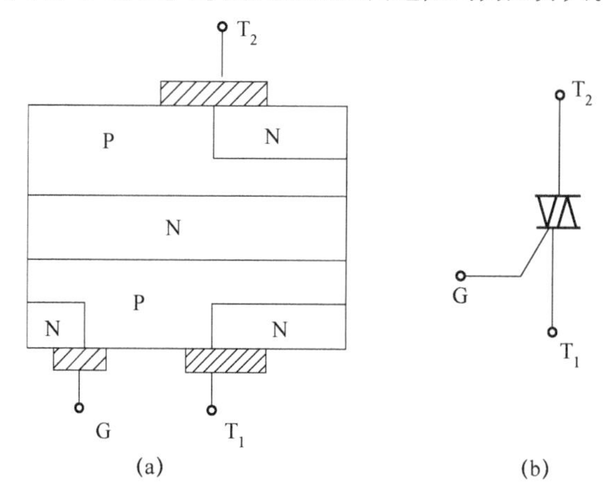

图 4-5 双向晶闸管的结构和符号

通常情况下，双向晶闸管的触发方式有 4 种：Ⅰ$^+$、Ⅰ$^-$、Ⅲ$^+$、Ⅲ$^-$。

① Ⅰ$^+$触发方式：T_2 为正，T_1 为负，G 相对 T_1 为正；

② Ⅰ$^-$触发方式：T_2 为正，T_1 为负，G 相对 T_1 为负；

③ Ⅲ$^+$触发方式：T_2 为负，T_1 为正，G 相对 T_1 为正；

④ Ⅲ$^-$触发方式：T_2 为负，T_1 为正，G 相对 T_1 为负。

4 种触发方式所需要的触发电流是不一样的，Ⅰ$^+$和Ⅲ$^-$所需要的触发电流较小，而Ⅰ$^-$和Ⅲ$^+$所需要的触发电流较大，在平时使用时，一般采用Ⅰ$^+$和Ⅲ$^-$触发方式。

4.2.4 单向晶闸管测量

1. 判定 T_2 极

G 极与 T_1 极较近，距 T_2 极较远，G-T_1 间的正、反向电阻都很小。因此，可用万用表的

R×1 k 挡检测 G、T_1、T_2 中任意两个电极间的正、反向电阻，其中若测得两个电极间的反向电阻都呈现低阻，约为 100Ω 左右，则为 G 极、T_1 极，余者便是 T_2 极。

采用 TO-220 封装的双向晶闸管，T_2 通常与小散热板连通，由此也能确定 T_2 极。

2. 区分 G 极和 T_1

找出 T_2 极之后，先假定剩下两脚中某一脚为 T_1 极，另一脚为 G 极。将万用表拨至 R×1 电阻挡，按下述步骤测试。

把黑表笔接 T_1 极，红表笔接 G 极，电阻值无穷大。接着在保持红表笔与 T_2 极相接的情况下用红表笔尖把 T_2 与 G 短路，给 G 极加上负触发信号，电阻值应为 10 Ω 左右，证明管子已经导通，导通方向为 $T_1 \rightarrow T_2$。再将红表笔尖与 G 极脱开（但仍接 T_2），如果电阻值保持不变，就表明管子在触发后能维持导通状态。

红表笔接 T_1 极，黑表笔接 T_2 极，然后在保持黑表笔与 T_2 极继续接触的情况下，使 T_2 与 G 短路，给 G 加上正触发信号，电阻值仍为 10 Ω 左右。与 G 极脱开后，若阻值不变，则说明管子经触发后，在 $T_2 \rightarrow T_1$ 方向上也能维持导通状态，因此具有双向触发特性。由此证明上述假定正确。若假定与实际不符，应重新作出假定，重复上述试验，便能判别 G 极与 T_1 极。

3. 质量的判别

显然，在识别 G、T_1 的过程中也就检查了双向晶闸管的触发能力。如果无论怎样对换 T_1 极、G 极的假设都不能使双向晶闸管触发导通，则表明被测管可能已损坏。

4.3　触发二极管

触发二极管又称双向触发二极管（DIAC）属三层结构，具有对称性的二端半导体器件。常用来触发双向可控硅，在电路中作过压保护等用途。

4.3.1　触发二极管分类

如图 4-6(a)所示是触发二极管的构造，如图 4-6(b)(c)所示分别是它的符号及等效电路，可等效于基极开路、发射极与集电极对称的 NPN 型晶体管。因此完全可用两只 NPN 晶体管如图 4-6(d)所示的连接来替代。

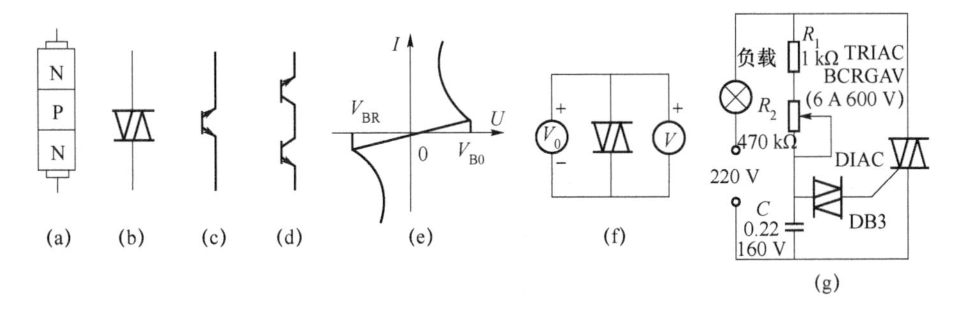

图 4-6　触发二极管的结构

双向触发二极管正、反向伏安特性几乎完全对称（如图 4-6(e)所示）。当器件两端所加电压 U 低于正向转折电压 V_{B0} 时，器件呈高阻态。当 $U>V_{B0}$ 时，管子击穿导通进入负阻区。同样当 U 大于反向转折电压 V_{BR} 时，管子同样能进入负阻区。转折电压的对称性用 ΔV_B 表示。$\Delta V_B = V_{B0} - V_{BR}$。一般的,$\Delta V_B$ 应小于 2 V。双向触发二极管的正向转折电压值一般有 3 个等级:20～60 V、100～150 V、200～250 V。由于转折电压都大于 20 V,可以用万用表电阻挡正反向测双向二极管,表针均应不动(R×10 k),但这还不能完全确定它就是好的。要检测它的好坏,并能提供大于 250 V 直流电压的电源,检测时通过管子的电流不要大于 5 mA。用晶体管耐压测试器检测十分方便。如没有,可用兆欧表按图 4-6(f)所示进行测量(正、反各一次),例如:测一只 DB3 型二极管,第一次为 27.5 V,反向后再测为 28 V,则 $\Delta V_B = V_{B0} - V_{BR} = 28\text{ V} - 27.5\text{ V} = 0.5\text{ V} < 2\text{ V}$,表明该管的对称性很好。

如图 4-6(g)所示是双向触发二极管与双向可控硅等元件构成的台灯调光电路。通过调节电位器 R_2,可以改变双向可控硅的导通角,从而改变通过灯泡的电流(平均值)实现连续调光。如果将灯泡换成电熨斗、电热褥,还可实现连续调温。

该电路在双向可控硅加散热器的情况下,可控负载功率可达 500 W,各元件参数见图 4-6的标注。

4.3.2 触发二极管的检测

1. 用万用表检测好坏

将万用表拨至 R×1 k(或 R×10 k)挡,由于双向触发二极管的 V_{BO} 值都在 20 V 以上,而万用表内电池远小于此值,所以测得触发二极管的正、反向电阻都应是无穷大,否则 PN 结击穿。

2. 用万用表和兆欧表测量双向触发二极管的转折电压

测量双向触发二极管的转折电压有如下 3 种方法,如图 4-7 所示。

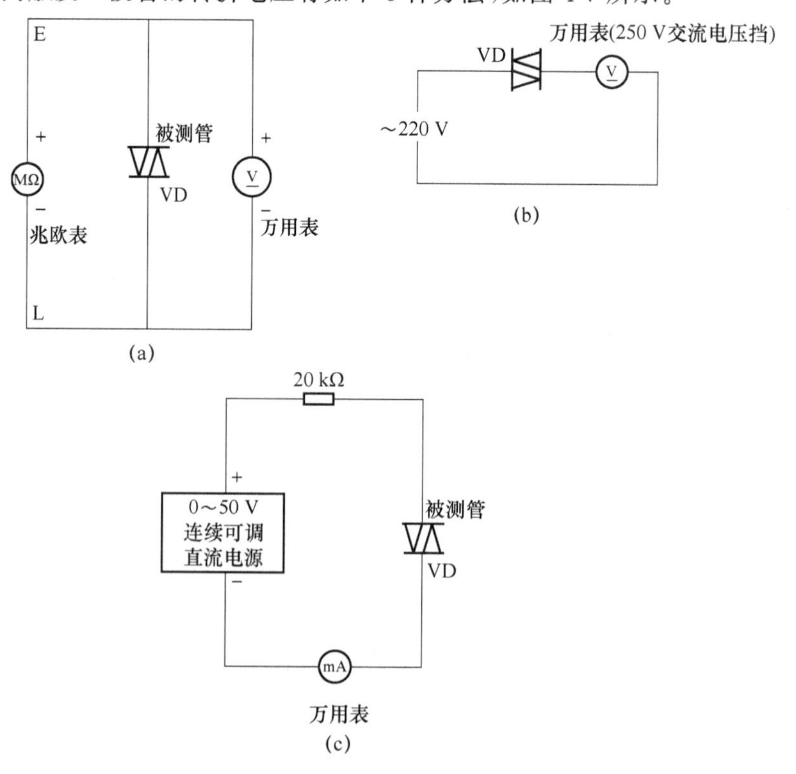

图 4-7 触发二极管的转折电压测量方法

方法 1. 将兆欧表的正极(E)和负极(L)分别接双向触发二极管的两端,用兆欧表提供击穿电压,同时用万用表的直流电压挡测量出电压值,将双向触发二极管的两极对调后再测量一次。比较一下两次测量的电压值的偏差(一般为3～6 V)。此偏差值越小,说明此二极管的性能越好。

方法 2. 先用万用表测出市电电压U,然后将被测双向触发二极管串入万用表的交流电压测量回路后,接入市电电压,读出电压值U_1,再将双向触发二极管的两极对调连接并读出电压值U_2。

若U_1与U_2的电压值相同,但与U的电压值不同,则说明该双向触发二极管的导通性能对称性良好。若U_1与U_2的电压值相差较大,则说明该双向触发二极管的导通性能不对称。若U_1、U_2的电压值均与市电U相同,则说明该双向触发二极管内部已短路损坏。若U_1、U_2的电压值均为0 V,则说明该双向触发二极管内部已开路损坏。

方法 3. 用0～50 V连续可调直流电源,将电源的正极串接1只20 kΩ的电阻器后与双向触发二极管的一端相接,将电源的负极串接万用表电流挡(将其置于1 mA挡)后与双向触发二极管的另一端相接。逐渐增加电源电压,当电流表指针有较明显的摆动(几十微安以上)时,说明此双向触发二极管已导通,此时电源的电压值即是双向触发二极管的转折电压。

4.4 常用开关

电气装置中使用许多开关,开关的作用是断开、接通或转换电路,以控制电气装置开始工作或停止工作。它们的种类及规格非常多,应用十分广泛。

开关的文字符号用“S”或“xS”表示。开关的“极”对应于过去所称的“刀”,“位”则对应于过去所称的“掷”,如:双极双位开关就是原来所称的双刀双掷开关。开关的极相当于开关的活动触点(触头、触刀),位相当于开关的静止触点。当触动或拨动开关时,活动触点就与静止触点接通(或断开),从而起到接通或断开电路的作用。常用开关的外观图如图4-8所示。

4.4.1 常用开关的种类

1. 滑动开关

滑动开关的内部置有滑块,通过不同的方式驱动滑块,使滑块动作,则开关触点接通或断开,从而起到开关的作用。滑动开关有拨动式、杠杆式、旋转式、推动式及软带式等。

(1) 拨动式开关

拨动式开关一般由金属外壳、簧片塑料支架和开关片3部分组成,开关片的绝缘基体一般为玻璃丝板,上面压接有两排切入式固定触点;塑料支架上开有小槽,槽中相应固定咬合式滑动簧片;金属外壳把簧片塑料支架与开关片固定在一起。当拨动开关时,塑料支架带动簧片在开关片上的固定触片上滑动,定位珠和弹簧使开关动作定位准确,并能保证在一定震动情况下不致错位。

常用的拨动式开关有1极2位、1极3位、2极2位、2极3位、4极3位、4极4位、10极3位、4极10位等。其中大于3极的多极多位开关主要用做波段转换,有些波段开关的位数可多达十几位,可变换十几个挡位。

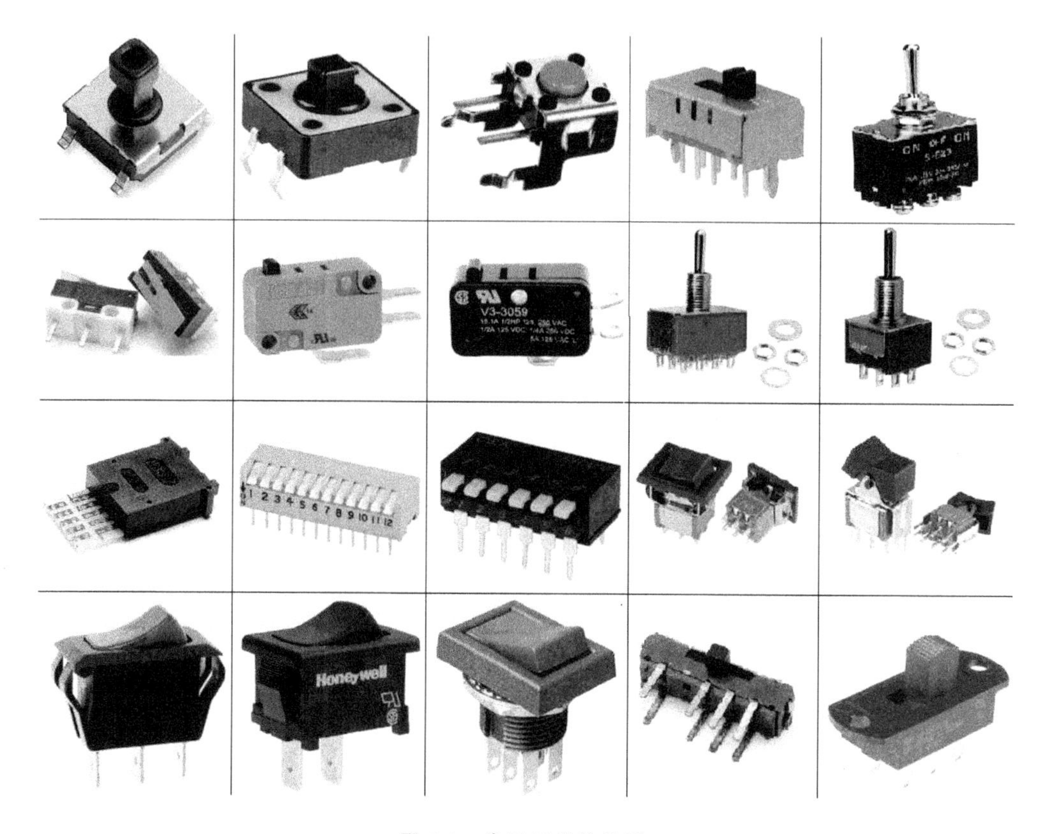

图 4-8　常用开关的外观

拨动式转换开关一般是直接焊在印制电路板上的，具有体积小、引线接线短、价格较低的优点，但由于结构上的原因，位数和刀数不可能做得太多，在电路中换接的电压不能太高，电流也不能太大。拨动开关广泛应用于收音机、收录机、电视机及各种仪器仪表中，用做波段开关、声道转换开关、功能(收录放等)切换开关、磁带选择开关及杜比降噪开关等。

(2) 旋转式开关

旋转式开关一般在金属支架上固定一个或多个开关片层，开关片基体是绝缘的，常用材料为高频瓷、玻璃布板等，各个触片都固定在绝缘基片上，支架中心装有旋转轴，它带动开关片中间的切入式接触片旋转，就能使开关片上的某两个触点接通或断开。支架的旋转部分还装有滚珠，它与支架体上的定位卡配合，保证开关动作时跳步迅速、干脆，定位准确。

高频瓷质波段开关主要适用于高频和超高频电路；环氧玻璃布胶板波段开关适用于高频电路和一般电路，在普通收录机及收音机中采用较多。

2. 薄膜开关

薄膜开关即薄膜按键开关，是一种低电压、小电流器件，适用于 CMOS 逻辑电路。按基材不同分为软性和硬性两种；按面板类型不同分为键位平面型和凹凸型两种；根据按键类型不同分为无手感键和有手感键(触觉反馈式)两种。软性薄膜开关结构上由多层柔软薄膜相互融合而成。硬性薄膜开关是由一块硬质印制电路板作为衬底和多层柔软薄膜相互融合构成，底层电路由印制电路板上的导电电路组成。平面型薄膜开关的面板键位是平的，凹凸型薄膜开关的键位是凸起的。无手感薄膜开关在按动时所需的按动力较小，轻轻一按，开关就会接通；有手感薄膜开关的，在按动时有时会产生“喀”的一声轻微的声音，而且手按动键位时有感觉。一般凹凸型薄膜开关都是有手感开关。

薄膜开关是一种无自锁的按动开关。当手指没有按动薄膜开关键位时，隔离层把顶层与底层两个导电触点分开，开关断开。当手指按动薄膜开关键位时，内于薄膜的轻微变形，使顶层触点与底层触点接触，从而使开关接通。当手指离开键位后，由于薄膜的反弹力，又使顶层和底层两个导电触点分开，使开关断开。

3. 按钮开关

按钮开关是通过按动键帽，使开关触头接通或断开，从而达到切换电路的目的。家电中的按钮开关主要有两种：一是用于通断电源的开关，如彩电电源开关，这种开关按一下即接通自锁，再按一下便断开复位，开关动作均为“推”，故称推推式开关，它与有些电位器上所带的推拉式开关不同。另一种是轻触微动开关，其行程与所需压力很小，当轻轻按下时，就可实现控制。轻触开关为双极单位开关，触点常开，按下时触点接通，体积有大、小之分，按柄有长、短之分，安装有立、卧之分，常用于控制板上。轻触开关一般无自锁结构，通过电路触发锁定，在彩电音响等家电上的应用已十分普遍，主要用于小信号及低压电路转换。

4. 琴键开关

琴键开关是一种采用积木组合式结构的、能做多极多位组合的转换开关。这种开关的应用十分广泛，在收录机、电风扇中经常可以见到它。琴键开关大多是多挡组合式，也有单挡的(常用做电源开关)。琴键开关除了开关挡数及极位数有所不同之外，还有锁定形式之分，锁定形式可分为自锁、互锁、无锁3种。

5. 钮子开关

钮子开关多为单极双位和双极双位开关，主要用于电源及电路工作状态的切换，在小家电产品(如真空吸尘器、搅拌机、烘衣机等)中应用较多。此外，在台灯和电热毯等电器上经常采用的船形开关与钮子开关原理相似，这种开关因被人经常触摸，故安全性特别重要，其触点都隐藏在开关绝缘外壳里面，接线时需打开外壳。

6. 水银导电开关

水银导电开关是用玻璃密封一些球状水银液体，并将两根(或三根、四根)彼此隔开的粗铜线的一端穿过玻璃壳也密封在玻璃壳内，导线另一端露在玻璃壳外面，作为开关的引线。利用水银流动及导电的特点，可制作成单向、双向或“万向”开关；单位、双位开关；常开、常闭式开关。它的原理是利用方向改变(如倾斜)时，水银球位置变化，使开关触点接通或断开。它使用非常方便，常用于如电风扇倾倒时断电保护机构。

7. 电源开关

原则上所有的开关都可以用于控制电源的通断，但不同的使用场合，对开关的参数要求不一样。常用的电源开关有旋钮开关、拨动开关、按键开关等，按触点分有单极单位、双极双位等。用在交流工频电的开关，其耐压一般应大于250 V或380 V，开关允许通过的电流有1 A、1.5 A、2.5 A、3 A、6 A、10 A等多种，可根据控制电器装置的功率大小进行选用，兼顾安装与装饰要求。

8. 定时开关

定时开关实质上是在开关基础上加定时器，它可以在一定时间限制内动作，常用于电风扇、洗衣机、电饭煲、录像机等家用电器中。常见的类型有机械式、电子式、电机驱动式等，机械式的原理类似于机械时钟，以发条为动力，通过齿轮组的转动带动偏心轮，利用凸起或凹槽来完成相应触点的接通和断开。电子式一般是通过改变振荡器的时间常数来控制定时时间，用继电器或晶闸管来完成触点的通、断。电机驱动式与机械式类似，不同之处是将动力由机械发条改为电驱动的电动机。

4.4.2 开关的主要参数

① 最大额定电压：指在正常工作状态下开关能容许施加的最大电压。

② 最大额定电流：指在正常工作状态下开关所容许通过的最大电流。

③ 接触电阻：开关接通时，“接触对”（两触点）导体间的电阻值叫做接触电阻。该值越小越好，一段开关多在 0.02 Ω 以下，某些开关及使用久的开关则在 0.1～0.8 Ω。

④ 绝缘电阻：即指定的不相接触的开关导体之间的电阻。此值越大越好，一般开关多在 100MΩ 以上。

⑤ 耐压：也叫抗电强度，其含义是指指定的不相接触的开关导体之间所能承受的电压。一般开关至少大于 100 V；电源（市电）开关要求大于 500 V（交流，50 Hz）。

⑥ 寿命：是指开关在正常条件下能工作的有效时间（使用次数）。通常为 5 000～10 000 次，要求较高的开关为 5×10^4～5×10^5 次。

对一般电子制作实验来讲，选用及调换开关时，除了型号或外形等需要考虑外，参数方面只要注意额定电压、额定电流和接触电阻 3 项便可以了。

4.5 继 电 器

继电器是一种电子控制器件，它具有控制系统（又称输入回路）和被控制系统（又称输出回路），通常应用于自动控制电路中，它实际上是用较小的电流去控制较大电流的一种“自动开关”。故在电路中起着自动调节、安全保护、转换电路等作用。其外观如图 4-9 所示。

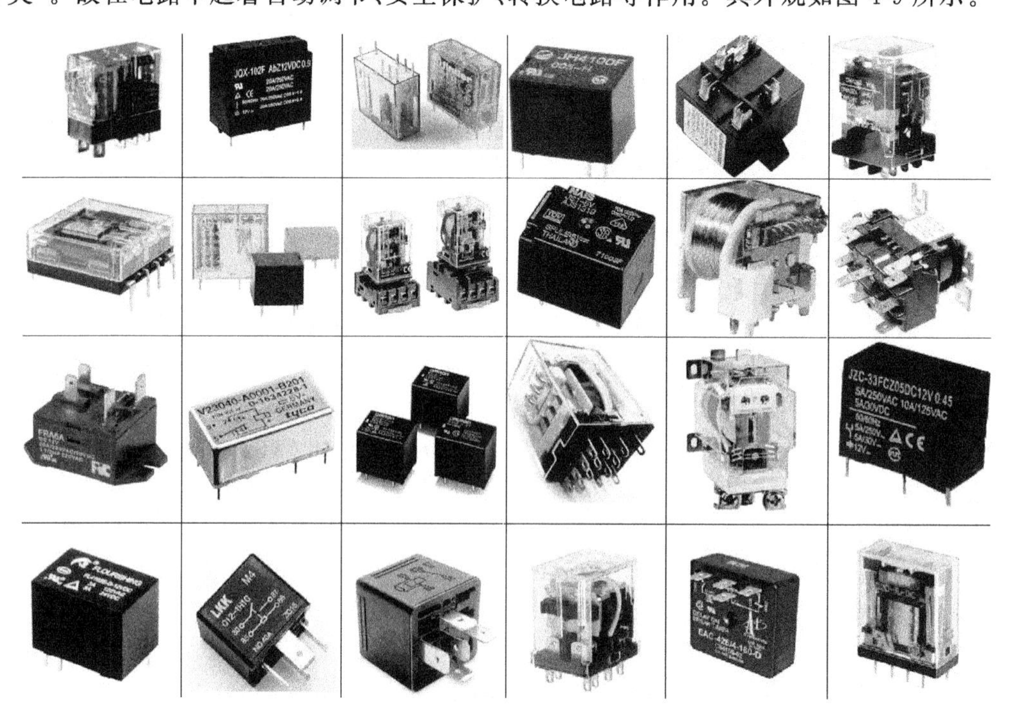

图 4-9 继电器的外观

4.5.1　继电器的电符号和触点形式

继电器线圈在电路中用一个长方框符号表示，如果继电器有两个线圈，就画两个并列的长方框。同时在长方框内或长方框旁标上继电器的文字符号“J”。继电器的触点有两种表示方法：一种是把它们直接画在长方框一侧，这种表示法较为直观；另一种是按照电路连接的需要，把各个触点分别画到各自的控制电路中，通常在同一继电器的触点与线圈旁分别标注上相同的文字符号，并将触点组编上号码，以示区别。继电器的触点有以下 3 种基本形式。

① 动合型(H 型)线圈不通电时两触点是断开的，通电后两个触点就闭合。以合字的拼音字头“H”表示。

② 动断型(D 型)线圈不通电时两触点是闭合的，通电后两个触点就断开。用断字的拼音字头“D”表示。

③ 转换型(Z 型)是触点组型。这种触点组共有 3 个触点，即中间是动触点，上下各一个静触点。线圈不通电时，动触点和其中一个静触点断开，和另一个闭合，线圈通电后，动触点就移动，使原来断开的成闭合状态，原来闭合的成断开状态，达到转换的目的。这样的触点组称为转换触点。用“转”字的拼音字头“Z”表示。

4.5.2　继电器的主要技术参数

(1) 额定工作电压

额定工作电压是指继电器正常工作时线圈所需要的电压，也就是控制电路的控制电压。根据继电器的型号不同，可以是交流电压，也可以是直流电压。

(2) 直流电阻

直流电阻是指继电器中线圈的直流电阻，可以通过万能表测量。

(3) 吸合电流

吸合电流是指继电器能够产生吸合动作的最小电流。在正常使用时，给定的电流必须略大于吸合电流，这样继电器才能稳定的工作。而对于线圈所加的工作电压，一般不要超过额定工作电压的 1.5 倍，否则会产生较大的电流而把线圈烧毁。

(4) 释放电流

释放电流是指继电器产生释放动作的最大电流。当继电器吸合状态的电流减小到一定程度时，继电器就会恢复到未通电时的释放状态。这时的电流远远小于吸合电流。

(5) 触点切换电压和电流

触点切换电压和电流是指继电器允许加载的电压和电流。它决定了继电器能控制电压和电流的大小，使用时不能超过此值，否则很容易损坏继电器的触点。

4.5.3　继电器测试

(1) 测触点电阻

用万能表的电阻挡，测量常闭触点与动点电阻，其阻值应为 0(用更加精确的方式可测得触点阻值在 100 mΩ 以内)；而常开触点与动点的阻值就为无穷大。由此可以区别出哪个是常闭触点，哪个是常开触点。

(2) 测线圈电阻

可用万能表 R×10 Ω 挡测量继电器线圈的阻值,从而判断该线圈是否存在着开路现象。

(3) 测量吸合电压和吸合电流

找来可调稳压电源和电流表,给继电器输入一组电压,且在供电回路中串入电流表进行监测。慢慢调高电源电压,听到继电器吸合声时,记下该吸合电压和吸合电流。为求准确,可以多试几次而求其平均值。

(4) 测量释放电压和释放电流

像上述(3)中那样连接测试,当继电器发生吸合后,再逐渐降低供电电压,当听到继电器再次发生释放声音时,记下此时的电压和电流,亦可多尝试几次而取得平均的释放电压和释放电流。一般情况下,继电器的释放电压约为吸合电压的 10%～50%,如果释放电压太小(小于 1/10 的吸合电压),则不能正常使用,这样会对电路的稳定性造成威胁,使工作不可靠。

4.5.4 继电器的选用

① 先了解必要的条件:

- 了解控制电路的电源电压,以及能提供的最大电流;
- 被控制电路中的电压和电流;
- 被控电路需要几组、什么形式的触点。选用继电器时,一般控制电路的电源电压可作为选用的依据。控制电路应能给继电器提供足够的工作电流,否则继电器的吸合是不稳定的。

② 查阅有关资料确定使用条件后,可查找相关资料,找出需要的继电器的型号和规格号。若手头已有继电器,可依据资料核对是否可以利用。最后考虑尺寸是否合适。

③ 注意器具的容积。若是用于一般用电器,除考虑机箱容积外,小型继电器主要考虑电路板安装布局。对于小型电器,如玩具、遥控装置,则应选用超小型继电器产品。

第5章　常用仪表仪器介绍

5.1　万用表

万用表是一种高灵敏度、多用途、多量限的携带式测量仪表，它在电工、电子技术中是一种最常用的仪表，能分别测量交/直流电压、直流电流、电阻、音频电平，以及电子元件的检测，适宜于无线电、电信及电工企事业单位作一般测量用，习惯上又称作三用表。万用表的型号较多，有些型号的万用表还可用来测量电感量、电容量、功率及晶体管的β值等。因此，万用表是电子测量和维修所必备的常用仪表。

万用表的基本组成主要包括指示部分、测量电路、转换装置3部分。

万用表主要分指针式和数字式两大类。它们的型号较多，功能和特点也各不相同，下面分别介绍它们的使用方法。

5.1.1　模拟万用表

1. MF47型万用表

MF47型万用表是一种高灵敏度袖珍式指针万用表，它可以用来测量直流电流、直流电压、交流电压和电阻等。另外，还可以作为晶体管的检测仪表，测量晶体管的穿透电流(I_{CEO})和直流放大系数(h_{FE})等。同时还可以用来检查LED的性能，并具有电路全保护功能。MF47型指针式万用表的面板布置如图5-1所示。

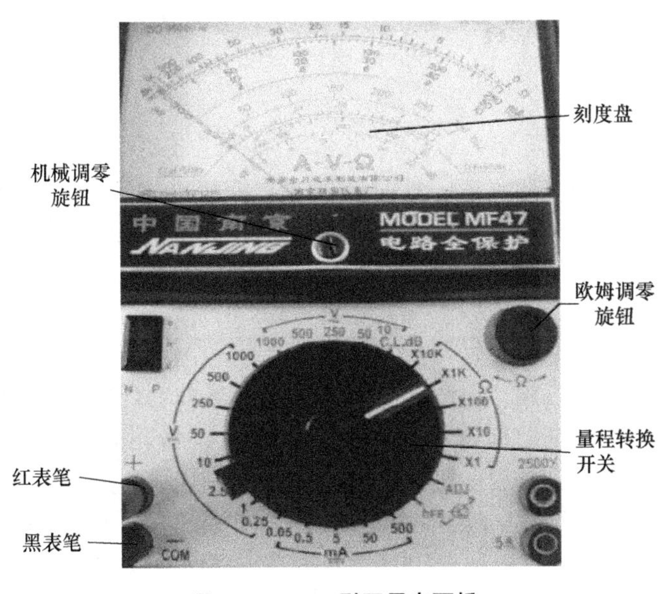

图5-1　MF47型万用表面板

图 5-1 中各部分功能如下。

① 表面：显示测量值。

② 机械调零：测量前指针不在零位，用它来机械调零。

③ 欧姆挡调零电位器：欧姆挡表笔短接调零。

④ 量程转换开关：用于选择合适的测量量程及测量功能。

⑤ DC5A 插座：直流 5 A 电流测量专用插座。

⑥ 2 500 V 插座：2 500 V 电压测量专用插座。

⑦ "＋"端插座：红表笔插座。

⑧ "COM"端插座：黑表笔插座。

⑨ "N、P"测试插座：测量"h_{FE}"时，晶体管 e、b、c 管脚插座。

2. 万用表具体使用方法

(1) 测量前的准备

① 除 DC5A 和 2 500 V 量限外，测试表笔均应插在"＋"、"COM"插座内，黑表笔插"COM"，红表笔插"＋"。

② 测量之前应先调整表面上的机械调零器，使指针处于"0"位。

③ 当测量一未知大小的电量时，应将转换开关旋至最大量程位置，然后再选择适当的量程，使指针得到最大偏转，读取被测量值。

④ 当发现电表全部量程都不通时，应先检查内置熔丝是否已烧断。

(2) 直流电流的测量

直流电流的量程范围共有 5 挡。测量时，首先将转换开关旋到合适的直流电流量程(DC mA)挡，然后将两根表笔串接到被测电路中，并按表盘的第 2 条刻度线(DC V · A)读数。用 5 A 挡测量时，应将红表笔插到"DC 5 A"的插座内，量程放到电流挡的任意位置上。

(3) 直流电压的测量

直流电压量程范围共有 7 挡。测量时，先将转换开关旋到合适的直流电压量程(DC V)挡，然后将两根表笔分别并联到被测电压的两端，按表盘的第 2 条刻度线(DC V · A)读数。用 2 500 V 挡测量时，量程置于 DC 1 000 V 挡，将红表笔插到"2 500 V"的插座内，并按第 6 条刻度线读数。

(4) 交流电压的测量

交流电压的量程范围共有 6 挡。测量时，先将功能转换开关旋到合适的交流电压量程(AC V)挡，两根表笔分别并联在被测电压两端，按表盘的第 3 条刻度线(A C · V)读数。用 2 500 V 挡测量时，量程置于 AC 1 000 V 挡，红表笔插到"2 500 V"的插座内，并按第 6 条刻度线读数。

(5) 电阻的测量

电阻的量程范围共有 5 挡。测量时，首先将功能转换开关旋到合适的欧姆挡量程上，然后将红、黑两根表笔短接，调节欧姆挡调零电位器，使指针指在第 1 条刻度线(Ω)的"0"位上。再将两根表笔分别接到被测电阻的两端，按第 1 条刻度线读数，并乘以量程所指示的倍数，即为实际电阻值。若欧姆调零时不能调到"0"位，则表示电池电压不足，应更换新电池。

(6) dB 测量

dB 测量时应将功能转换开关置于(AC 10 V)量程挡，刻度线的刻度是－10～＋22 dB，其他各量程的实际 dB 值按刻度盘右下角的“ADD · dB”表进行换算。0 dB 的标准是 600 Ω 负载上所消耗的功率为 1 mW，即与 0 dB 相应的电压为 0.77 V。

（7）I_{CEO}和 h_{FE}的测量

I_{CEO}和 h_{FE}测量时，应将功能转换开关置于（R×10）量程挡，红、黑表笔短接调零后马上断开。测量穿透电流 I_{CEO}时，将晶体管的 c、e 管脚插入与其相应的 NPN 或 PNP 一侧的 c、e 插座内，b 脚开路，电表指示值即为该晶体管的 I_{CEO}，按第 6 条刻度线读数。如读数在红色的 LEAK 区域内，即可认为管子是好的，若超出此范围甚至达到满度（满度为 15 mA），说明管子肯定是不好的。对于硅管因 I_{CEO}很小而无法读出，对于锗管即使是好的管子，也有一定的漏电流，这是正常的。测量 h_{FE}时，晶体管的 e、b、c 应插在与其相应 NPN 或 PNP 一侧的插座内，硅管从第 4 条刻度线读取 h_{FE}值，锗管从第 5 条刻度线读数。

（8）二极管的测量

用表的欧姆挡量程，可测量二极管的正向电流 I_F 和反向电流 I_R。电流的测量值按第 6 条（LI）刻度读数（注意：电表“*”插座是内部电源的正极）。当测量 I_F 时，从第 7 条（LV）刻度上同时还可以读出被测二极管的正向电压。因此要求电表的内附电池是 3 V 时，用 R×1 量程挡才能有效地检查 LED。当 LED 发光时，从 LI 刻度读出正向电流 I_F，并从 LV 刻度同时读出正向电压 V_F。

3. 使用时应注意的问题

① 将万用表接入电路前，应确保所选测量的类型及量程正确；误用电流挡、电阻挡测量电压极易造成万用表损坏。

② 用万用表测量高压时，不能用手触及表笔的金属部分，以免发生危险。

③ 在电路中测量电阻的阻值时，应断电进行测量，否则，会烧坏电表。

④ 量大电压、大电流时，不可带电拨动转换开关，以免烧坏万用表。

⑤ 测量结束后，应习惯将万用表的测量转换开关拨到“交流电压”最大量程挡，以免自己或他人在下次使用时因粗心而造成仪表的损坏。

5.1.2 数字万用表

数字万用表是以数字的方式直接显示被测量的大小，十分便于读数。与一般模拟万用表相比，具有测量精度高、显示直观、可靠性好、功能全、体积小等优点。另外，它还具有自动调零、显示极性、超量程显示及低压指示等功能，装有快速熔丝管过流保护电路和过压保护元件。

下面以常见的 9205 型数字万用表为例介绍其使用方法。

1. 9205 型数字万用表

如图 5-2 所示为 9205 型数字万用表面板，图中各部分功能如下。

① LCD 显示器：显示仪表测量结果的液晶显示屏。

② 电源开关：用于电源接通和断开。

③ 量程转换开关：用于选择合适的测量量程范围及测量功能。

④ 电容测试座：电容引脚插座。

⑤ 晶体管测试座：晶体管管脚插座。

⑥ COM 测试座：公共接地。

⑦ mA 测试座：小于 200 mA 电流测试座。

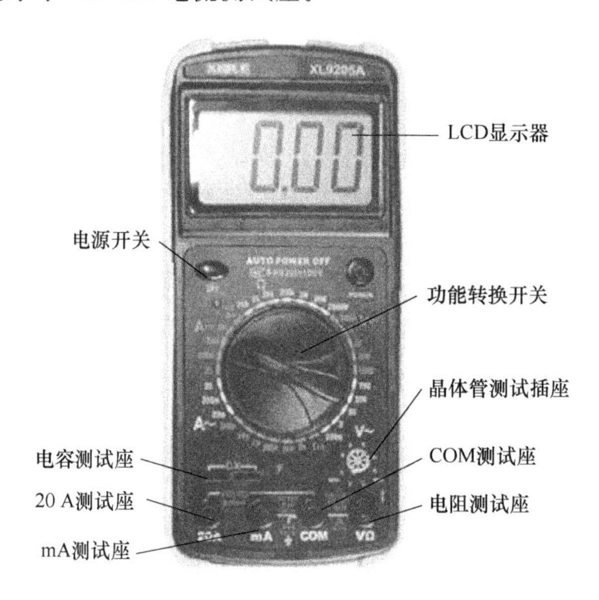

图 5-2　9205 型数字万用表面板

2. 9205 型数字万用表的使用方法

(1)电压的测量

将功能量程选择开关拨到“DC V”或“AC V”区域内恰当的量程挡，将电源开关拨至“ON”位置，这时即可进行直流或交流电压的测量。使用时将万用表与被测线路并联。注意，由“V·Ω”和“COM”两插孔输入的直流电压最大值不得超过允许值。另外应注意选择适当量程，所测交流电压的频率在 45～500 Hz。

(2) 电流的测量

将功能量程选择开关拨到“DC A”区域内恰当的量程挡，红表笔接“mA”插孔(被测电流小于 200 mA)或接“20 A”插孔(被测电流大于 200 mA)，黑表笔插入“COM”插孔，接通电源，即可进行直流电流的测量。使用时应注意，由“mA”、“COM”两插孔输入的直流电流不得超过 200 mA。将功能量程选择开关拨到“AC A”区域内的恰当量程挡，即可进行交流电流的测量，其余操作与测直流电流时相同。

(3) 电阻的测量

功能量程选择开关拨到“Ω”区域内恰当的量程挡，红表笔接“V·Ω”插孔，黑表笔接入“COM”插孔，然后将开关拨至“ON”位置，即可进行电阻的测量。精确测量电阻时应使用低阻挡(如 20 Ω)，可将两表笔短接，测出两表笔的引线电阻，并据此值修正测量结果。

(4) 二极管的测量

将功能量程选择开关拨到二极管挡，红表笔插入“V·Ω”插孔，黑表笔接入“COM”插孔，然后将开关拨至“ON”位置，即可进行二极管的测量。测量时，红表笔接二极管正极，黑表笔接二极管负极，两表笔的开路电压为 2.8 V(典型值)，测试电流为(1±0.5)mA。当二极管正向接入时，锗管应显示 0.150～0.300 V，硅管应显示 0.550～0.700 V。若显示超量程符号，表示二极管内部断路；显示全零，表示二极管内部短路。

(5) 三极管的测量

将功能量程选择开关拨到“NPN”或“PNP”位置,将三极管的 3 个引脚分别插入“h_{FE}”插座对应的孔内,将开关拨至“ON”位置,即可进行三极管的测量。由于被测管工作于低电压、小电流状态(未达额定值),因而测出的 h_{FE} 参数仅供参考。

(6) 线路通断的检查

将功能量程选择开关拨到蜂鸣器位置,红表笔接入“V・Ω”插孔,黑表笔接入“COM”插孔,将开关拨至“ON”位置,测量电阻,若被测线路电阻低于规定值(20±10) Ω 时,蜂鸣器发出声音,表示线路是通的。

3. 9205 型数字万用表的使用注意事项

该数字万用表是部精密电子仪表,不要随便改动内部电路以免损坏。

① 不要接到高于 1 000 V 的直流或有效值为 750 V 的交流以上的电压上去。

② 切勿误接量程以免外电路受损。

③ 仪表后盖未好时切勿使用。

④ 更换电池及保险丝须在拨去笔及关断电源后进行。旋出后盖螺钉,轻轻地稍微掀起后盖并同时向前推后盖,使后盖上挂钩脱离仪表面壳即可取下后盖。按后盖上说明的规格要求更换电池和保险丝。

5.2　直流稳压电源

5.2.1　概述

HY3000-2、HY3000C-2 型可调式直流稳压稳流电源是一种输出电压与限流电流均连续可调、且稳压与稳流自动转换的高稳定性直流电源。HY3000-2 为双 LED 显示,HY3000C-2 为双指针表头指示。

5.2.2　面板说明

稳压电源的面板如图 5-3 所示。

5.2.3　双路可调电源独立使用

(1) 将图 5-3 中的开关⑬和⑭分别置于弹起位置(即⊥位置)。

(2) 作为稳压源使用时,先将旋钮⑥和⑧顺时针调至最大,将开关②和③选择至电压显示位置,开机后,分别调节⑤和⑦,使主、从动路的输出电压调至需求值。

(3) 作为恒流源使用时,开机后将旋钮⑤和⑦顺时针调至最大,同时将⑥和⑧逆时针调至最小,接上所需负载,将开关②和③选择至电流显示位置,调节⑥和⑧,使主、从动路的输出电流分别调至所要求的稳流值。

(4) 限流保护点的设定:开启电源,将旋钮⑥和⑧逆时针调至最小,顺时针适当调节⑤和⑦,将输出端子⑮与⑰、⑱与⑳分别短接(注:50 V 以上的电源必须串入 5 Ω 以上的负载电阻),将开关②和③选择至电流显示位置,并顺时针调节⑥和⑧,使主、从动路的输出电流等于所要求的限流保护点电流值,此时保护点就被设定好了。

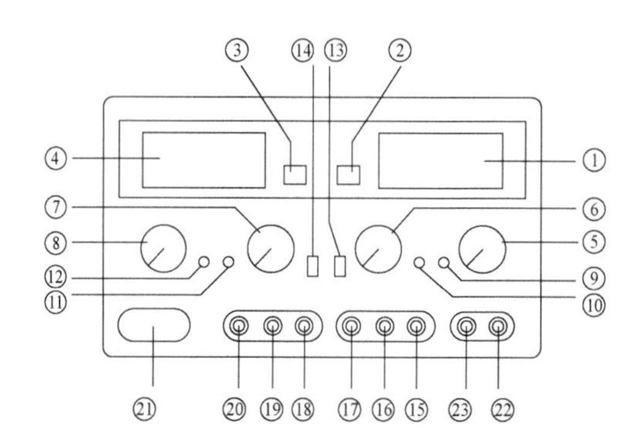

① 主动路输出电压或电流值显示
② 选择显示主动路输出电压或电流值
③ 选择显示从动路输出电压或电流值
④ 从动路输出电压或电流值显示
⑤ 主动路输出电压调节
⑥ 主动路输出电流调节
⑦ 从动路输出电压调节
⑧ 从动路输出电流调节
⑨ 主动路稳压状态指示灯
⑩ 主动路稳流状态指示灯
⑪ 从动路稳压状态指示灯
⑫ 从动路稳流态或双路电源并联态指示灯
⑬ 双路电源独立、串联、并联控制开关
⑭ 双路电源独立、串联、并联控制开关
⑮ 主动路输出正端
⑯ 机壳接地端
⑰ 主动路输出负端
⑱ 从动路输出正端
⑲ 机壳接地端
⑳ 从动路输出负端
㉑ 电源开关
㉒ 固定5 V输出正端
㉓ 固定5 V输出负端

图 5-3　稳压电源的面板

5.2.4　双路可调电源串联使用

(1) 将开关⑭按下(即┷位置),开关⑬弹起(即⊥位置),将旋钮⑥和⑧顺时针调至最大,此时调节主电源电压调节按钮⑤,从动路的输出电压将跟踪主动路的输出电压,输出电压最高可达两路电压的额定值之和(即端子⑮和⑳之间的电压)。

(2) 在两路电源串联时,两路的电流调节仍然是独立的,如旋钮⑧不在最大,而在某个限流点,则当负载电流至该限流点时,从动路的输出电压将不再跟踪主动路而调节。

(3) 在两路电源串联时,如负载过大,有输出功率时,则应用粗导线将端子⑰与⑱可靠连接,以免损坏机器内部开关。

(4) 在两路电源串联时,如主动路和从动路输出端的负端与接地端之间接有连接片,则应断开,否则将引起从动路的短路。

5.2.5　双路可调电源并联使用

(1) 将开关⑬和⑭分别按下(即┷位置),两路输出处于并联状态。调节旋钮⑤,两路输出电压一致变化,同时从动路稳流指示灯⑫亮。

(2) 并联状态时,从动路的电流调节⑧不起作用,只需调节⑥,即能使两路电流同时受控,其最大输出电流可达两路额定值之和。

(3) 在两路电源并联使用时,如负载较大,有功率输出时,则应用粗导线将端子⑮与⑱、⑰与⑳分别短接,以免损坏机内切换开关。

5.2.6　注意事项

① 本电源具有完善的限流保护，当输出端发生短路时，输出电流将被限制在最大限流点而不会再增加，但此时功率管上仍有很大消耗，故一旦发生短路或超负荷现象，应及时关掉电源并排除故障，使机器恢复正常工作。

② 对电源进行维修时，须将输入电源断开，并由专业人员进行维修。

③ 机器使用完毕，请放在干燥通风的地方，长期不用，应将电源插头拔下。

5.3　毫伏表

测量交流电压时，自然会想到用万用表，万用表是以测 50 Hz 交流电的频率为标准设计生产的，因此对于频率高到数千兆赫兹的高频信号，或低到几兆赫兹的低频信号，或有些交流信号幅度极小(有时只有几毫伏)，这时普通万用表就难以胜任了，而必须用专门的电子电压表来测量。

电子电压表又叫毫伏表，它的种类很多，根据测量信号频率的高低可分为低频毫伏表、高频毫伏表和超高频毫伏表。现以 DA-16 型低频晶体管毫伏表为例说明其使用方法。

DA-16 型毫伏表采用放大—检波的形式，具有较高的灵敏度、稳定度。检波置于最后，使信号检波时产生良好的指示线性。DA-16 型毫伏表频带宽可从 20 Hz～1 MHz；采用二级分压，故测量电压范围宽，可从 100 μV～300 V，指示读数为正弦波电压的有效值。

5.3.1　DA-16 型毫伏表的主要性能指标

DA-16 型毫伏表的主要性能指标如表 5-1 所示。

表 5-1　DA-16 型毫伏表的主要性能指标

项　目	性能指标	项目	性能指标
测量电压范围	100 μV～300 V	频率响应误差	100 Hz～100 kHz：≤±3%
测量电平范围	－27～＋32 dB(600 Ω)		20 Hz～1 MHz：≤±5%
被测频率范围	20 Hz～1 MHz	输入阻抗	电阻 1 MΩ(1 kHz)，C≤50～70 pF
固有误差	≤±3%(基准频率 1 kHz)	消耗功率	3 W

5.3.2　DA-16 型毫伏表的面板功能

DA-16 型毫伏表的面板结构如图 5-4 所示。

(1) 量程选择开关

选择被测电压的量程，它共有 11 挡。量程括号中的分贝数供仪器作电平表时读分贝数用。

(2) 输入端

采用一个同轴电缆线作为被测电压的输入引线。在接入被测电压时，被测电路的公共地端应与毫伏表输入端同轴电缆的屏蔽线相连接。

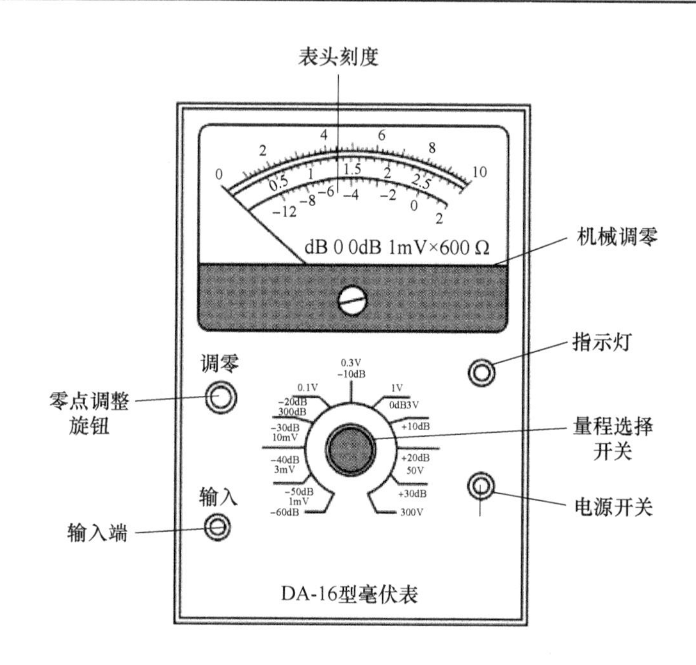

图 5-4　DA-16 型毫伏表的面板结构

(3) 零点调整旋钮

当仪器输入端信号电压为零时(输入端短路),毫伏表指示应为零,否则需调节该旋钮。

(4) 表头刻度

表头上有 3 条刻度线,供测量时读数之用。第 3 条(－12～＋2 dB)刻度线是作为电平表用时的分贝(dB)读数刻度。

(5) 机械调零

毫伏表未接上电源时,可利用旋具调整该旋钮使指针指向零点。

(6) 电源开关和指示灯

插好外插头(接交流 220 V),当电源开关拨向上时,该红色指示灯亮,表示已接通电源,预热后可以准备进行测量。

5.3.3　DA-16 型毫伏表的使用方法

(1) 机械调零

将毫伏表立放在水平桌面上,通电前,先检查表头指针是否指示零点,若不指零,可用旋具调整表头上的机械调零旋钮使指示为零。

(2) 电气调零

将毫伏表的输入夹子短接,接通电源,待指针摆动数次至稳定后,校正电气调零旋钮,使指针在零位,此时即可进行测量(有的毫伏表有自动电气调零,无须人工调节)。

(3) 连接测量电路

DA-16 型毫伏表灵敏度较高,为了保护毫伏表以避免表针被撞击损坏,在接线时一定要先接地线(即电缆的外层,要接到低电位线端),再接另一条线(高电位线端),接地线要选择良好的接地点。测量完毕拆线时,应先拆高电位线,然后再拆低电位线。

DA-16 型毫伏表的输入端采用的是同轴电缆,电缆的外层为接地线,为了安全起见,在测量毫伏级电压量程时，接线前最好将量程式开关置于低灵敏度挡(即高电压挡)，接线完毕再将量程开关置于所需的量程。另外，在测量毫伏级的电压量时，为避免外部环境的干扰，测量导线应尽可能的短。

(4) 测量

根据被测信号的大约数值，选择适当的量程。当所测的未知电压难以估计其大小时，就需要从大量程开始试测，逐渐降低量程直至表针指示在 2/3 以上刻度盘时，即可读出被测电压值。

(5) 读数

如图 5-5 所示为 DA-16 型毫伏表的刻度面板，共有 3 条刻度线，第 1、2 条刻度线用来观察电压值指示数，与量程转换开关对应起来时，标有 0～10 的第 1 条刻度线适用于 0.1、1、10 量程挡位，标有 0～3 的第 2 条刻度线适用于 0.3、3、30、300 量程挡位。

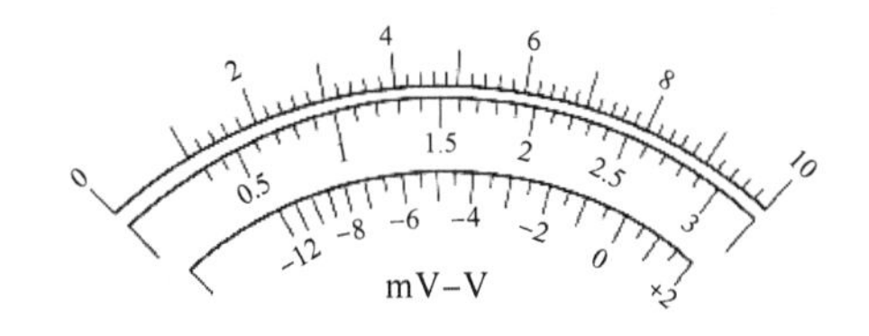

图 5-5　DA-16 型毫伏表的刻度面板

例如量程开关指在 1 mV 挡位时，用第 1 条刻度线读数，满度 10 读作 1 mV，其余刻度均按比例缩小，若指针指在刻度 6 处，即读作 0.6 mV(600 μV)；如量程开关指在 0.3 V 挡位时，用第 2 条刻度线读数，满度 3 读作 0.3 V，其余刻度也均按比例缩小。

毫伏表的第 3 条刻度线用来表示测量电平的分贝值，它的读数与上述电压读数不同，是以表针指示的分贝读数与量程开关所指的分贝数的代数和来表示读数的。例如，量程开关置于＋10 dB(3 V)时，表针指在－2 dB 处，则被测电平值为＋10 dB＋(－2 dB)＝8 dB。

5.4　信号发生器

信号发生器又称信号源，它能产生不同频率、不同幅度的规则的或不规则的波形信号。在实际应用中，信号发生器能给测试、研究和调整电子电路及电子整机产品提供符合一定技术要求的电信号。

信号发生器类型很多，按频率和波段可分为低频信号发生器、高频信号发生器和脉冲信号发生器等。在电子整机产品装调中高频信号发生器使用较多。下面以 ZN1060 型高频信号发生器为例说明其性能和使用方法。

ZN1060 型高频信号发生器是一个具有数字显示的产品，其输出频率和输出电压的有效范围宽，频率调节采用交流伺服电动机传动系统，调谐方便，仪器内部有频率计，可对输出频率进行显示，提高了输出频率的准确度。

5.4.1　ZN1060 型高频信号发生器的主要性能指标

ZN1060 型高频信号发生器的主要性能指标如表 5-2 所示。

表 5-2 ZN1060 型高频信号发生器的主要性能指标

项　目	性能指标	项　目	性能指标
频率范围	10 kHz～40 MHz 10 个波段,分为等幅、调幅	调幅度	0%～80%连续可调
载波频率误差	四位数码显示±1 个字(预热 30 min)	衰减器	×10 dB:0～110 dB 分 11 挡 ×1 dB:0～10 dB 分 10 挡
输出电压有效范围	0～120 dB(1 μV～1 V)	电调制信号	400 Hz,1 000 Hz

5.4.2 ZN1060 型高频信号发生器的面板结构

ZN1060 型高频信号发生器的面板结构如图 5-6 所示。

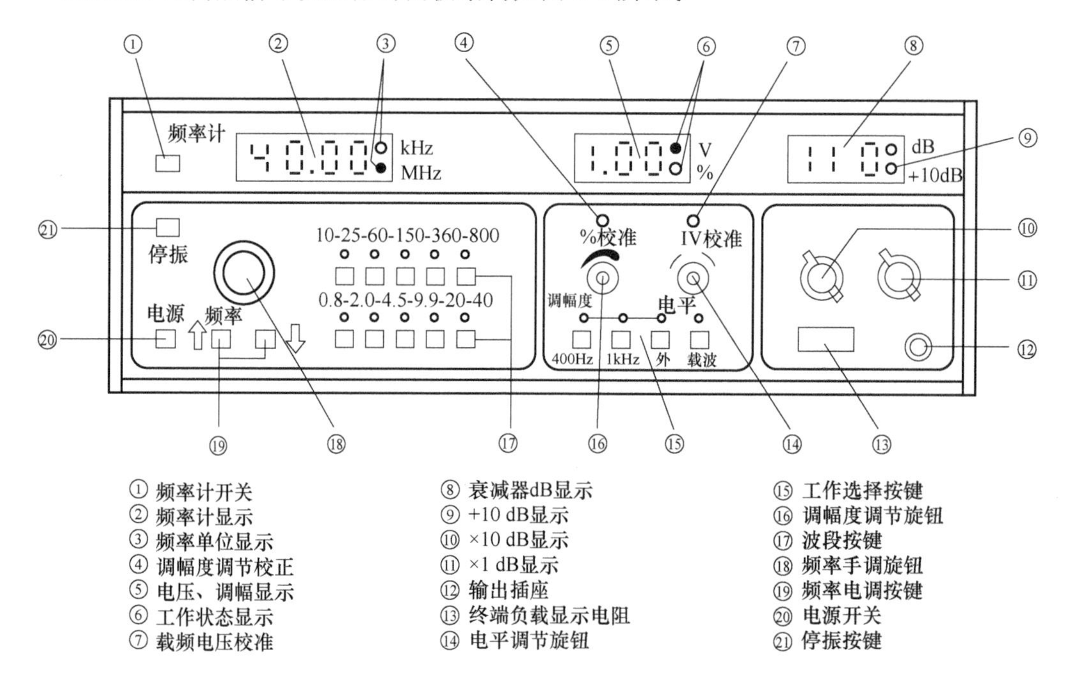

图 5-6 ZN1060 型高频信号发生器的面板结构

5.4.3 ZN1060 型高频信号发生器的功能

ZN1060 型高频信号发生器有载波、调幅两种信号输出状态。

(1) 载波工作状态

波段按键⑰用来改变信号发生器输出载波的波段,根据需要的信号频率,按下相应波段按键,指示灯即亮,表示仪器工作于该波段;频率电调按键⑲,标有“↑”符号表示按下此键频率往高调节,标有“↓”符号表示按下此键频率往低调节;频率手调旋钮⑱,用于微调输出信号频率,将信号频率精确地调到所需数值;停振按键㉑,起开关作用,用来中断测试过程中本仪器的输出信号。

(2) 调幅工作状态

工作选择按键⑮有“400 Hz”、“1 kHz”、“外”3 个键,按下对应按键分别输出由 400 Hz、

1 kHz、外输入信号调制的调幅波；载波按键，按下此键后仪器输出高频载波信号；电平调节旋钮⑭，调节载波输出幅度；调幅度调节旋钮⑯，用来调节调幅波的调幅度大小，调幅度的数值由数字电压表显示。

(3) 衰减器部分

"×10 dB"衰减器10从0～110 dB分11挡；"×1 dB"衰减器11从0～10 dB分10挡，衰减的分贝数由"衰减器dB数显示"读出。

(4) 频率计开关

在测试过程中，如果被测设备受频率计干扰大时，可以按动频率计开关1使之弹出，停止频率计工作，保证测试顺利进行。

5.4.4 ZN1060型高频信号发生器的使用方法

① 按下"频率计开关"、"0.8～2 MHz"波段开关和"载波开关"，将"调幅度调节"旋钮、"电平调节"旋钮逆时针旋至最小位置，衰减器置于最大衰减位置。

② 按下"电源开关"，预热30 min即可正常使用。

③ 根据所需要的输出频率，按下相应的波段后再按动"频率电调按键""↑"或"↓"，并调节"频率手调旋钮"，使输出频率符合所需的数值。

④ 调节"电平调节旋钮"使数字电压表显示为1 V。

⑤ 根据所需要的输出电压，将"×10 dB"和"×1 dB"衰减器置于所需分贝。在使用过程中电压表应始终保持1 V，以保证仪器输出电压值的准确性。

⑥ 根据需要的调幅频率，按"400 Hz"或"1 kHz"按键，此时仪器处于调幅工作状态，调节"调幅度调节旋钮"可改变调幅系数的大小，并在电压表上直接显示M%。电压表所显示的调幅度，只有载波电平保持1 V的情况下M%才是准确的。若要检查载波电平是否在1 V上，可按下"载波开关"，则电压表再次显示电压，可调节"电平调节旋钮"使电压表显示出1 V。

5.5 示波器

示波器是一种用途很广的电子测量仪器，它能将非常抽象的看不见的、随着时间变化的电压波形，变成具体的看得见的波形图，通过波形图可以看清信号的特征，并且可以从波形图上计算出被测电压的幅度周期、频率、脉冲宽度及相位等参数。本节介绍YB4320型双踪示波器的使用方法。

5.5.1 YB4320双踪示波器主要技术指标

1. 垂直偏转系统

① 频带宽度：DC为0～9 MHz/3 dB；AC为10 Hz～20 MHz/3 dB。

② 输入灵敏度：5 mV/div～5 V/div，按1/2/5步进，共分10挡。"×1"精度为±5%，"×5"精度为±10%。

③ 可微调的垂直灵敏度：大于所标明的灵敏度值的2.5倍。

④ 上升时间：≤17.5 ns。

⑤ 输入阻抗：1 MΩ(1±2%)/25 pF±3 pF。

⑥ 最大输入电压：300 V(DC+AC 峰值)。

2. 水平偏转系统

① 扫描时间因数：0.1～0.2 μs/div(误差±5%)，按 1-2-5 步进，共分 20 挡。

② 触发方式：自动、正常、TV-V、TV-H。

③ 触发信号源：INT、CH2、电源、外。

④ 灵敏度：常态方式下频率为 10 Hz～20 MHz 时，2 div(内触发)、0.3 V(外触发)。自动方式下频率为 20 Hz～20 MHz 时，2 div(内触发)、0.3 V(外触发)。

3. 电源

电压为交流 220(1±10%) V，频率为 50(1±5%) Hz，功耗为 35 W。

5.5.2 YB4320 双踪示波器面板图及控制键功能

YB4320 面板示意图如图 5-7 所示，各控制键功能和使用方法如下。

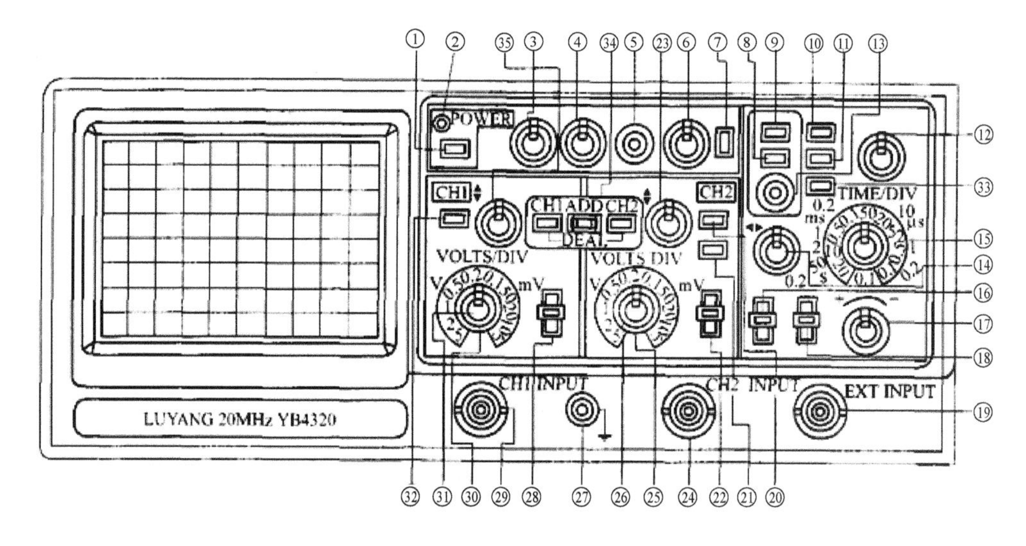

图 5-7 YB4320 面板

① 电源开关(POWER)：将电源开关按键弹出即为“关断”位置，按下电源开关，将电源接入。

② 电源指示灯：电源接通时，指示灯亮。

③ 亮度旋钮(INTENSITY)：顺时针方向旋转旋钮，亮度增强。

④ 聚焦旋钮(FOCUS)：调节亮度控制钮使亮度适中，然后调节聚焦旋钮直至轨迹达到最清晰程度。

⑤ 光迹旋转旋钮(TRACE ROTATION)：由于磁场的作用，当光迹在水平方向轻微倾斜时，该旋钮用于调节光迹与水平刻度线平行。

⑥ 刻度照明控制钮(SCALE ILLUM)：该旋钮用于调节屏幕亮度。如果该旋钮顺时针方向旋转，亮度将增加。该功能用于黑暗环境或拍照时的操作。

⑦ 校准信号(CAL):电压幅度为0.5 V,频率为1 kHz的方波信号。

⑧ ALT扩展按钮(ALT-MAG):按下此键,扫描因数×1、×5同时显示。此时要把放大部分移到屏幕中心,按下ALT-MAG键。扩展后的光迹可由光迹分离控制键⑬移位距×1、光迹1.5 div或更远的地方。同时使用垂直双踪方式和水平ALT-MAG可在屏幕上同时显示4条光迹。

⑨ 扩展控制键(MAG×5):按下去时,扫描因数×5扩展。扫描时间是TIME/DIV开关指示数值的1/5。

⑩ 触发极性按钮(SLOPE):触发极性选择,用于选择信号的上升和下降沿触发。

⑪ *X-Y*控制键:如*X-Y*工作方式时,垂直偏转信号接入CH2输入端,水平偏转信号接入CH1输入端。

⑫ 扫描微调控制旋钮(VARIBLE):此旋钮以顺时针方向旋转到底处为校准位置,该旋钮逆时针方向旋转到底,扫描减慢2.5倍以上。正常时该旋钮应位于校准位置,以便于对时间、周期和频率等参数的定量测量。

⑬ 光迹分离控制键:功能见“⑧”。

⑭ 水平位移(POSITION):用于调节轨迹在水平方向的移动。顺时针方向旋转该旋钮,向右移动光迹;逆时针方向旋转,向左移动光迹。

⑮ 扫描时间因数选择开关(TIME/DIV):共20挡,在0.1 us/div～0.2 s/div范围

选择扫描速率。

⑯ 触发方式选择(TRIGMODE):自动(AUTO),即采取自动扫描方式时,扫描电路自动进行扫描。在没有信号输入或输入信号没有被触发同步时,屏幕上仍然可以显示扫描基线。常态(NORM),即有触发信号才能扫描,否则屏幕上无扫描线显示。当输入信号频率低于20 Hz时,请用常态触发方式。

TV－H:用于观察电视信号中行信号波形。

TV－V:用于观察电视信号中场信号波形。

⑰ 触发电平旋钮(TRIG LEVEL):用于调节被测信号在某—电平触发同步。

⑱ 触发源选择开关(SOLRCE):选择触发信号源。

内触发(IN1):CH1或CH2通道的输入信号是触发信号。

通道2触发(CH2):CH2通道的输入信号是触发信号。

电源触发(LINE):电源频率为触发信号。

外触发(EXT):触发输入为外部触发信号,用于特殊信号的触发。

⑲ 外触发输入插座(EXT INPUT):用于外部触发信号的输入。

⑳ ㉜CH1×5扩展、CH2×5扩展:按下×5扩展按钮,垂直方向的信号扩大5倍,最高灵敏度变为1 mV/div。

㉑ CH2极性开关(INVERT):按此开关时CH2显示反向电压值。

㉒ ㉘垂直输入耦合选择开关(AC-GND－DC):选择垂直放大器的耦合方式。

交流(AC):垂直输入端由电容器来耦合。

接地(GND):放大器的输入端接地。

直流(DC):垂直放大器输入端与信号直接耦合。

㉓ ㉕垂直移位(POSITION):调节光迹在屏幕中的垂直位置。

㉔ 通道2输入端(CH2 INPUT):和通道1一样,但采取 X-Y 方式时输入端的信号仍为 Y 轴信号。

㉕ ㉛垂直微调旋钮(VARIBLE):垂直微调用于连续改变电压偏转灵敏度。此旋钮在正常情况下应位于顺时针方向旋转到底的位置,以便于对电压的定性测量。将旋钮逆时针方向旋到底,垂直方向的灵敏度下降到2.5倍以上。

㉖ ㉚衰减器开关(VOLTS/DIV):用于选择垂直偏转灵敏度的调节。如果使用的是10∶1的探头,计算时将幅度×10。

㉗ 接地柱(⊥):接地端。

㉙ 通道1输入端(CH1 INPUT):该输入端用于垂直方向的输入。采取 X-Y 方式时输入端的信号成为 X 轴信号。

㉝ 交替触发(ALT TRIG):在双踪交替显示时,触发信号交替来自于两个 Y 通道,此方式可用于同时观察两路不相关的信号。

㉞ 垂直工作方式选择(VERTICAL MODE):按下 CH1 时,屏幕上仅显示 CH1 通道的信号;按下 CH2 时,屏幕上仅显示 CH2 通道的信号;同时按下 CH1 和 CH2 按钮,屏幕上会出现双踪并自动以断续或交替方式同时显示 CH1 和 CH2 通道的信号;按下 ADD 时,显示 CH1 和 CH2 输入电压的代数和。

5.5.3 基本操作方法

(1) 打开电源

打开电源开关前先检查输入的电压,将电源线插入后面板上的交流插孔。打开电源,按如下设定功能键。

① 电源(POWER):开关键弹出。

② 亮度(INTENSITY):顺时针旋转。

③ 聚焦(Focus):中间。

④ AC—GND—DC:AC。

⑤ 垂直移位(POSITION):中间(×5)扩展键弹出。

⑥ 触发方式(TRIG MODE):自动。

⑦ 触发电平(TRIG LEVEL):中间。

⑧ 触发源(SOURCE):内。

⑨ TIME/DIV:0.5 ms/DIV。

⑩ 水平位置:×1,(×5 MAG)、ALT MAG 均弹出。

⑪垂直工作方式(MODE):CHI。

一般将下列微调旋钮设定到“校准”位置。

① VOLTS/DIV VAR:顺时针方向旋转到底,以便读取电压选择旋钮指示的 VOLTS/DIV 上的数值。

② TIME/DIV VAR:顺时针方向旋转到底,以便读取扫描选择旋钮指示的 TIME/DIV

上的数值。

(2) 信号参数测量

① 直流电压的测量:设定 AC-GND-DC 开关至 GND,将零电平定位在屏幕最佳位置。将 VOLTS/DIV 设定到合适位置,然后将 AC-GND-DC 开关拨到 DC,直流信号将会使光迹产生上下偏移,直流电压可以通过光迹偏移的刻度乘以 VOLTS/DIV 开关挡位值得到。

② 交流电压的测量:将零电平定位在屏幕合适位置,通过信号幅度在屏幕上所占的格数(DIV)乘以 VOLTS/DIV 挡位值得到交流信号的幅值。如果交流信号叠加在直流信号上,将 AC-GND DC 开关设置在 AC,可隔开直流。如果探头为 10∶1,实际值是测量值的 10 倍。

③ 频率和时间的测量:如果一个信号的周期在屏幕上占 2 个 DIV,假设扫描时间为 1 ms/DIV,则信号的周期为 1 ms/DIV×2 DIV=2 ms,频率为 1/(2 ms)=500 Hz。如运用×5 扩展,那么 TIME/DIV 则为指示值的 1/5。

5.6　频率特性测试仪

频率特性测试仪又叫扫频仪,该仪器主要用于测定无线电设备(如宽带放大器,雷达接收机的中频放大器、高频放大器,电视机的公共通道、伴音通道、视频通道,以及滤波器等有源和无源四端网络等)的频率特性。若配用驻波电桥,还可以测量器件的驻波特性。下面以 BT3CA 型频率特性测试仪为例来介绍此类仪器的性能和使用方法。

5.6.1　BT3CA 型频率特性测试仪的主要性能指标

BT3CA 型频率特性测试仪既可作为信号发生器使用,又可输出点频信号,具有功耗低、体积小、重量轻、输出电压高、寄生调幅小,以及扫频非线性系数小、频谱纯度好等特点。BT3CA 型频率特性测试仪的主要性能指标如表 5-3 所示。

表 5-3　BT3CA 型频率特性测试仪的主要性能指标

项　目	性能指标	项目	性能指标
中心频率	1～300 MHz 内连续可调	输出扫频信号电压	>0.5 V
最小扫频频偏	>±0.5 MHz	频率标记信号	1 MHz、10 MHz、50 MHz 外接 1 MHz 和 10 MHz 组合显示
最大扫频频偏	>±15 MHz	扫频信号输出阻抗	75 Ω
扫频频偏	在±15 MHz 以内	输出衰减器	10 dB×7、1 dB×10 步进
全扫频率范围	1～300 MHz 输出平坦度不大于±0.7 dB	垂直输入敏度	>2.5 V(峰-峰值)/cm

5.6.2　BT3CA 型频率特性测试仪的面板结构及部件功能

BT3CA 型频率特性测试仪的面板结构如图 5-8 所示,各部件功能表如表 5-4 所示。

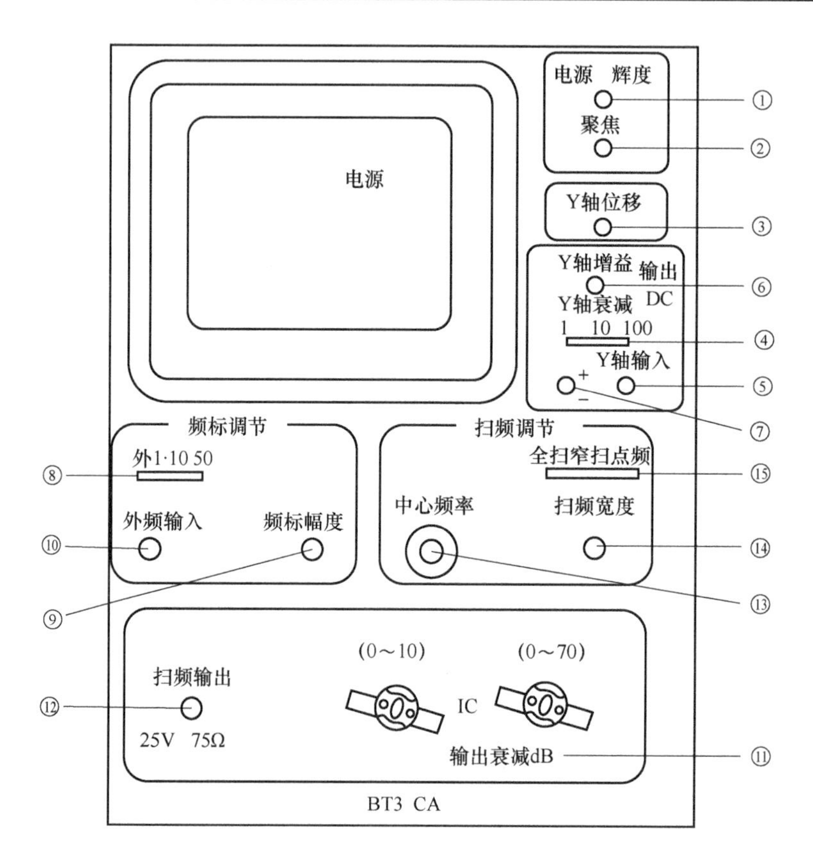

图 5-8 BT3CA 型频率特性测试仪的面板结构

表 5-4 BT3CA 型频率特性测试仪面板部件功能

序 号	名 称	作 用	序 号	名 称	作 用
①	电源、辉度	控制电源通断及曲线亮度	⑨	频标幅度	调节频标幅度大小
②	聚焦	调节光迹清晰度	⑩	外频输入	接收外部频标输入信号
③	Y 轴位移	控制曲线上下移动	⑪	输出衰减	控制输出扫频电压大小
④	Y 轴衰减	控制输入至通道的包络信号，有 1、10、100 三挡衰减	⑫	扫频输出	仪器扫频信号电路输出
⑤	Y 轴输入	接收被测网络经检波后的包络信号	⑬	中心频率	调节扫频信号中心频率（0～300 MHz）
⑥	Y 轴增益	连续控制曲线幅度	⑭	扫频宽度	调节扫频信号的频偏量，最大频偏＞±15 MHz，最小频偏＜±0.5 MHz
⑦	＋ −	控制鉴频特性曲线极性的按键开关	⑮	全扫、窄扫、点频	全扫：扫频范围 1～300 MHz 窄扫：频偏为±0.5～±15 MHz 点频：作为一般发生器使用
⑧	频标调节	控制频标的频率值分 1 MHz、10 MHz、50 MHz，外 1 MHz、10 MHz 同时显示 10 MHz 频标最大			

5.6.3　BT3CA型频率特性测试仪的使用方法

(1) 检查显示系统

接通电源，预热5～10 min，调节“电源、辉度”和“聚焦”旋钮，使扫描线细而清晰，亮度适中。

(2) 检查仪器内部频标

将“频标调节”开关置于“1 MHz・10 MHz”处，此时扫描基线上呈现出相应的频标信号。调节“频标幅度”旋钮，使频标幅度适中。

(3) 零频(起始频标)的确定

将“频标调节”开关置于“1 MHz・10 MHz”处，“频标幅度”旋钮位置适中，“全扫—窄扫—点频”开关置于“窄扫”位置。调节“中心频率”使其在起始位置附近，在众多的频标中有一个顶端凹陷的频标；将“频标调节”开关置于“外接”，其他频标信号消失，此标记仍然存在，则此标记为“零频”频标。

(4) 频偏检查

将“频率偏移”旋钮调至最大与最小，荧光屏上呈现的频标数应满足技术要求(±0.5～±15 MHz)。

(5) 输出扫频信号频率范围的检查

将检波探测器插入仪器的“扫频电压输出”端，并接好地线，每一波段都应在荧光屏上出现方框。将“频标幅度”旋钮置于适当位置，“频标调节”开关置于“1 MHz・10 MHz”处，调节“中心频率”旋钮，应满足技术要求(1～300 MHz连续可调)。

(6) 寄生调幅系数和扫频信号的非线性系数的检查

(7) 检查仪器输出电压

在输出插座上接750输出电缆，用超高频毫伏表(如DA22)测其电压值，扫频调节放在点频处，其有效值应大于0.5 V。

(8) “0 dB”校正及测量

在进行增益测量前，先要进行“0 dB”校正，即将扫频仪的输出电缆直接与检波电缆对接，“输入衰减”旋钮置于0 dB挡，调节“Y轴增益”旋钮，使屏幕上显示的两条水平线占有一定的格数。这个格数为“0 dB”校正线，然后接入被测电路，保持“Y轴增益”旋钮位置不变，改变“输出衰减”旋钮部位，使显示的幅频曲线高度处于0 dB校正线高度，此时“输出衰减”旋钮所标0 dB数即为被测电路的增益。测量线路接法如图5-9所示。

频率特性测试仪附有4种探头或电缆：输入探头(检波头)、输入电缆(75 Ω)、开路头、输出探头(匹配头)。

① 输入探头：当被测网络输出信号未经过检波电路时，应采用检波输入探头与Y轴输入端连接；当被测网络输出信号已经过检波电路时，0 dB校正好后用输入电缆与Y轴输入端连接。

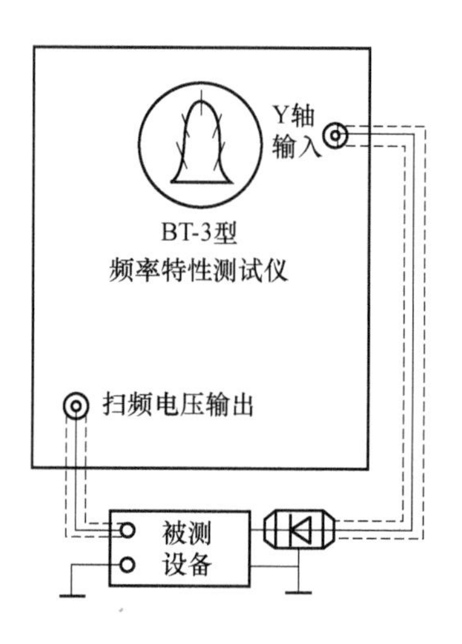

图 5-9　增益测量线路接法

② 输出探头:当被测网络输入端已经具有 75 Ω 特性阻抗时,应采用开路头将扫频电压输出端与被测网络连接;当被测网络输入端为高阻抗时,为减小误差,则应采用匹配头(探头内对地接有 75 Ω 匹配电阻)将扫频电压输出端与其连接。

实践篇——专业实践训练

本篇主要内容：完成焊接技术的学习与实践，完成各种单元电路的设计、安装和调试，以及完成单片机最小系统版的设计与调试。

第6章　焊接技术及实践

电子电路的焊接、组装与调试在电子工程技术中占有重要位置。任何一个电子产品都是由设计→焊接→组装→调试形成的，而焊接是保证电子产品质量和可靠性的最基本环节，调试则是保证电子产品正常工作的最关键环节。在电子工业中，焊接技术应用极为广泛，它不需要复杂的设备及昂贵的费用，就可将多种元器件连接起来，在某种情况下，焊接是高质量连接最易实现的方法。

6.1　焊接材料

6.1.1　焊料

1. 常用焊锡

(1) 管状焊锡丝

管状焊锡丝由助焊剂与焊锡制作在一起做成管状，在焊锡管中夹带固体助焊剂。助焊剂一般选用特级松香为基质材料，并添加一定的活化剂。管状焊锡丝一般适用于手工焊接。

管状焊锡丝的直径有 0.5 mm、0.8 mm、1.2 mm、1.5 mm、2.0 mm、2.3 mm、2.5 mm、4.0 mm和 5.0 mm。

(2) 抗氧化焊锡

抗氧化焊锡是在锡铅合金中加入少量的活性金属，能使氧化锡、氧化铅还原，并漂浮在焊锡表面形成致密覆盖层，从而保护焊锡不被继续氧化。这类焊锡适用于浸焊和波峰焊。

(3) 含银焊锡

含银焊锡是在锡铅焊料中加 0.5%～2.0%的银，可减少镀银件中银在焊料中的熔解量，并可降低焊料的熔点。

(4) 焊膏

焊膏是表面安装技术中一种重要的材料，它由焊粉、有机物和熔剂制成糊状物，能方便地用丝网、模板或点膏机印涂在印制电路板上。

焊粉是用于焊接的金属粉末，其直径为 15～20 μm，目前已有 Sn-Pb、Sn-Pb-Ag 和 Sn-Pb-In 等。有机物包括树脂或一些树脂熔剂混合物，用来调节和控制焊膏的黏性。使用的熔剂有触变胶、润滑剂、金属清洗剂。

2. 常用焊锡的特性及用途

常用焊锡的特性及用途如表 6-1 所示。

表 6-1　常用焊锡的特性及用途

<table>
<tr><th rowspan="2">名称</th><th rowspan="2">牌号</th><th colspan="3">主要成分</th><th rowspan="2">熔点℃</th><th rowspan="2">抗拉强度/
kg·cm⁻²</th><th rowspan="2">主要用途</th></tr>
<tr><th>锡</th><th>锑</th><th>铅</th></tr>
<tr><td>10 锡铅焊料</td><td>HISnPb 10</td><td>89%～91%</td><td><0.15</td><td rowspan="8">277</td><td>220</td><td>4.3</td><td>用于锡焊食品器皿及医药卫生物品</td></tr>
<tr><td>39 锡铅焊料</td><td>HISnPb 39</td><td>39%～61%</td><td rowspan="2"><0.8</td><td>183</td><td>4.7</td><td>用于锡焊无线电元器件等</td></tr>
<tr><td>50 锡铅焊料</td><td>HISnPb 50</td><td>49%～51%</td><td>3.8</td><td>锡焊散热器、计算机、黄铜制件</td><td>锡焊散热器、计算机、黄铜制件</td></tr>
<tr><td>58-2 锡铅焊料</td><td>HISnPb 58-2</td><td>39%～41%</td><td rowspan="3">1.5～2</td><td>235</td><td>3.8</td><td>用于锡焊无线电元器件、导线、钢皮镀锌件等</td></tr>
<tr><td>68-2 锡铅焊料</td><td>HISnPb 68-2</td><td>29%～31%</td><td>3.3</td><td>用于锡焊电金属护套、铝管</td><td>用于锡焊电金属护套、铝管</td></tr>
<tr><td>80-2 锡铅焊料</td><td>HISnPb 80-2</td><td>17%～19%</td><td>2.8</td><td>用于锡焊油壶、容器、散热器</td><td>用于锡焊油壶、容器、散热器</td></tr>
<tr><td>90-6 锡铅焊料</td><td>HISnPb 90-6</td><td>3%～4%</td><td>5～6</td><td>265</td><td>5.9</td><td>用于锡焊黄铜和铜</td></tr>
<tr><td>73-2 锡铅焊料</td><td>HISnPb 73-2</td><td>24%～26%</td><td>1.5～2</td><td>265</td><td>2.8</td><td>用于锡焊铅管</td></tr>
</table>

6.1.2　助焊剂

助焊剂主要用于锡铅焊接中，有助于清洁被焊接面，防止氧化，增加焊料的流动性，使焊点易于成形，提高焊接质量。

1. 助焊剂的作用

(1) 除氧化膜

在进行焊接时，为使被焊物与焊料焊接牢靠，就必须要求金属表面无氧化物和杂质，只有这样才能保证焊锡与被焊物的金属表面固体结晶组织之间发生合金反应，即原子状态的相互扩散。因此在焊接开始之前，必须采取各种有效措施将氧化物和杂质除去。

除去氧化物与杂质，通常有两种方法，即机械方法和化学方法。机械方法是用砂纸和刀将其除掉；化学方法则是用助焊剂清除，这样不仅不损坏被焊物，而且效率高，因此焊接时，一般都采用这种方法。

(2) 防止氧化

助焊剂除上述的去氧化物功能外，还具有加热时防止氧化的作用。由于焊接时必须把被焊金属加热到使焊料润湿并产生扩散的温度，而随着温度的升高，金属表面的氧化就会加速，助焊剂此时就在整个金属表面上形成一层薄膜，包住金属使其同空气隔绝，从而起到了加热过程中防止氧化的作用。

(3) 促使焊料流动，减少表面张力

焊料熔化后将贴附于金属表面，由于焊料本身表面张力的作用，力图变成球状，从而减小了焊料的附着力，而助焊剂则有减少焊料表面张力、促使焊料流动的功能，故使焊料附着力增强，使焊接质量得到了提高。

(4) 把热量从烙铁头传递到焊料和被焊物表面

因为在焊接中,烙铁头的表面及被焊物的表面之间存在许多间隙,在间隙中有空气,空气又为隔热体,这样必然使被焊物的预热速度减慢。而助焊剂的熔点比焊料和被焊物的熔点都低,故能够先熔化,并填满间隙和润湿焊点,使电烙铁的热量通过它很快地传递到被焊物上,使预热的速度加快。

2. 助焊剂的分类

常用助焊剂分为无机类助焊剂、有机类助焊剂和树脂类助焊剂三大类。

(1) 无机类助焊剂

无机类助焊剂的化学作用强,腐蚀性大,焊接性非常好。这类助焊剂包括无机酸和无机盐。它的熔点约为 180 ℃,是适用于锡焊的助焊剂。由于其具有强烈的腐蚀作用,不宜在电子产品装配中使用,只能在特定场合使用,并且焊后一定要清除残渣。

(2) 有机类助焊剂

有机类助焊剂由有机酸、有机类卤化物及各种胺盐树脂类等合成。这类助焊剂由于含有酸值较高的成分,因而具有较好的助焊性能,但具有一定程度的腐蚀性,残渣不易清洗,焊接时有废气污染,限制了它在电子产品装配中的使用。

(3) 树脂类助焊剂

这类助焊剂在电子产品装配中应用较广,其主要成分是松香。在加热情况下,松香具有去除焊件表面氧化物的能力,同时焊接后形成的膜层具有覆盖和保护焊点不被氧化腐蚀的作用。

由于松脂残渣具有非腐蚀性、非导电性、非吸湿性,焊接时没有什么污染,且焊后容易清洗,成本又低,所以这类助焊剂被广泛使用。松香助焊剂的缺点是酸值低、软化点低(55℃左右),且易结晶、稳定性差,在高温时很容易脱羧碳化而造成虚焊。

目前出现了一种新型的助焊剂——氢化松香,它是用普通松脂提炼而成的。氢化松香在常温下不易氧化变色,软化点高,脆性小,酸值稳定,无毒、无特殊气味,残渣易清洗,适用于波峰焊接。

3. 使用助焊剂的注意事项

常用的松香助焊剂在超过 60 ℃时,绝缘性能会下降,焊接后的残渣对发热元器件有较大的危害,所以要在焊接后清除焊剂残留物。另外,存放时间过长的助焊剂不宜使用。因为助焊剂存放时间过长时,其成分会发生变化,活性变差,影响焊接质量。

正确合理地选择助焊剂,还应注意以下两点。

① 在元器件加工时,若引线表面状态不太好,又不便采用最有效的清洗手段时,可选用活化性强和清除氧化物能力强的助焊剂。

② 在总装时,焊件基本上都处于可焊性较好的状态,可选用助焊剂性能不强、腐蚀性较小、清洁度较好的助焊剂。

6.1.3　阻焊剂

阻焊剂是一种耐高温的涂料。在焊接时,可将不需要焊接的部位涂上阻焊剂保护起来,使焊料只在需要焊接的焊接点上进行。阻焊剂广泛用于浸焊和波峰焊。

1. 阻焊剂的优点

① 可避免或减少浸焊时桥接、拉尖、虚焊和连条等弊病，使焊点饱满，大大减少板子的返修量，提高了焊接质量，保证了产品的可靠性。

② 使用阻焊剂后，除了焊盘外，其余线条均不上锡，可节省大量焊料；另外，由于受热少、冷却快、降低了印制电路板的温度，起到了保护元器件和集成电路的作用。

③ 由于板面部分为阻焊剂膜所覆盖，增加了一定硬度，是印制电路板很好的永久性保护膜，还可以起到防止印制电路板表面受到机械损伤的作用。

2. 阻焊剂的分类

阻焊剂的种类很多，一般分为干膜型阻焊剂和印料型阻焊剂。现广泛使用的是印料型阻焊剂，这种阻焊剂又可分为热固化和光固化两种。

① 热固化阻焊剂的优点是附着力强，能耐 300 ℃高温；缺点是要在 200 ℃高温下烘烤 2 h，板子易翘曲变形，能源消耗大，生产周期长。

② 光固化阻焊剂（光敏阻焊剂）的优点是在高压汞灯照射下，只要 2～3 min 就能固化，节约了大量能源，大大提高了生产效率，便于组织自动化生产。另外，其毒性低，减少了环境污染。不足之处是它溶于酒精，能和印制电路板上喷涂的助焊剂中的酒精成分相溶而影响印制电路板的质量。

6.2 焊接的分类

焊接通常分为熔焊、加压焊和钎焊三大类。

① 熔焊（焊件熔化）。利用加热被焊件使其熔化产生合金而完成的焊接技术。如电子弧焊、气焊、超声波焊等。

② 加压焊（加热或不加热）。加压焊也称为接触焊，它是一种不用焊料和焊剂就可获得可靠连接的焊接技术。如点焊、碰焊等。

③ 钎焊（焊件不熔化，焊料熔化）。用焊料加热熔化成液态金属后再把固体金属连接在一起的焊接技术，如锡焊。锡焊是电子元器件焊接时常用的一种焊接方法。由于焊接用的焊料（锡合金）和焊剂（松香）的熔点比焊件（铜引线、铜箔焊盘等）的熔点低，因此在焊件不熔化的情况下，焊料熔化并浸润焊件形成合金层，使得焊件之间牢固结合。

6.3 焊接的方法

目前焊接的方法主要有手工焊接和自动焊接（机器焊接），也有部分电子产品采用无锡焊接。

(1) 手工焊接

手工焊接是采用手工操作的传统焊接方法，根据焊接前焊点的连接方式不同，可分为绕焊、钩焊、搭焊、插焊等不同方式。

① 绕焊：将被焊接元器件的引线或导线缠绕在接点处进行焊接。这种焊接方式强度最高，应用最广。高可靠的整机产品的接点通常采用这种方法焊接。

② 钩焊：将被焊接元器件的引线或导线钩接在被连接件的接线端上进行焊接。这种焊

接方式强度比绕焊低,但操作简便,使用于不便缠绕但又有一定机械强度和便于拆卸的接点上。

③ 搭焊:将被焊接元器件的引线或导线搭在接点上进行焊接。这种方法最简便,但强度可靠性较差,它使用于易于调整或改焊的临时接点上。

④ 插焊:将被焊接元器件的引线或导线插入洞孔形接点中进行焊接。它使用于元器件带有引线插孔、插针及印制板的焊接。

(2) 机器焊接

机器焊接技术适用于工厂流水线作业,它根据焊接工艺方法的不同,可分为浸焊、波峰焊和再流焊。

① 浸焊。将装好元器件的印制板在熔化的锡锅内浸锡,一次完成印制板上所有焊接点的焊接。主要适用于小型印制板电路的焊接。

② 波峰焊。采用波峰焊机一次完成印制板上所有焊接点的焊接。目前波峰焊是印制板焊接的主要方法。

③ 再流焊。利用焊膏将元器件粘在印制板上,加热印制板后使焊膏中的焊料熔化,一次完成所有焊点的焊接方法。目前主要应用于表面安装的片状元器件焊接。

6.4 焊接工具

电子产品常用的工具有电烙铁、斜口钳、尖嘴钳、镊子、剪刀、螺丝刀等。主要工具如图 6-1 所示。其中电烙铁是手工焊接的主要工具。常用的电烙铁一般为直热式。直热式又分为外热式和内热式两种。直热式电烙铁外观如图 6-2 所示。它是由烙铁头、烙铁心、外壳、手柄和电源线等部分组成。发热部件(烙铁心)是装在烙铁头的外面,称为外热式电烙铁,装在烙铁头内部的称为内热式电烙铁。内部结构图如图 6-3 所示。

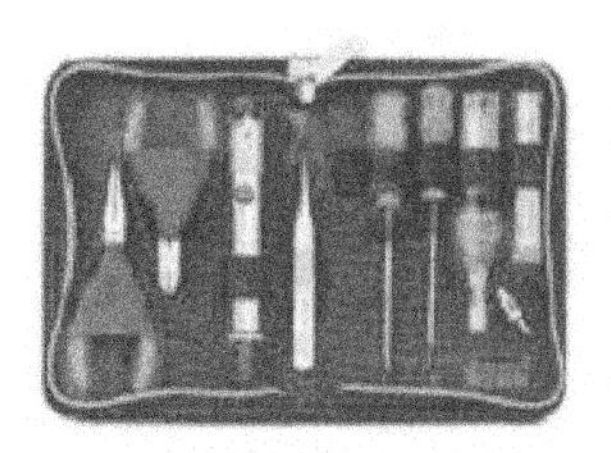

工具包

手工焊具与焊锡丝

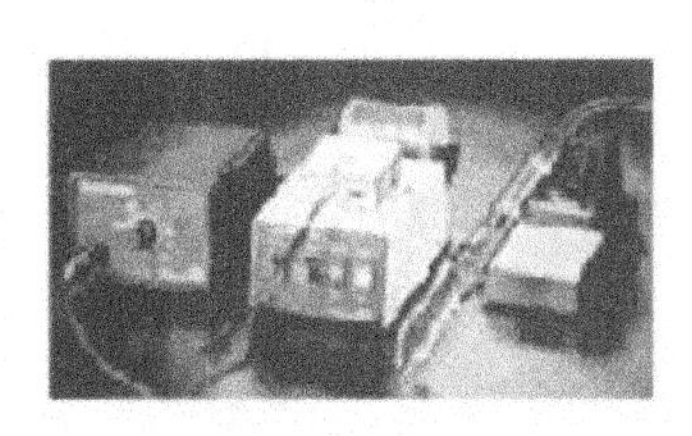

热风枪实物

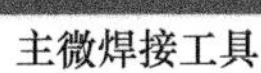

主微焊接工具

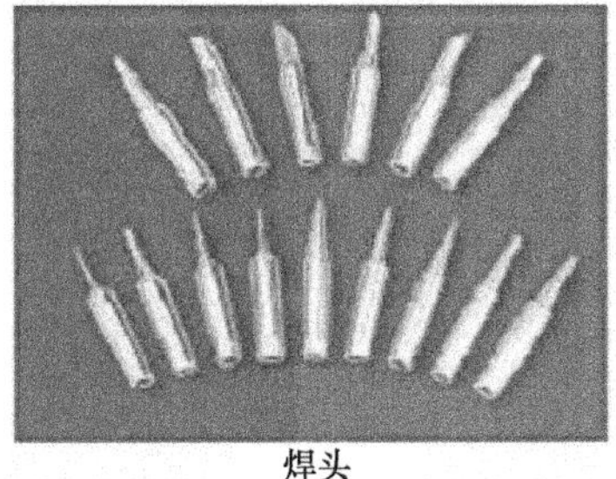

焊头

图 6-1　焊接主要工具

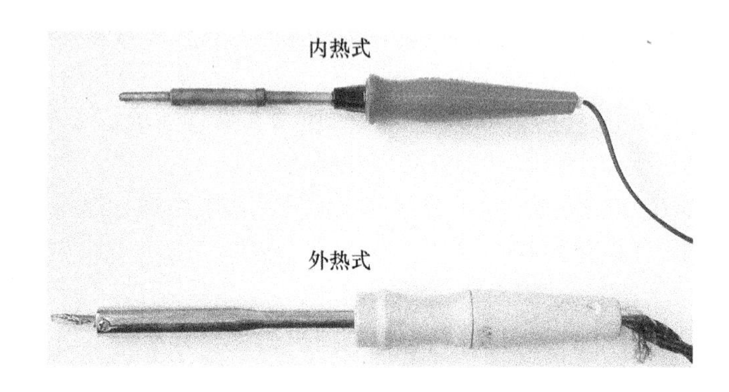

图 6-2　直热式电烙铁外观

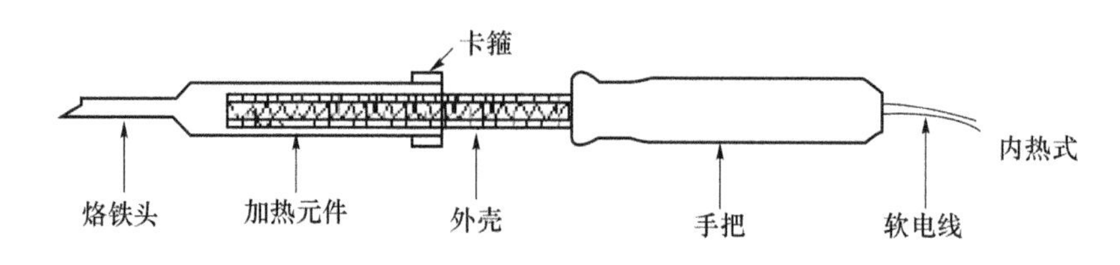

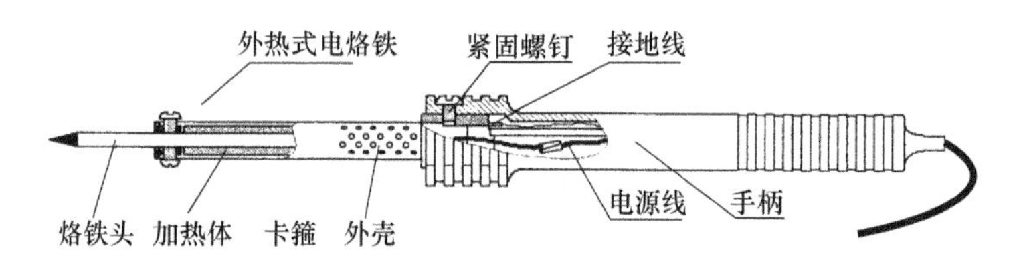

图 6-3　直热式电烙铁的内部结构

烙铁头是由紫铜材料制成的,它的作用是储存热量和传导热量。烙铁的温度与烙铁头的体积、形状、长短等有一定的关系,为了保证焊接点的牢固,需要合理地选用烙铁头的形状与尺寸。几种常用的烙铁头的外形如图 6-4 所示。其中,圆斜面式是市售烙铁头的一般形式,适用于在单面板上焊接不太密集的焊点;凿式和半凿式多用于电器维修工作;尖锥式和圆锥式烙铁头适用于焊接高密度的焊点和小而怕热的元器件。

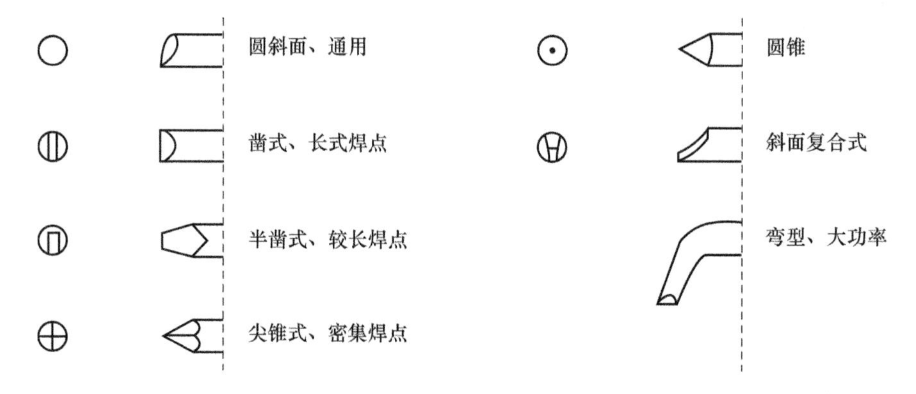

图 6-4　常用烙铁头的外形

外热式电烙铁的规格较多,常用的有 25 W、45 W、75 W、100 W 等。

内热式电烙铁的常用规格有20 W、50 W等。由于它的热效率高，20 W内热式电烙铁相当于25～45 W的外热式电烙铁。因此，比较适用于晶体管等小型电子元器件和印制电路板的焊接。

6.5　手工焊接技术

6.5.1　焊接操作姿势与注意事项

1. 电烙铁的握法

使用电烙铁的目的是为了加热被焊件而进行锡焊，绝不能烫伤、损坏导线和元器件，因此必须正确掌握电烙铁的握法。

手工焊接时，电烙铁要拿稳对准，可根据电烙铁的大小、形状和被焊件的要求等不同情况决定电烙铁的握法。电烙铁的握法通常有3种，如图6-5所示。

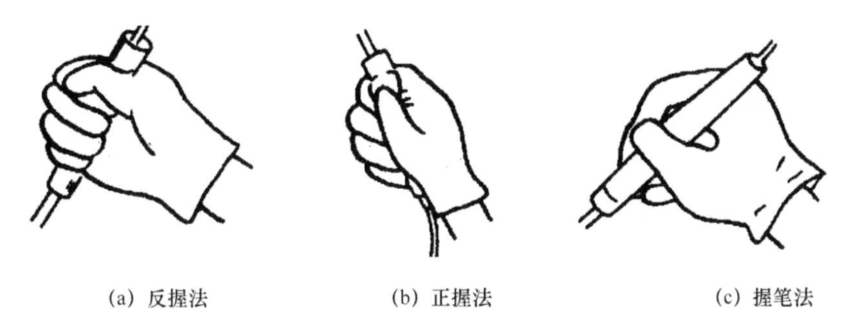

(a) 反握法　(b) 正握法　(c) 握笔法

图6-5　电烙铁的握法

(1) 反握法

反握法是用五指把电烙铁柄握在手掌内。这种握法焊接时动作稳定，长时间操作不易疲劳。它适用于大功率的电烙铁和热容量大的被焊件。

(2) 正握法

正握法是用五指把电烙铁柄握在手掌外。它适用于中功率的电烙铁或烙铁头弯的电烙铁。

(3) 握笔法

这种握法类似于写字时手拿笔一样，易于掌握，但长时间操作易疲劳，烙铁头会出现抖动现象，因此适用于小功率的电烙铁和热容量小的被焊件。

2. 焊锡丝的拿法

手工焊接中一手握电烙铁，另一手拿焊锡丝，帮助电烙铁吸取焊料。拿焊锡丝的方法一般有两种：连续锡丝拿法和断续锡丝拿法，如图6-6所示。

(1) 连续锡丝拿法

连续锡丝拿法是用拇指和四指握住焊锡丝，三手指配合拇指和食指把焊锡丝连续向前送进。它适用于成卷(筒)焊锡丝的手工焊接。

(2) 断续锡丝拿法

断续锡丝拿法是用拇指、食指和中指夹住焊锡丝，采用这种拿法，焊锡丝不能连续向前送进。它适用于用小段焊锡丝的手工焊接。

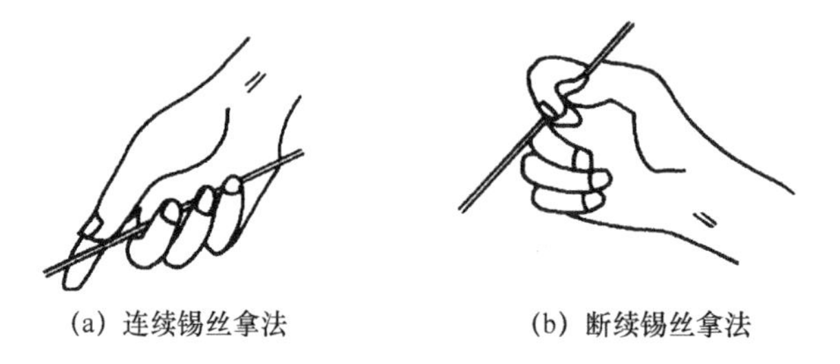

(a) 连续锡丝拿法　　(b) 断续锡丝拿法

图 6-6　焊锡丝的拿法

3. 焊接操作的注意事项

① 由于焊丝成分中铅占一定比例，众所周知，铅是对人体有害的重金属，因此操作时应戴手套或操作后洗手，避免食入。

② 焊剂加热时挥发出来的化学物质对人体是有害的，如果在操作时人的鼻子距离烙铁头太近，则很容易将有害气体吸入。一般鼻子距烙铁的距离不小于 30 cm，通常以 40 cm 为宜。

③ 使用电烙铁要配置烙铁架，一般放置在工作台右前方，电烙铁用后一定要稳妥地放于烙铁架上，并注意导线等物不要碰到烙铁头。

6.5.2　手工焊接的要求

通常可以看到这样一种焊接操作法，即先用烙铁头沾上一些焊锡，然后将烙铁放到焊点上停留等待加热后焊锡润湿焊件。应注意，这不是正确的操作方法。虽然这样也可以将焊件焊起来，但却不能保证质量。

当把焊锡熔化到烙铁头上时，焊锡丝中的焊剂将附在焊料表面，由于使用的烙铁头温度一般都在 250～350 ℃，在电烙铁放到焊点上之前，松香焊剂不断挥发，而当电烙铁放到焊点上时，由于焊件温度低，加热还需一段时间，在此期间焊剂很可能挥发大半甚至完全挥发，因而在润湿过程中会由于缺少焊剂而润湿不良。

同时，由于焊料和焊件温度相差很多，结合层不容易形成，很容易虚焊。而且由于焊剂的保护作用丧失后焊料容易氧化，焊接质量也得不到保证。手工焊接的要求如下。

(1) 焊接点要保证良好的导电性能

虚焊是指焊料与被焊物表面没有形成合金结构，只是简单地依附在被焊金属的表面上，如图 6-7 所示。为使焊点具有良好的导电性能，必须防止虚焊。

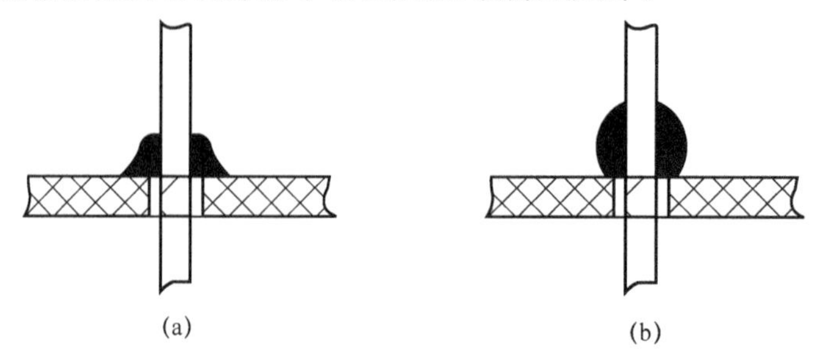

图 6-7　虚焊

虚焊用仪表测量很难发现,但却会使产品质量大打折扣,以致出现产品质量问题,因此在焊接时应杜绝产生虚焊。

(2) 焊接点要有足够的机械强度

焊点要有足够的机械强度,以保证被焊件在受到振动或冲击时不至于脱落、松动。为使焊点有足够的机械强度,一般可采用把被焊元器件的引线端子打弯后再焊接的方法。

为提高焊接强度,引线穿过焊盘后可进行相应的处理,一般采用 3 种方式,如图 6-8 所示。其中图 6-8(a)所示为直插式,这种处理方式的机械强度较小,但拆焊方便;图 6-8(b)所示为打弯处理方式,所弯角度为 45°左右,其焊点具有一定的机械强度;图 6-8(c)所示为完全打弯处理方式,所弯角度为 90°左右,这种形式的焊点具有很高的机械强度,但拆焊比较困难。

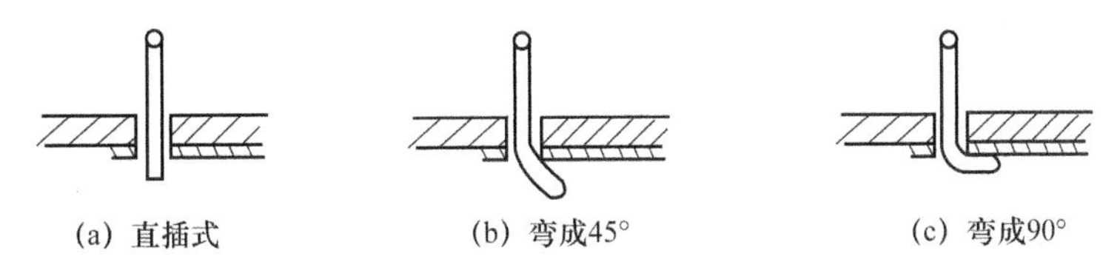

(a) 直插式　(b) 弯成45°　(c) 弯成90°

图 6-8　引线穿过焊盘后的处理方式

(3) 焊点表面要光滑、清洁

为使焊点表面光滑、清洁、整齐,不但要有熟练的焊接技能,而且还要选择合适的焊料和焊剂。焊点不光洁表现为焊点出现粗糙、拉尖、棱角等现象。

(4) 焊点不能出现搭接、短路现象

如果两个焊点很近,很容易造成搭接、短路的现象,因此在焊接和检查时,应特别注意这些地方。

6.5.3　五步操作法

对于一个初学者来说,一开始就掌握正确的手工焊接方法并养成良好的操作习惯是非常重要的。手工焊接的五步操作法如图 6-9 所示。

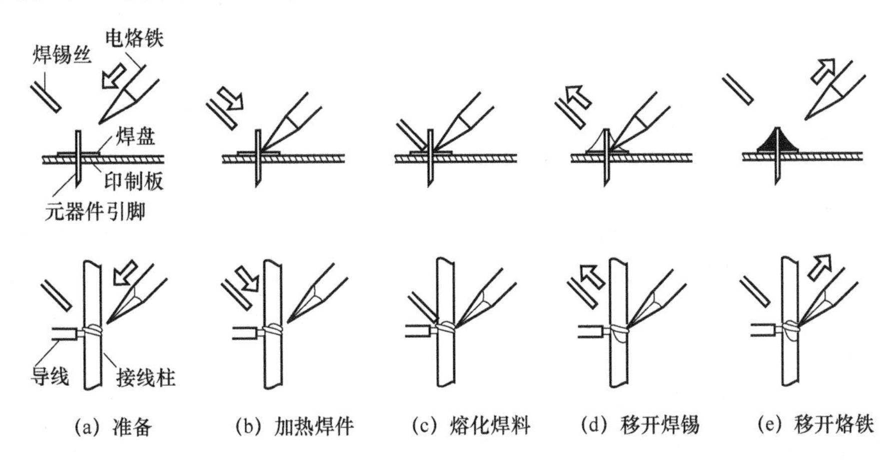

(a) 准备　(b) 加热焊件　(c) 熔化焊料　(d) 移开焊锡　(e) 移开烙铁

图 6-9　手工焊接五步操作法

(1) 准备施焊

将焊接所需材料、工具准备好,如焊锡丝、松香焊剂、电烙铁及其支架等。焊前对烙铁头要进行检查,查看其是否能正常“吃锡”。如果吃锡不好,就要将其锉干净,再通电加热并用松香和焊锡将其镀锡,即预上锡,如图 6-9(a)所示。

(2) 加热焊件

加热焊件就是将预上锡的电烙铁放在被焊点上,如图 6-9(b)所示,使被焊件的温度上升。烙铁头放在焊点上时应注意,其位置应能同时加热被焊件与铜箔,并要尽可能加大与被焊件的接触面,以缩短加热时间,保护铜箔不被烫坏。

(3) 熔化焊料

待被焊件加热到一定温度后,将焊锡丝放到被焊件和铜箔的交界面上(注意不要放到烙铁头上),使焊锡丝熔化并浸湿焊点,如图 6-9(c)所示。

(4) 移开焊锡

当焊点上的焊锡已将焊点浸湿时,要及时撤离焊锡丝,以保证焊锡不致过多,焊点不出现堆锡现象,从而获得较好的焊点,如图 6-9(d)所示。

(5) 移开电烙铁

移开焊锡后,待焊锡全部润湿焊点,并且松香焊剂还未完全挥发时,就要及时、迅速地移开电烙铁,电烙铁移开的方向以 45°角最为适宜。如果移开的时机、方向、速度掌握不好,则会影响焊点的质量和外观。

完成这五步后,焊料尚未完全凝固以前,不能移动被焊件之间的位置,因为焊料未凝固时,如果相对位置被改变,就会产生假焊现象。

上述过程对一般焊点而言,大约需要两三秒钟。对于热容量较小的焊点,例如印制电路板上的小焊盘,有时用三步法概括操作方法,即将上述步骤(2)、(3)合为一步,步骤(4)、(5)合为一步。实际上细微区分还是五步,所以五步法有普遍性,是掌握手工焊接的基本方法。

各步骤之间停留的时间对保证焊接质量至关重要,只有通过实践才能逐步掌握。

6.5.4 焊接的操作要领

(1) 焊前准备

① 视被焊件的大小,准备好电烙铁、镊子、剪刀、斜口钳、尖嘴钳、焊剂等工具。

② 焊前要将元器件引线刮净,最好是先挂锡再焊。对被焊件表面的氧化物、锈斑、油污、灰尘、杂质等要清理干净。

(2) 焊剂要适量

使用焊剂的量要根据被焊面积的大小和表面状态适量施用。用量过少会影响焊接质量,过多会造成焊后焊点周围出现残渣,使印制电路板的绝缘性能下降,同时还可能造成对元器件和印制电路板的腐蚀。合适的焊剂量标准是既能润湿被焊物的引线和焊盘,又不让焊剂流到引线插孔中和焊点的周围。

(3) 焊接的温度和时间要掌握好

在焊接时,为使被焊件达到适当的温度,并使固体焊料迅速熔化润湿,就要有足够的热量和温度。如果温度过低,焊锡流动性差,很容易凝固,形成虚焊;如果温度过高,将使焊锡流淌,焊点不易存锡,焊剂分解速度加快,使金属表面加速氧化,并导致印制电路板上的焊盘脱落。

特别值得注意的是，当使用天然松香焊剂且锡焊温度过高时，很容易使锡焊的时间随被焊件的形状、大小不同而有所差别，但总的原则是看被焊件是否完全被焊料所润湿(焊料的扩散范围达到要求后)。通常情况下，烙铁头与焊点的接触时间以使焊点光亮、圆滑为宜。如果焊点不亮并形成粗糙面，说明温度不够，时间太短，此时需要提高焊接温度，只要将烙铁头继续放在焊点上多停留些时间即可。

(4) 焊料的施加方法

焊料的施加方法可根据焊点的大小及被焊件的多少而定，如图 6-10 所示。

当引线焊接于接线柱上时，首先将烙铁头放在接线端子和引线上，当被焊件经过加热达到一定温度时，先给烙铁头位置施加少量焊料，使烙铁头的热量尽快传到焊件上，当所有的被焊件温度都达到了焊料熔化温度时，应立即将焊料从烙铁头向其他需焊接的部位延伸，直到距电烙铁加热部位最远的地方，并等到焊料润湿整个焊点，一旦润湿达到要求，要立即撤掉焊锡丝，以避免造成堆焊。

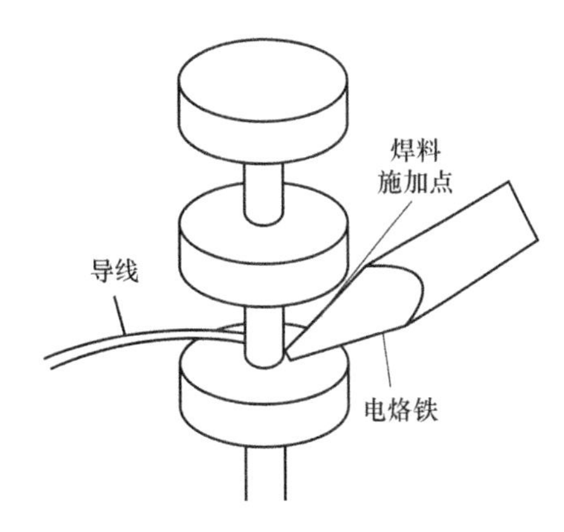

图 6-10　施加焊料

如果焊点较小，最好使用焊锡丝，应先将烙铁头放在焊盘与元器件引脚的交界面上，同时对两者加热。当达到一定温度时，将焊锡丝点到焊盘与引脚上，使焊锡熔化并润湿焊盘与引脚。当刚好润湿整个焊点时，及时撤离焊锡丝和电烙铁，焊出光洁的焊点。焊接时应注意电烙铁的位置，如图 6-11 所示。

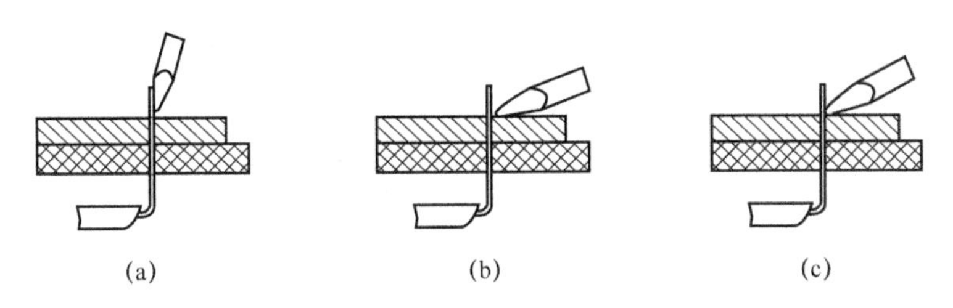

图 6-11　电烙铁在焊接时的位置

如果没有焊锡丝，且焊点较小，可用电烙铁头沾适量焊料，再沾松香后，直接放于焊点处，待焊点着锡并润湿后便可将电烙铁撤走。撤电烙铁时，要从下面向上提拉，以使焊点光亮、饱满。要注意把握时间，如时间稍长，焊剂就会分解，焊料就会被氧化，将使焊接质量下降。

如果电烙铁的温度较高，所沾的焊剂很容易分解挥发，就会造成焊接焊点时焊剂不足。解决的办法是将印制电路板焊接面朝上放在桌面上，用镊子夹一小粒松香焊剂(一般芝麻粒大小即可)放到焊盘上，再用烙铁头沾上焊料进行焊接，就比较容易焊出高质量的焊点。

(5) 焊接时被焊件要扶稳

在焊接过程中，特别是在焊锡凝固过程中不能晃动被焊元器件引线，否则将造成虚焊。

(6) 撤离电烙铁的方法

掌握好电烙铁的撤离方向,可带走多余的焊料,从而能控制焊点的形成。为此,合理地利用电烙铁的撤离方向,可以提高焊点的质量。

不同的电烙铁撤离方法,产生的效果也不一样。如图 6-12(a)所示是烙铁头与轴向成45°角(斜上方)撤离,此种方法能使焊点成形美观、圆滑,是较好的撤离方式;如图 6-12(b)所示是烙铁头垂直向上撤离,此种方法容易造成焊点的拉尖及毛刺现象。如图 6-12(c)所示是烙铁头以水平方向撤离,此种方法将使烙铁头带走很多的焊锡,将造成焊点焊量不足;如图 6-12(d)所示是烙铁头垂直向下撤离,烙铁头将带走大部分焊料,使焊点无法形成,常常用于在印制电路板面上淌锡;如图 6-12(e)所示是烙铁头垂直向上撤离,烙铁头要带走少量焊锡,将影响焊点的正常形成。

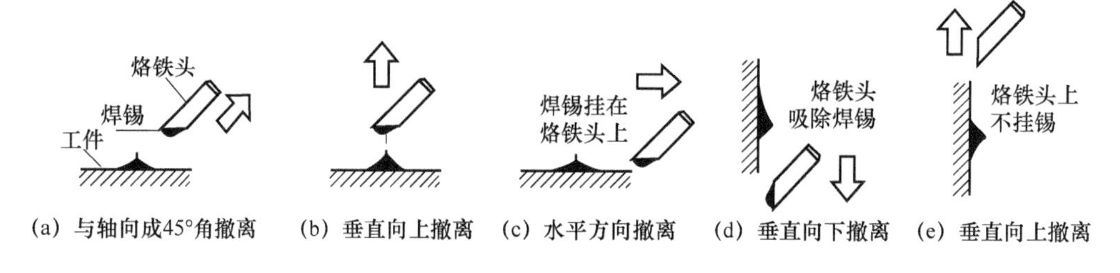

图 6-12 电烙铁的撤离方法

(7) 焊点的重焊

当焊点一次焊接不成功或上锡量不够时,要重新焊接。重新焊接时,必须等上次的焊锡一同熔化并熔为一体时,才能把电烙铁移开。

(8) 焊接后的处理

在焊接结束后,应将焊点周围的焊剂清洗干净,并检查电路有无漏焊、错焊、虚焊等现象。用镊子将每个元器件拉一拉,看有无松动现象。

6.6 实用焊接技术

掌握原则和要领对正确操作是非常必要的,但仅仅依照这些原则和要领并不能解决实际操作中的各种问题。具体工艺步骤和实际经验是不可缺少的。借鉴他人的经验、遵循成熟的工艺是初学者掌握好焊接技术的必由之路。

6.6.1 印制电路板的焊接

印制电路板的装焊在整个电子产品的制造中处于核心地位,可以说,一个整机产品的“精华”部分都装在印制电路板上,其质量对整机产品的影响是不言而喻的。尽管在现代生产中印制板的装焊已经日臻完善,实现了自动化,但在产品研制、维修领域,主要还是手工操作,且手工操作经验也是自动化获得成功的基础。

1. 焊接前的准备

① 焊接前要将被焊元器件的引线进行清洁和预挂锡。

② 清洁印制电路板的表面,主要是去除氧化层、检查焊盘和印制导线是否有缺陷和短

路点等不足。同时还要检查电烙铁能否吃锡,如果吃锡不良,应进行去除氧化层和预挂锡工作。

③ 熟悉相关印制电路板的装配图,并按图纸检查所有元器件的型号、规格及数量是否符合图纸的要求。

2. 装焊顺序

元器件装焊的顺序原则是先低后高、先轻后重、先耐热后不耐热。一般的装焊顺序依次是电阻器、电容器、二极管、三极管、集成电路、大功率管等。

3. 常见元器件的焊接

(1) 电阻器的焊接

按图纸要求将电阻器插入规定位置,插入孔位时要注意,字符标注的电阻器的标称字符要向上(卧式)或向外(立式),色码电阻器的色环顺序应朝一个方向,以方便读取。插装时可按图纸标号顺序依次装入,也可按单元电路装入,依具体情况而定,然后就可对电阻器进行焊接。

(2) 电容器的焊接

将电容器按图纸要求装入规定位置,并注意有极性电容器的阴、阳极不能接错,电容器上的标称值要可见易看。可先装玻璃釉电容器、金属膜电容器、瓷介电容器,最后装电解电容器。

(3) 二极管的焊接

将二极管辨认正、负极后按要求装入规定位置,型号及标记要向上或朝外。对于立式安装二极管,其最短的引线焊接要注意焊接时间不要超过 2 s,以避免温升过高而损坏二极管。

(4) 三极管的焊接

按要求将 e、b、c 3 个引脚插入相应孔位,焊接时应尽量缩短焊接时间,并可用镊子夹住引脚,以帮助散热。焊接大功率三极管,若需要加装散热片时,应将散热片的接触面加以平整,打磨光滑,涂上硅脂后再紧固,以加大接触面积。要注意,有的散热片与管壳间需要加垫绝缘薄膜片。引脚与印制电路板上的焊点需要进行导线连接时,应尽量采用绝缘导线。

(5) 集成电路的焊接

将集成电路按照要求装入印制电路板的相应位置,并按图纸要求进一步检查集成电路的型号、引脚位置是否符合要求,确保无误后便可进行焊接。焊接时应先焊接 4 个角的引脚,使之固定,然后再依次逐个焊接。

4. 焊接注意事项

焊接印制电路板时,除应遵循锡焊要领外,还要注意以下几点。

① 电烙铁。一般应选内热式 20～35 W 或调温式电烙铁,电烙铁的温度以不超过 300 ℃为宜。烙铁头形状应根据印制电路板焊盘大小采用凿形或锥形。目前印制电路板发展趋势是小型密集化,因此一般常用小型圆锥烙铁头。

② 加热方法。加热时应尽量使烙铁头同时接触印制电路板上的铜箔和元器件引线。对较大的焊盘(直径大于 5 mm),焊接时可移动烙铁,即电烙铁绕焊盘转动,以免长时间停留于一点,导致局部过热,如图 6-13 所示。

③ 金属化孔的焊接。两层以上印制电路板的孔都要进行金属化处理。焊接时不仅要

让焊料润湿焊盘，而且孔内也要润湿填充，如图 6-14 所示。因此，金属化孔的加热时间长于单层面板。

④ 焊接时不要用烙铁头摩擦焊盘的方法增强焊料润湿性能，而要靠表面清理和预焊。

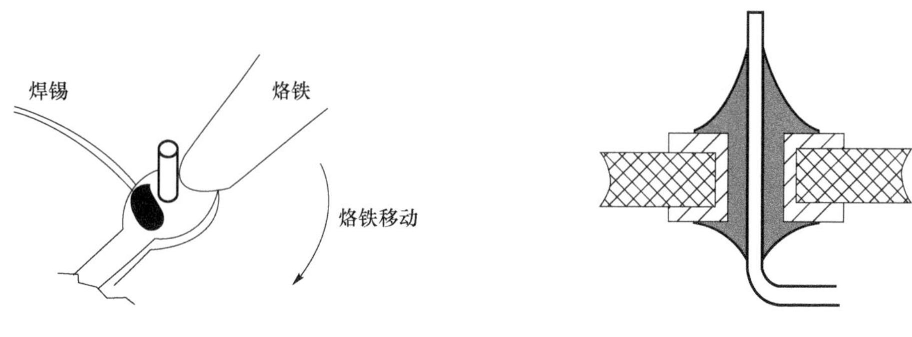

图 6-13　大焊盘电烙铁焊接　　图 6-14　金属化孔的焊接

6.6.2　导线的焊接

导线焊接在电子产品装配中占有重要的位置。实践中发现，在出现故障的电子产品中，导线焊点的失效率高于印制电路板，所以有必要对导线的焊接工艺给予特别的重视。

预焊在导线的焊接中是关键的步骤，尤其是多股导线，如果没有预焊的处理，焊接质量很难保证。导线的预焊又称为挂锡，方法与元器件引线预焊方法一样，需要注意的是，导线挂锡时要边上锡边旋转。多股导线的挂锡要防止"烛心效应"，即焊锡浸入绝缘层内，造成软线变硬，容易导致接头故障，如图 6-15 所示。

(a) 良好的镀层　　(b) 烛心效应导致软线变硬

图 6-15　烛心效应

焊接方法因焊接点的连接方式而定，通常有 3 种基本方式：绕焊、钩焊和搭焊，如图 6-16 所示。

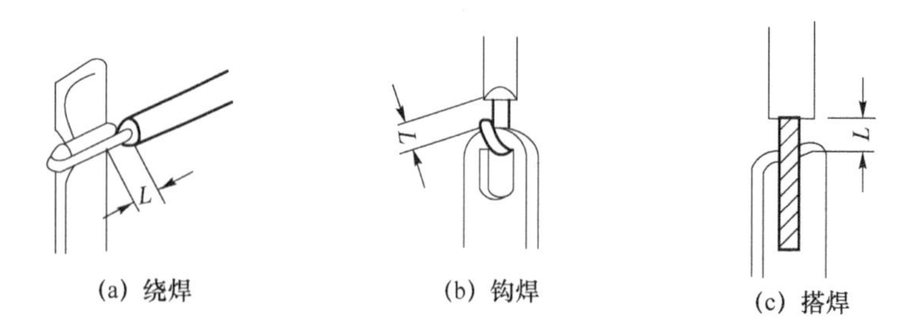

(a) 绕焊　　(b) 钩焊　　(c) 搭焊

图 6-16　导线的焊接

(1) 绕焊

绕焊是将被焊元器件的引线或导线等线头绕在被焊件接点的金属件上，然后进行焊接，以增加焊接点的强度，如图 6-16(a)所示。

导线一定要紧贴端子表面,绝缘层不接触端子,一般 $L=1\sim3$ mm,这种连接可靠性最好。

(2) 钩焊

钩焊是将导线弯成钩形,钩在接线点的眼孔内,使引线不脱落,然后施焊,如图 6-16(b)所示。钩焊的强度不如绕焊,但操作简便,易于拆焊。

(3) 搭焊

搭焊是把经过镀锡的导线或元器件引线搭接在焊点上,再进行焊接,如图 6-16(c)所示。搭与焊是同时进行的,因此无绕头工艺。这种连接方法最简便,但强度可靠性最差,仅用于临时连接或焊接要求不高的产品。

6.6.3　易损元器件的焊接

(1) 铸塑元器件的锡焊

各种有机材料,包括有机玻璃、聚氯乙烯、聚乙烯、酚醛树脂等材料,现在已被广泛用于电子元器件的制造,例如各种开关、插接件等。这些元器件都是采用热铸塑方式制成的,它们的最大弱点就是不能承受高温。

当对铸塑在有机材料中的导体的接点施焊时,如不注意控制加热时间,极容易造成塑性变形,导致元器件失效或降低性能,造成隐性故障。因此,这类元器件在焊接时必须注意以下几点。

① 在元器件预处理时,尽量清理好接点,一次镀锡成功,不要反复镀,尤其将元器件在锡锅中浸镀时,更要掌握好浸入深度及时间。

② 焊接时,烙铁头要修整得尖一些,焊接一个接点时不能碰相邻接点。

③ 镀锡及焊接时加助焊剂量要少,防止侵入电接触点。

④ 烙铁头在任何方向均不要对接线片施加压力。

⑤ 焊接时间在保证润湿的情况下越短越好。实际操作时,在焊件预焊良好的情况下只需用挂上锡的烙铁头轻轻一点即可。焊后不要在塑壳未冷前对焊点作牢固性试验。

(2) 瓷片电容器、中周、发光二极管等元器件的焊接

这类元器件的共同弱点是加热时间过长就会失效,其中瓷片电容器、中周等元器件是内部接点开焊,发光二极管则是管芯损坏。焊接前一定要处理好焊点,施焊时强调一个“快”字。采用辅助散热措施(如图 6-17 所示)可避免过热失效。

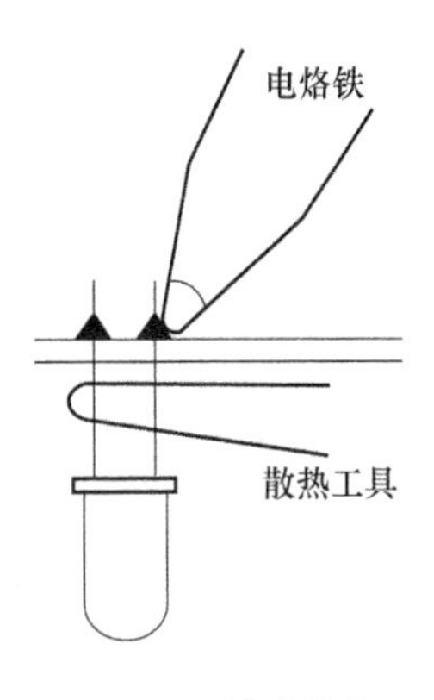

图 6-17　辅助散热

(3) FET 及集成电路的焊接

MOS 场效应管或 CMOS 工艺的集成电路在焊接时要注意防止元器件内部因静电击穿而失效。一般可以利用电烙铁断电后的余热焊接,操作者必须戴防静电手套,在防静电接地系统良好的环境下焊接,有条件者可选用防静电焊台。

集成电路价格高,内部电路密集,要防止过热损坏,一般温度应控制在 200 ℃以下。

6.7 焊接质量的检查

焊接是电子产品制造中最主要的一个环节，在焊接结束后，为焊接保证质量，都要进行质量检查。由于焊接检查与其他生产工序不同，没有一种机械化、自动化的检查测量方法，因此主要是通过目视检查和手触检查发现问题。一个虚焊点就能造成整台仪器的失灵，要在一台有成千上万个焊点的设备中找出虚焊点来是很困难的。

6.7.1 焊点缺陷及质量分析

(1) 桥接

桥接是指焊料将印制电路板中相邻的印制导线及焊盘连接起来的现象。明显的桥接较易发现，但细小的桥接用目视法是较难发现的，往往需要通过仪器的检测才能暴露出来。

明显的桥接是由于焊料过多或焊接技术不良造成的。当焊接的时间过长使焊料的温度过高时，将使焊料流动而与相邻的印制导线相连，以及电烙铁离开焊点的角度过小都容易造成桥接。

对于毛细状的桥接，可能是由于印制电路板的印制导线有毛刺或有残余的金属丝等，在焊接过程中起到了连接的作用而造成的，如图 6-18 所示。

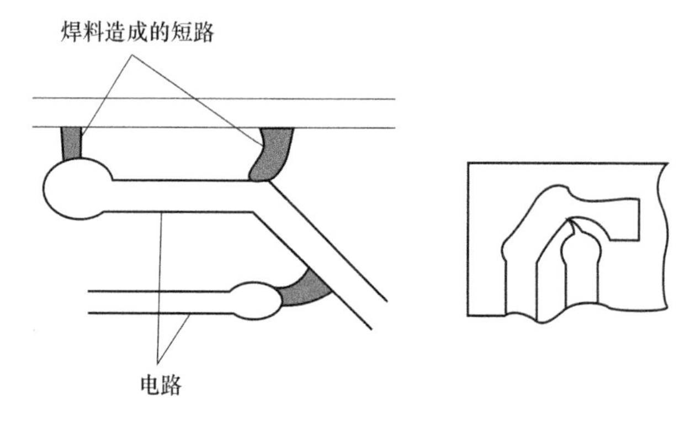

图 6-18 桥接

处理桥接的方法是将电烙铁上的焊料抖掉，再将桥接的多余焊料带走，断开短路部分。

(2) 拉尖

拉尖是指焊点上有焊料尖产生，如图 6-19 所示。焊接时间过长，焊剂分解挥发过多，使焊料黏性增加，当电烙铁离开焊点时就容易产生拉尖现象，或是由于电烙铁撤离方向不当，也可产生焊料拉尖。最根本的避免方法是提高焊接技能，控制焊接时间。对于已造成拉尖的焊点，应进行重焊。

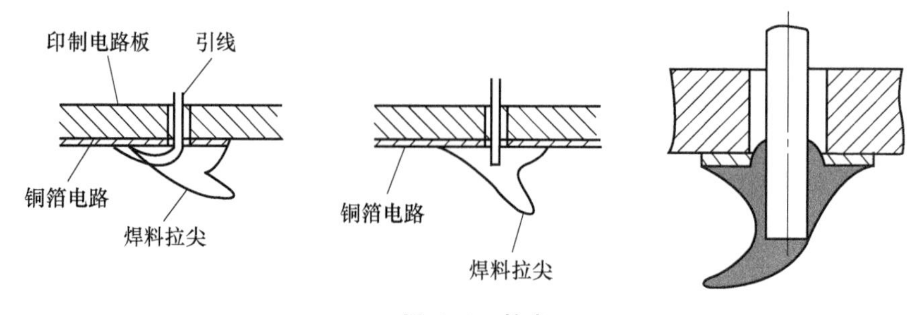

图 6-19 拉尖

焊料拉尖如果超过了允许的引出长度，将造成绝缘距离变小，尤其是对高压电路，将造成打火现象。因此，对这种缺陷要加以修整。

(3) 堆焊

堆焊是指焊点的焊料过多，外形轮廓不清，甚至根本看不出焊点的形状，而焊料又没有布满被焊物引线和焊盘，如图 6-20 所示。

造成堆焊的原因是焊料过多，或者是焊料的温度过低，焊料没有完全熔化，焊点加热不均匀，以及焊盘、引线未能润湿等。

避免堆焊形成的办法是彻底清洁焊盘和引线，适量控制焊料，增加助焊剂或提高电烙铁功率。

(4) 空洞

空洞是由于焊盘的穿线孔太大、焊料不足，致使焊料没有全部填满印制电路板插件孔而形成的。除上述原因以外，如印制电路板焊盘开孔位置偏离了焊盘中点，或孔径过大，或孔周围焊盘氧化、脏污、预处理不良，都将造成空洞现象，如图 6-21 所示。出现空洞后，应根据空洞出现的原因分别予以处理。

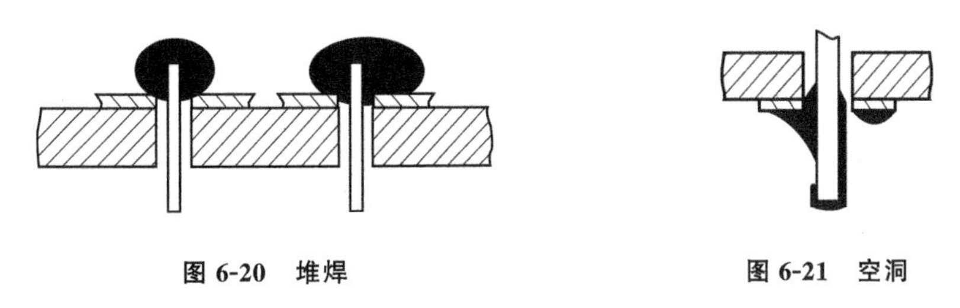

图 6-20　堆焊　　**图 6-21　空洞**

(5) 浮焊

浮焊的焊点没有正常焊点光泽和圆滑，而是呈白色细粒状，表面凸凹不平。造成的原因是电烙铁温度不够，或焊接时间太短，或焊料中杂质太多。浮焊的焊点机械强度较弱，焊料容易脱落。出现该种焊点时，应进行重焊，重焊时应提高电烙铁温度，或延长电烙铁在焊点上的停留时间，也可更换熔点低的焊料重新焊接。

(6) 虚焊

虚焊(假焊)就是指焊锡简单地依附在被焊物的表面上，没有与被焊接的金属紧密结合，形成金属合金。从外形上看，虚焊的焊点几乎是焊接良好的，但实际上松动，或电阻很大甚至没有连接。由于虚焊是较易出现的故障，且不易被发现，因此要严格焊接程序，提高焊接技能，尽量减少虚焊的出现。

造成虚焊的原因：一是焊盘、元器件引线上有氧化层、油污和污物，在焊接时没有被清洁或清洁不彻底而造成焊锡与被焊物的隔离，因而产生虚焊；二是由于在焊接时焊点上的温度较低，热量不够，使助焊剂未能充分发挥，致使被焊面上形成一层松香薄膜，这样造成焊料的润湿不良，便会出现虚焊，如图 6-22 所示。

(7) 焊料裂纹

焊点上焊料产生裂纹，主要是由于在焊料凝固时，移动了元器件引线位置而造成的。

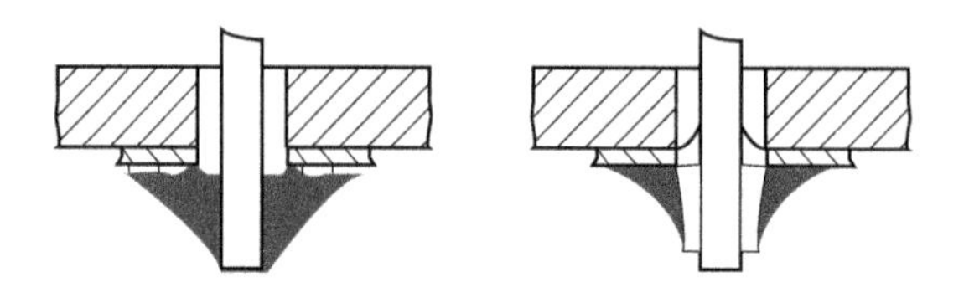

图 6-22 虚焊

(8) 铜箔翘起、焊盘脱落

铜箔从印制电路板上翘起,甚至脱落,如图 6-23 所示。主要原因是焊接温度过高,焊接时间过长。另外,维修过程中拆除和重插元器件时,由于操作不当,也会造成焊盘脱落。有时元器件过重而没有固定好,不断晃动也会造成焊盘脱落。

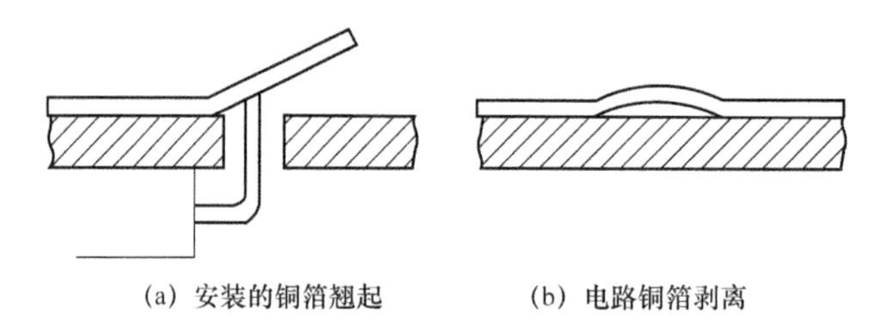

(a) 安装的铜箔翘起　　(b) 电路铜箔剥离

图 6-23 安装的铜箔翘起和电路铜箔剥离

从上面焊接缺陷产生原因的分析中可知,焊接质量的提高要从如下两个方面着手。

① 要熟练地掌握焊接技能,准确地掌握焊接温度和焊接时间,使用适量的焊料和焊剂,认真对待焊接过程的每一个步骤。

② 要保证被焊物表面的可焊性,必要时采取涂敷浸锡措施。

6.7.2 目视检查

目视检查(可借助放大镜、显微镜观察)就是从外观上检查焊接质量是否合格,也就是从外观上评价焊点有什么缺陷。目视检查主要有以下内容。

① 是否有漏焊,漏焊是指应该焊接的焊点没有焊上。

② 焊点的光泽好不好。

③ 焊点的焊料足不足。

④ 焊点周围是否有残留的焊剂。

⑤ 有没有连焊。

⑥ 焊盘有没有脱落。

⑦ 焊点有没有裂纹。

⑧ 焊点是不是凹凸不平。

⑨ 焊点是否有拉尖现象。

如图 6-24 所示为正确的焊点形状,其中图 6-24(a)所示为直插式焊点形状,图 6-24(b)所示为半打弯式的焊点形状。

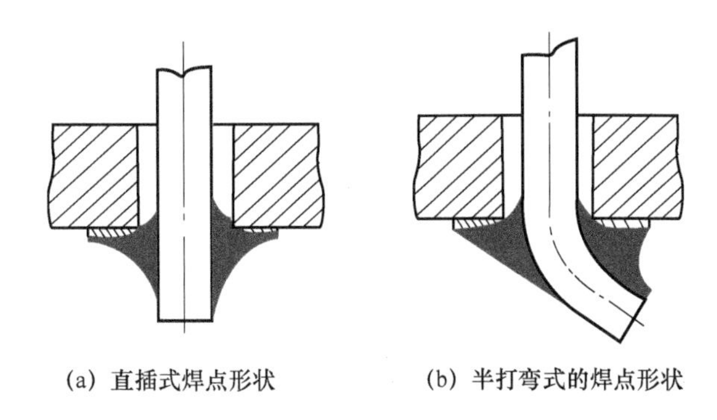

图 6-24　正确的焊点形状

6.7.3　手触检查

手触检查主要有以下内容。

① 用手指触摸元器件时，有无松动、焊接不牢的现象。

② 用镊子夹住元器件引线轻轻拉动时，有无松动现象。

③ 焊点在摇动时，上面的焊锡是否有脱落现象。

6.7.4　通电检查

通电检查必须在外观检查及连线检查无误后才可进行，它是检验电路性能的关键步骤。如果不经过严格的外观检查，通电检查不仅困难较多，而且有损坏设备仪器、造成安全事故的危险。例如电源连线虚焊，那么通电时就会发现设备加不上电，当然也就无法检查。

通电检查可以发现许多微小的缺陷，例如用目测观察不到的电路桥接，但对于内部虚焊的隐患就不容易觉察。所以根本的问题还是要提高焊接操作的技术水平，不能把问题留给检查工作。如图 6-25 所示为通电检查时可能存在的故障与焊接缺陷的关系，供读者参考。

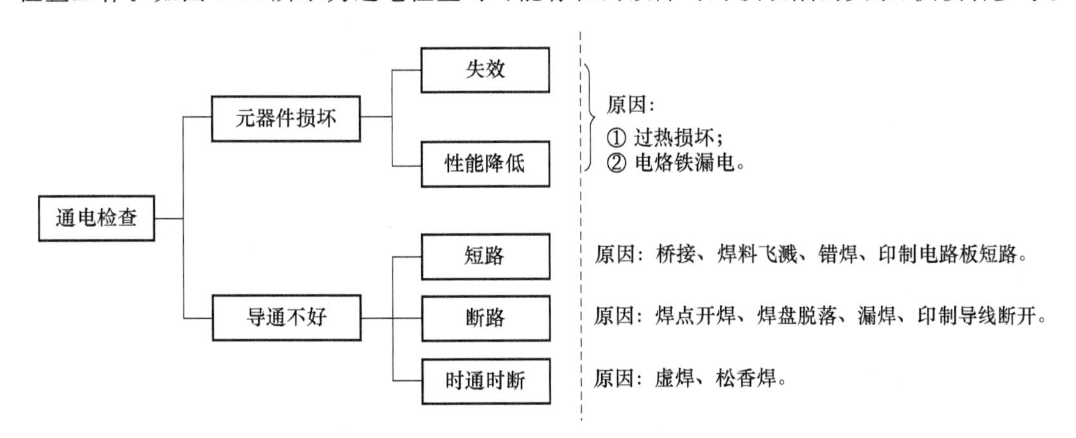

图 6-25　通电检查及分析

6.8 拆　焊

在调试和维修中常需要更换一些元器件,如果方法不得当,就会破坏印制电路板,也会使被换下而并没失效的元器件无法重新使用。

一般像电阻器、电容器、晶体管等引脚不多,且每个引线可相对活动的元器件可用电烙铁直接拆焊。如图 6-26 所示,将印制电路板竖起来夹住,一边用电烙铁加热待拆元器件的焊点,一边用镊子或尖嘴钳夹住元器件引线轻轻拉出。

重新焊接时,须先用锥子将焊孔在加热熔化焊锡的情况下扎通。需要指出的是,这种方法不宜在一个焊点上多次使用,因为印制导线和焊盘经反复加热后很容易脱落,而造成印制电路板损坏。

当需要拆下多个焊点且引线较硬的元器件时,以上方法就不行了,为此,下面介绍几种拆焊方法。

(1) 选用合适的医用空心针头拆焊

将医用针头用钢锉锉平,作为拆焊的工具,具体方法是:一边用电烙铁熔化焊点,一边把针头套在被焊的元器件引线上,直至焊点熔化后,将针头迅速插入印制电路板的孔内,使元器件的引线与印制电路板的焊盘脱开,如图 6-27 所示。

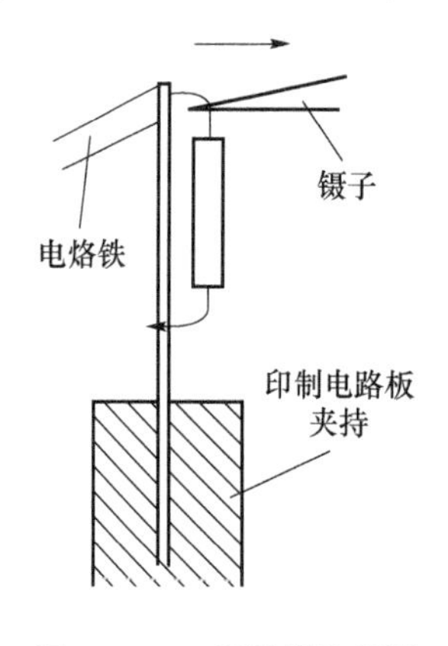

图 6-26　一般元器件拆焊

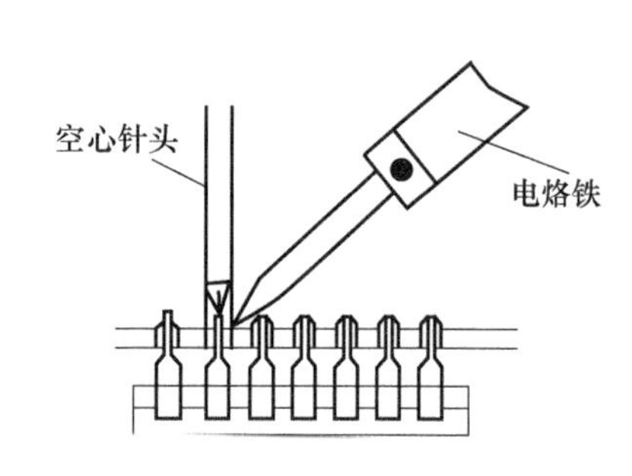

图 6-27　用空心针头拆焊

(2) 用气囊吸锡器进行拆焊

将被拆的焊点加热,使焊料熔化,再把吸锡器挤瘪,将吸嘴对准熔化的焊料,然后放松吸锡器,焊料就被吸进吸锡器内了,如图 6-28 所示。

(3) 用铜编织线进行拆焊

将铜编织线的部分吃上松香焊剂,然后放在将要拆焊的焊点上,再把电烙铁放在铜编织线上加热焊点,待焊点上的焊锡熔化后,就被铜编织线吸去。如焊点上的焊料一次没有被吸完,则可进行第二次、第三次,…直至吸完。铜编织线吸满焊料后,就不能再用,需要把已吸满焊料的部分剪去。

(4) 采用吸锡电烙铁拆焊

吸锡电烙铁是一种专用于拆焊的烙铁,它能在对焊点加热的同时,把锡吸入内腔,从而完成拆焊。

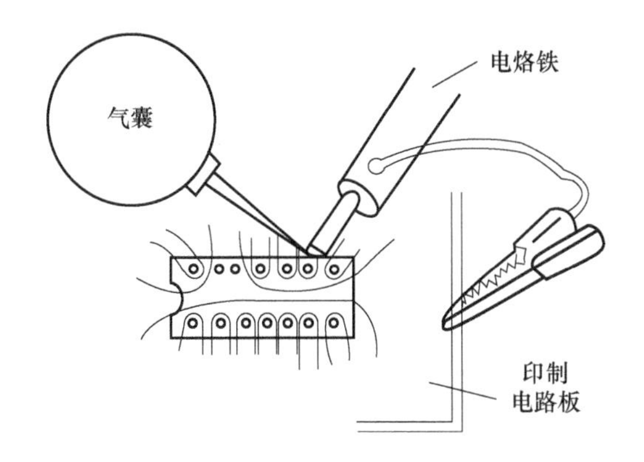

图 6-28　用气囊吸锡器拆焊

拆焊是一项细致的工作，不能马虎从事，否则将造成元器件的损坏和印制导线的断裂及焊盘的脱落等不应有的损失。为保证拆焊的顺利进行，应注意以下两点。

① 烙铁头加热被拆焊点时，焊料熔化就应及时按垂直印制电路板的方向拔出元器件的引线，不管元器件的安装位置如何、是否容易取出，都不要强拉或扭转元器件，以避免损伤印制电路板和其他元器件。

② 在插装新元器件之前，必须把焊盘插线孔内的焊料清除干净，否则在插装新元器件引线时，将造成印制电路板的焊盘翘起。

清除焊盘插线孔内焊料的方法是：用合适的缝衣针或元器件的引线从印制电路板的非焊盘面插入孔内，然后用电烙铁对准焊盘插线孔加热，待焊料熔化时，缝衣针从孔中穿出，从而清除了孔内焊料。

6.9　贴片元件焊接

贴片元件的总体焊接方法是：先固定，后焊接。由于贴片元件没有固定孔，如果不先固定的话，焊接的时候容易导致元件移位，所以焊接前需要先将元件固定。

(1) 贴片电阻、电容等两脚贴片元件的焊接

① 贴片电阻、电容等两脚贴片元件焊接前，先用烙铁在电路板上电阻等两脚元件的一个焊盘上焊一点锡(在哪一个焊盘上焊锡依据个人焊接习惯，如有人比较喜欢先在右边焊盘镀锡，这样比较符合焊接习惯)，也可以将板子上所有的两脚贴片元件的一个焊盘镀锡，这样比较省事。

② 在一个焊盘上镀完锡后，用镊子夹住电阻等两脚元件在对应的焊盘上摆正位置，用烙铁将元件的一端焊接到焊盘的镀锡一端，然后拿着焊锡丝将另一端焊住。一种比较省时省力的方法是：先将所有两脚元件的一端固定在相应位置的镀锡焊盘上，然后在统一焊接另一端引脚。

③ 焊接时候要注意时间和力度，用力过大或者焊接时间过长会让对面的焊锡也融化了，这样容易导致元件移位。

(2) 贴片三极管的焊接

贴片三极管有 3 个焊接引脚，焊接时同样先将一个焊盘镀锡，然后固定住三极管的一个

引脚，接着焊接另外两个引脚，由于贴片三极管的引脚比较细，很容易一起变形或折断，所以焊接时一定要小心，不要用力过度。

(3) 引脚数在 4 个以上、引脚间距比较大的贴片元件的焊接

① 同样的，先用烙铁在元件一个引脚的焊盘上镀锡，用镊子夹住元件，摆正位置，然后固定元件(一般是先在元件四角的其中一个引脚上镀锡，然后固定)。

② 一手拿着焊锡丝，另一只手拿着烙铁，分别固定剩余的 3 个角，焊接的时候注意焊接力度，千万不要让元件移位，4 个角都固定后，再焊接的时候，元件就不会发生移位了。

③ 一手拿着焊锡丝，另一只手拿着烙铁，焊接剩下的引脚，这时候最好采用尖头烙铁。

④ 焊接完所有引脚后，检查各个引脚之间是否有短路的情况，如果有，则用烙铁从两个引脚之间慢慢划过，这样可以让多余的焊锡吸附到烙铁上，从而消除短路。

(4) 引脚数在 4 个以上、引脚间距很小的贴片元件的焊接

① 引脚间距很小的贴片元件一般采用“拖焊”的方法。

② 摆正位置后，先固定元件的 4 个角，千万注意一定要完全摆正后再固定，否则 4 个角固定后才发现元件没有摆正，那就很麻烦了。

③ 如果担心自己摆不正元件，可以先用松香固定元件的 4 个角，方法是：用镊子夹住元件，放在焊盘上，确认焊盘对整齐后，用镊子夹住一小块松香，轻轻放到引脚上，用烙铁加热松香使其熔化，然后移开烙铁，让松香凝固，这样芯片就被固定住了，同样的方法固定好全部 4 个角，然后再次检查元件是否摆正，确认元件摆正后，用烙铁熔化焊锡重新固定元件的 4 个角。

④ 元件固定好后，一手拿焊锡，另一手拿烙铁，烙铁尖放在元件的一角上，焊锡放在烙铁尖上，让焊锡融化，等焊锡融化成一个比较大的圆球后，向没有焊接焊锡的引脚方向慢慢移动烙铁(这时候可以使板子稍微向烙铁移动的方向倾斜一下，以便使焊锡更好的流动)，注意移动速度要慢，每移动到一个引脚处要让焊锡在这个引脚处充分融化，这样才能确保该引脚不会被虚焊，移动的时候力度一定要轻，力度过大会损坏元件的引脚，这个过程需要多多练习才能够熟练操作。当烙铁拖过一边后，这一边的引脚就焊好了，通常一边焊接后，最后的几个引脚会被多余的焊锡连在一起，这时候可以甩掉烙铁头上多余的焊锡，将烙铁头在松香里面蘸一下，然后小心的用烙铁头在引脚之间划过，以去除多余焊锡，也可以将烙铁头放在连在一起的引脚处，拿起板子，待焊锡熔化后，用力把板子砸在桌子上，这样就能磕掉多余的焊锡，不过这样容易让锡渣流到板子的其他地方，注意要把溅出的锡渣清理掉。

⑤ 用同样的方法焊接所有的引脚。

6.10 实践：手工焊接

6.10.1 分立元件的焊接与考核

目的 练习元件的焊前处理，练习焊接电路板，焊接考核。

器材 40 W 内热式电烙铁、万能板 1 块、1/8 瓦小电阻 50 只。

其操作步骤如下。

(1) 焊前处理

① 将印刷电路板铜箔用细砂纸打光后，均匀地在铜箔面涂一层松香酒精溶液。若是已焊接过的印制电路板，应将各焊孔扎通（可用电烙铁熔化焊点焊锡后，趁热用针将焊孔扎通）。

② 将50只电阻器引脚逐个用小刀刮亮后，分别镀锡。

(2) 焊接

① 将电阻插入印制电路板小孔。从正面插入（不带铜箔面）。电阻引脚留3～5 mm。

② 在电路板反面（有铜箔一面），将电阻引脚焊在铜箔上，控制好焊接时间为2～3 s。若准备重复练习，可不剪断引脚。将50只电阻逐个焊接在印制电路板上。

(3) 检查焊接质量

50个焊点中，符合焊接要求的有几个？将不合格的焊点重新焊接。

(4) 将电阻逐个拆下。拔下电烙铁电源插头，收拾好器材。

(5) 电烙铁使用时间较长时，烙铁头上会有黑色氧化物和残留的焊锡渣，将影响后面的焊接。应该用松香不断地清洁烙铁头，使它保持良好的工作状态。

6.10.2 贴片元件的焊接与考核

目的 练习焊接贴片元件，焊接考核。

器材 40 W内热式电烙铁、印制电路板1块、贴片元件30只。

贴片元件的基本知识及焊接操作步骤和方法参看附录1和附录2。

6.10.3 粗漆包线的焊接

目的 练习焊接粗漆包线，焊接形状——三角锥。

器材 40 W内热式电烙铁、线径1 mm的粗漆包线一条。

其操作步骤为：将1 mm的粗漆包线的漆包线进行6等分，除去两头表层的漆，并镀上锡，然后进行焊接。要求焊点圆润，三角锥牢固。具体步骤如图6-29所示。

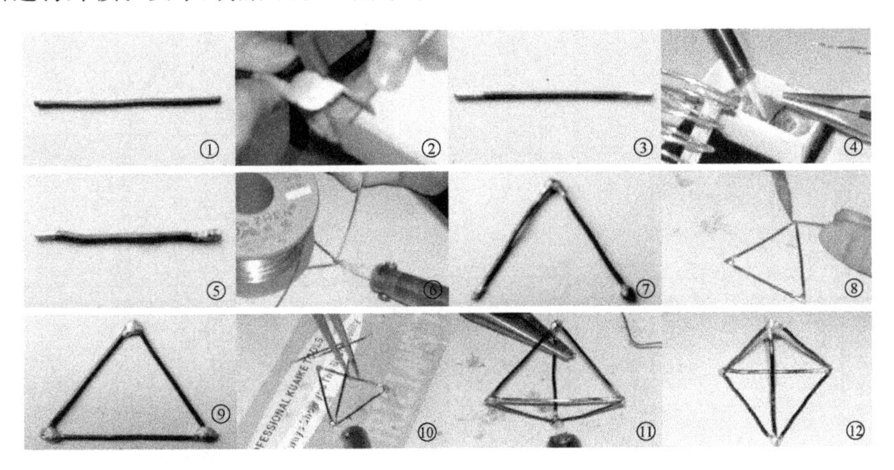

图6-29 三角架焊接

第7章　直流稳压电源设计

7.1　单相整流滤波电路

直流稳压电源是将交流电变换成功率较小的直流电，一般由变压、整流、滤波和稳压等几部分组成。整流电路用来将交流电压变换为单向脉动的直流电压；滤波电路用来滤除整流后单向脉动电压中的交流成分，使之成为平滑的直流电压；稳压电路的作用是输入交流电源电压波动、负载和温度变化时，维持输出直流电压的稳定。

7.1.1　单相整流电路

1. 半波整流电路

单相半波整流电路如图 7-1(a)所示，图中 Tr 为电源变压器，用来将市电 220 V 交流电压变换为整流电路所要求的交流低电压，同时保证直流电源与市电电源有良好的隔离。设 VD 为整流二极管，令它为理想二极管，R_L 为要求直流供电的负载等效电阻。

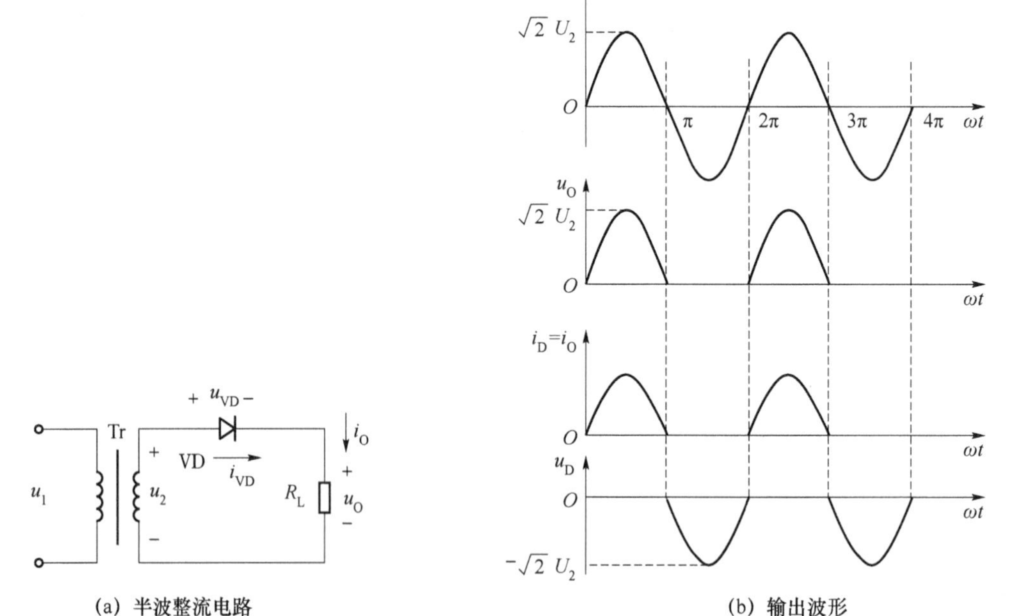

(a) 半波整流电路　　(b) 输出波形

图 7-1　单相半波整流电路

① 变压器二次变压：$u_2=\sqrt{2}U_2\sin\omega t$。

② 输出电压的平均值：$U_O=\frac{1}{2\pi}\int_0^{x}\sqrt{2}U_2\sin\omega t\mathrm{d}\omega t=0.45U_2$。

③ 流过二极管的平均电流：$I_{VD}=I_0=0.45\frac{U_2}{R_L}$。

④ 二极管承受的反向峰值电压：$U_{RM}=\sqrt{2}U_2$

由图 7-1 可见，负载上得到单方向的脉动电压，由于电路只在 u_2 的正半周有输出，所以称为半波整流电路。半波整流电路结构简单，使用元件少，但整流效率低，输出电压脉动大，因此，它只适用于要求不高的场合。

2. 桥式整流电路

为了克服半波整流的缺点，常采用桥式整流电路，如图 7-2 所示，图中 VD_1、VD_2、VD_3、VD_4 4 只整流二极管接成电桥形式，故称为桥式整流。

(1) 工作原理和输出波形

设变压器二次电压 $u_2=2^{1/2}U_2\sin\omega t$，波形如电压、电流波形图 7-2(c)中的①所示。在 u_2 的正半周，即 a 点为正，b 点为负时，VD_1、VD_3 承受正向电压而导通，此时有电流流过 R_L，电流路径为 a→VD_1→R_L→VD_3→b，此时 VD_2、VD_4 因反偏而截止，负载 R_L 上得到一个半波电压，如电压、电流波形图 7-2(c)中②的 0～π 段所示。若略去二极管的正向压降，则$u_O\approx u_2$。

电压、电流波形在 u_2 的负半周，即 a 点为负、b 点为正时，VD_1、VD_3 因反偏而截止，VD_2、VD_4 正偏而导通，此时有电流流过 R_L，电流路径为 b→VD_2→R_L→VD_4→a。这时 R_L 上得到一个与 0～π 段相同的半波电压如电压、电流波形图 7-2(c)中②的 π～2π 段所示，若略去二极管的正向压降，$u_O\approx -u_2$。

由此可见，在交流电压 u_2 的整个周期始终有同方向的电流流过负载电阻 R_L，故 R_L 上得到单方向全波脉动的直流电压。可见，桥式整流电路输出电压为半波整流电路输出电压的两倍，所以桥式整流电路输出电压平均值为 $u_O=2\times0.45U_2=0.9U_2$。桥式整流电路中，由于每两只二极管只导通半个周期，故流过每只二极管的平均电流仅为负载电流的一半，在 u_2 的正半周，VD_1、VD_3 导通时，可将它们看成短路，这样 VD_2、VD_4 就并联在 u_2 上，其承受的反向峰值电压为 $U_{RM}=2^{1/2}U_2$。同理，VD_2、VD_4 导通时，VD_1、VD_3 截止，其承受的反向峰值电压也为 $U_{RM}=2^{1/2}U_2$。二极管承受电压的波形如电压、电流波形图 7-2(c)中④所示。

由图 7-2 可见，在交流电压 u_2 的整个周期始终有同方向的电流流过负载电阻 R_L，故 R_L 上得到单方向全波脉动的直流电压。可见，桥式整流电路输出电压为半波整流电路输出电压的两倍。桥式整流电路与半波整流电路相比较，其输出电压 U_O 提高，脉动成分减小了。

(2) 参数估算

① 整流输出电压平均值：$U_O=\frac{1}{\pi}\int_0^{\pi}\sqrt{2}U\sin\omega t\mathrm{d}\omega t=\frac{2\sqrt{2}}{\pi}U_2=0.9U_2$。

② 二极管平均电流：$I_D=\frac{1}{2}I_O=\frac{U_O}{2R_L}=0.45\frac{U_2}{R_L}$。

③ 二极管最大反向压：$U_{RM}=\sqrt{2}U_2$。

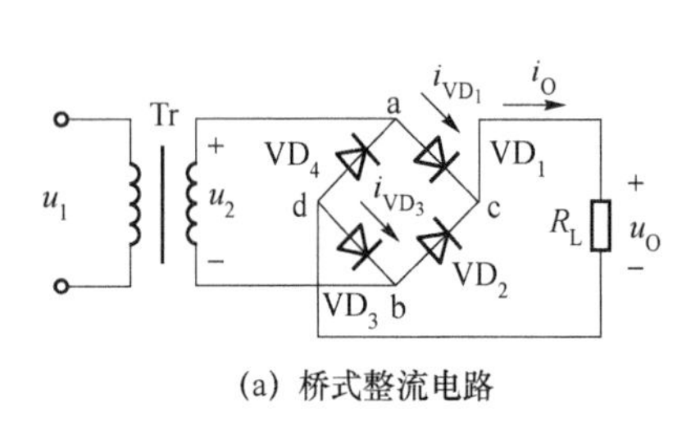

(a) 桥式整流电路

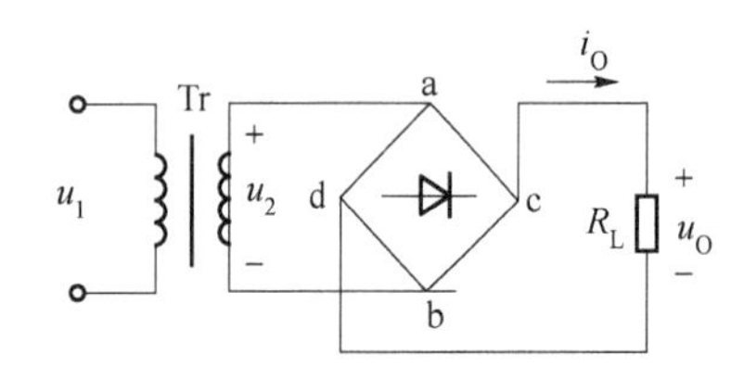

(b) 桥式整流电路简化电路

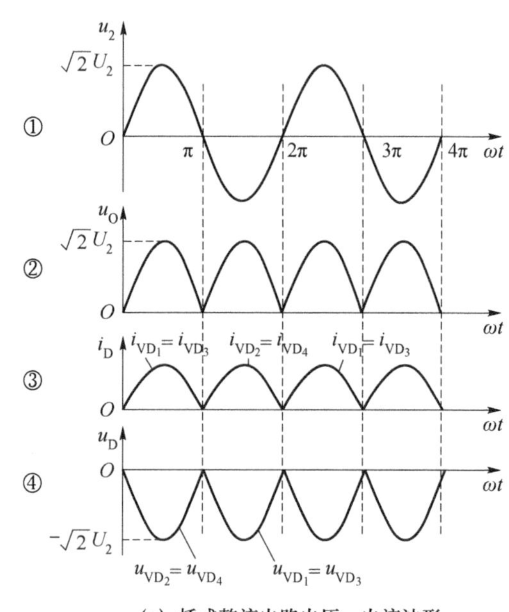

(c) 桥式整流电路电压、电流波形

图 7-2 桥式整流电路

7.1.2 滤波电路

整流电路将交流电变为脉动直流电,但其中含有大量的交流成分(称为纹波电压)。应在整流电路的后面加接滤波电路,滤去交流成分。

1. 电容滤波

(1) 电路和工作原理

设电容两端初始电压为零,并假定 $t=0$ 时接通电路,u_2 为正半周,当 u_2 由零上升时,VD_1、VD_3 导通,C 被充电,同时电流经 VD_1、VD_3 向负载电阻供电。忽略二极管正向压降和变压器内阻,电容充电时间常数近似为零,因此 $u_O=u_C\approx u_2$,在 u_2 达到最大值时,u_C 也达到最大值,然后 u_2 下降,此时,$u_C>u_2$,VD_1、VD_3 截止,电容 C 向负载电阻 R_L 放电,由于放电时间常数 $\tau=R_LC$ 一般较大,电容电压 u_C 按指数规律缓慢下降,当下降到 $|u_2|>u_C$ 时,VD_2、VD_4 导通,电容 C 再次被充电,输出电压增大,以后重复上述充放电过程。其输出电压波形近似为一锯齿波直流电压。

(2) 波形及输出电压

如图 7-3 所示为桥式整流电路电容滤波电路电压、电流波形。

① 当 $R_L=\infty$时:$U_O=\sqrt{2}U_2$;

② 当 R_L 为有限值时:$0.9U_2<U_O<\sqrt{2}U_2$,通常取 $U_O=1.2U_2$,RC 越大,U_O 越大。

为获得良好滤波效果,一般取:$R_LC\geqslant(3\sim5)\dfrac{T}{2}$($T$ 为输入交流电压的周期)。

2. 其他形式滤波电路

(1) 电感滤波电路

电路如图 7-4 所示,电感 L 起着阻止负载电流变化使之趋于平直的作用。直流分量被

电感 L 短路，交流分量主要降在 L 上，电感越大，滤波效果越好。一般电感滤波电路只使用于低电压、大电流的场合。

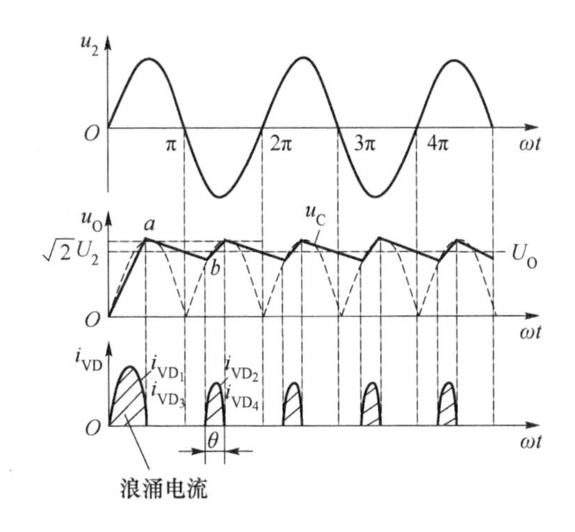

图 7-3　桥式整流电路电容滤波电路电压、电流波形

（2）p 型滤波

为了进一步减小负载电压中的纹波可采用 p 型 LC 滤波电路。由于 C_1、C_2 对交流容抗小，而电感对交流阻抗很大，因此，负载 R_L 上的纹波电压很小。

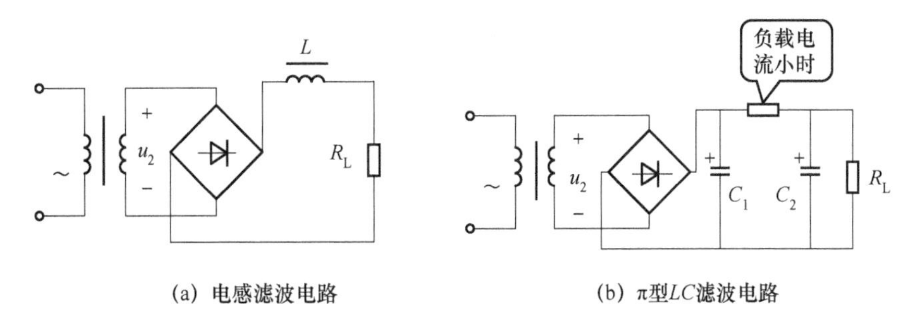

(a) 电感滤波电路　　(b) π型LC滤波电路

图 7-4　电感滤波电路

7.2　线性集成稳压器

7.2.1　串联型稳压电路的工作原理

稳压电路用来在交流电源电压波动或负载变化时稳定直流输出电压。采用三极管作为调整管，并与负载串联的稳压电路，称为串联型晶体管稳压电路；调整管与负载并联的稳压电路，称为并联型晶体管稳压电路；当调整管工作在线性放大状态时则称为线性稳压器。

1. 串联型稳压电路的工作原理

当输入电压 U_I 增大（或负载电流 I_0 减小）引起输出电压 U_O 增加时，取样电压 U_F 随之增大，U_Z 与 U_F 的差值减小，经 A 放大后使调整管的基极电压 U_{B1} 减小，集电极 I_{C1} 减小，管压降 U_{CE} 增大，输出电压 U_O 减小，从而使稳压电路的输出电压上升趋势受到抑制，稳定了输出电压。同例，当输入电压 U_I 减小(或负载电流 I_O 增大)引起输出电压 U_O 减小时，电路将产生与上述相反的稳压过程，维持电压基本不变。可见稳压的实质是 U_{CE} 的自动调节使输出电压恒定。

2. 输出电压的调节范围

电路图如图 7-5 所示。输出电压调节范围计算如下。

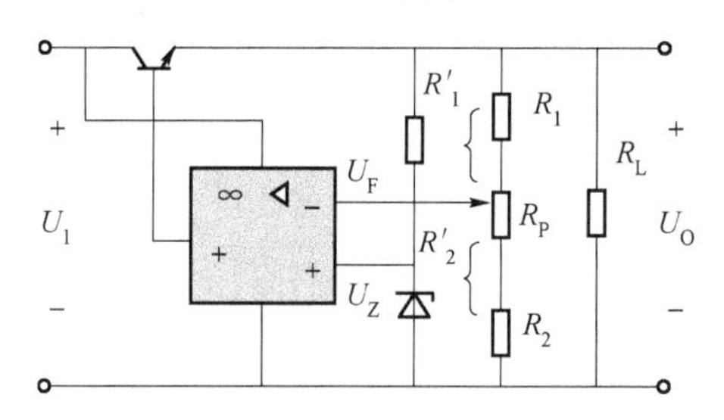

图 7-5　输出电压调节范围计算

因为

$$U_F=\frac{U_O R'_2}{R_1+R_2+R_p}=U_Z$$

所以

$$U_O=\frac{R_1+R_2+R_P}{R'_2}U_Z$$

则

$$U_O(\text{min})=\frac{R_1+R_2+R_P}{R_2+R_p}U_Z$$

$$U_O(\text{max})=\frac{R_1+R_2+R_p}{R_2}U_Z$$

7.2.2　三端固定输出集成稳压器

1. 封装和符号

如图 7-6 所示。

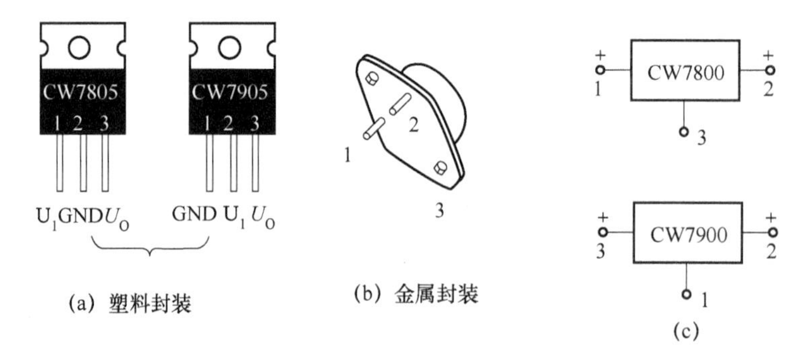

(a) 塑料封装　(b) 金属封装　(c)

图 7-6　封装和符号

CW7800 系列(正电源)，CW7900 系列(负电源)。

输出电压：5 V、6 V、9 V、12 V、15 V、18 V、24 V。

输出电流：78L××/79L××——输出电流 100 mA；78M××/9M××——输出电流 500 mA；78××/79××——输出电流 1.5 A。如 CW7805 输出 5 V，最大电流 1.5 A；CW78M05 输出 5 V，最大电流 0.5 A；CW78L05 输出 5 V，最大电流 0.1 A。

2. CW7800 的内部结构

CW7800 的内部结构如图 7-7 所示。

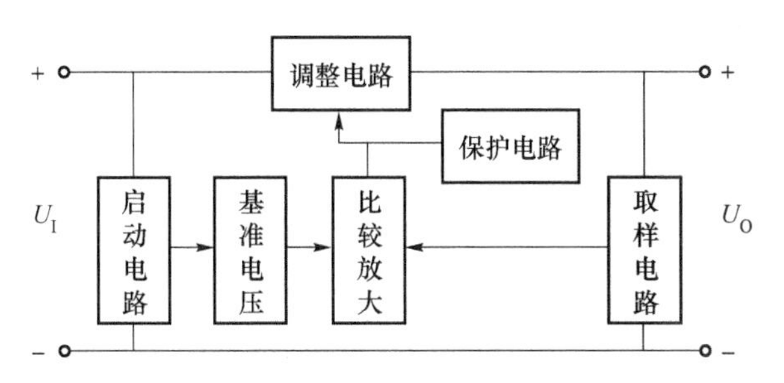

图 7-7　CW7800 的内部结构

其中，启动电路帮助稳压器快速建立输出电压 U_O；调整电路由复合管构成；取样电路输出固定的电压。CW7800 系列稳压器具有过热、过流和过压保护功能。

3. 应用电路

（1）基本应用电路

基本应用电路如图 7-8 所示。由于输出电压决定于集成稳压器，所以输出电压为 12 V，最大输出电流为 1.5 A。为使电路正常工作，要求输入电压 U_I 比输出电压 U_O 至少大 2.5～3 V。输入端电容 C_1 用以抵消输入端较长接线的电感效应，以防止自激振荡，还可抑制电源的高频脉冲干扰。一般取 0.1～1 μF。输出端电容 C_2、C_3 用以改善负载的瞬态响应，消除电路的高频噪声，同时也具有消振作用。VD 是保护二极管，用来防止在输入端短路时输出电容 C_3 所存储电荷通过稳压器放电而损坏器件。CW7900 系列的接线与 CW7800 系列基本相同。

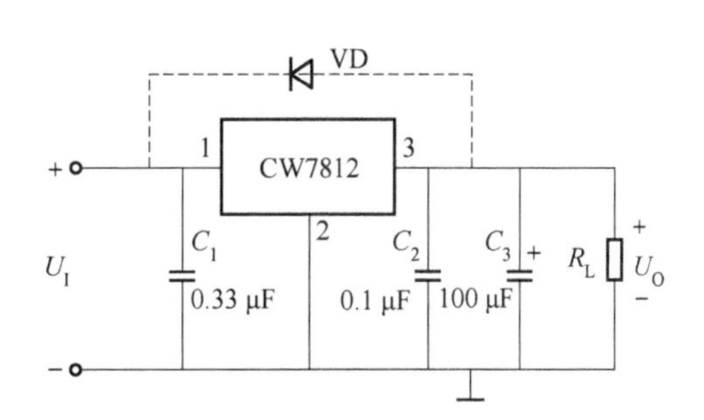

图 7-8　基本应用电路

（2）提高输出电压的电路

提高输出电压的电路如图 7-9 所示。

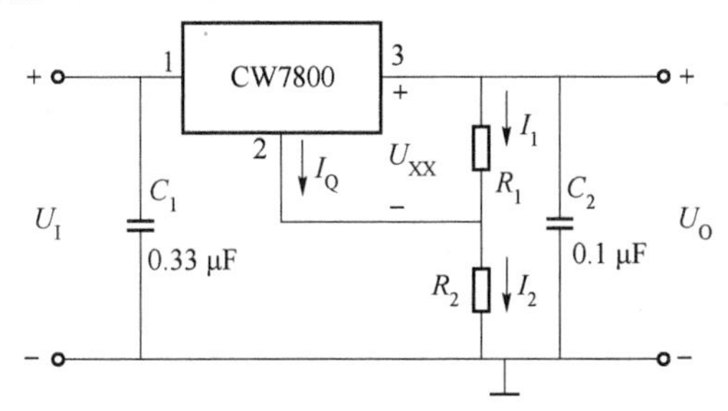

图 7-9　提高输出电压的电路

对于提高输出电压的电路要求：

$$I_{\mathrm{I}}=\frac{U_{\mathrm{xx}}}{R_1}\geqslant 5I_{\mathrm{Q}}$$

$$U_{\mathrm{O}}=U_{\mathrm{xx}}+(I_{\mathrm{I}}+I_{\mathrm{Q}})R_2=U_{\mathrm{xx}}+\left(\frac{U_{\mathrm{xx}}}{R_1}+I_{\mathrm{Q}}\right)R_2\approx\left(1+\frac{R_2}{R_1}\right)U_{\mathrm{xx}}$$

输出电压 $U_{\mathrm{O}}>U_{\mathrm{xx}}$，提高电阻 R_2 与 R_1 的比值，可提高输出电压 U_{O}。缺点是当输入电压变化时，I_{Q} 也变化，这将使稳压器的精度降低。

(3) 输出正、负电压的电路

输出正、负电压的电路如图 7-10 所示。

此电路采用 CW7815 和 CW7915 三端稳压器各一块组成的具有同时输出 +15 V、−15 V电压的稳压电路。

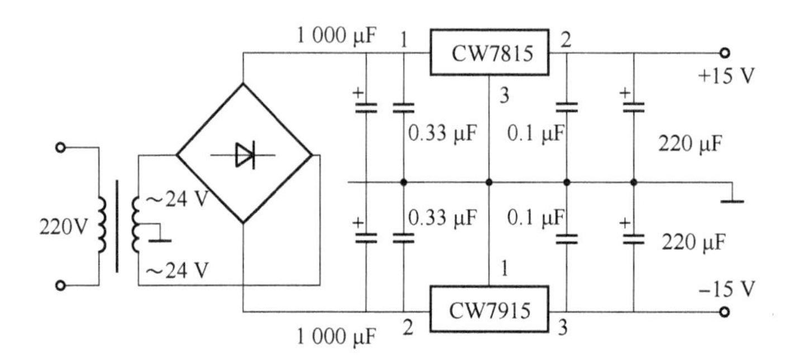

图 7-10　输出正、负电压的电路

7.2.3　三端可调输出集成稳压器

三端可调输出集成稳压器是在三端固定输出集成稳压器的基础上发展起来的，集成片的输入电流几乎全部流到输出端，流到公共端的电流非常小，因此可以用少量的外部元件方便地组成精密可调的稳压电路，应用更为灵活。

(1) 典型产品型号命名

CW117/217/317 系列（正电源）；CW137/237/337 系列（负电源）。工作温度：CW117(137)——−55 ℃～150 ℃；CW217(237)——−25 ℃～150 ℃；CW317(337)——0 ℃～125 ℃。

基准电压：1.25 V；输出电流：L 型——输出电流 100 mA；M 型——输出电流 500 mA。

(2) CW117 内部结构和基本应用电路

CW117 的内部结构如图 7-11 所示。图中 ADJ 称为电压调整端，因所有偏置电路和放大器的静态工作点电流都流到稳压器的输出端，所以没有单独引出接地端。

基本应用电路如图 7-12 所示。

静态电流 I_{Q}（约 10 mA）从输出端流出，R_{L} 开路时流过 R_1，$R_1=U_{\mathrm{REF}}/I_{\mathrm{Q}}=125\ \Omega$，$R_2=0\sim2.2\ \mathrm{k}\Omega$ 时，$U_{\mathrm{O}}=1.25\sim24$ V。D_1 防止输入端短路时 C_4 反向放电而损坏稳压器；D_2 防止输出端短路时 C_2 通过调整端放电而损坏稳压器。C_2 用于减小输出纹波电压。R_1、R_{P} 构成取样电路，这样，实质电路构成串联型稳压电路，调节 R_{P}，可改变取样比，即可调节输出电压 U_{O} 的大小。

0～30 V连续可调电路：图中 R_3、D组成稳压电路，使A点电位为－1.25 V，这样当 $R_2=0$时，U_A 电位与 U_{REF} 相抵消，便可使 $U_O=0$ V。

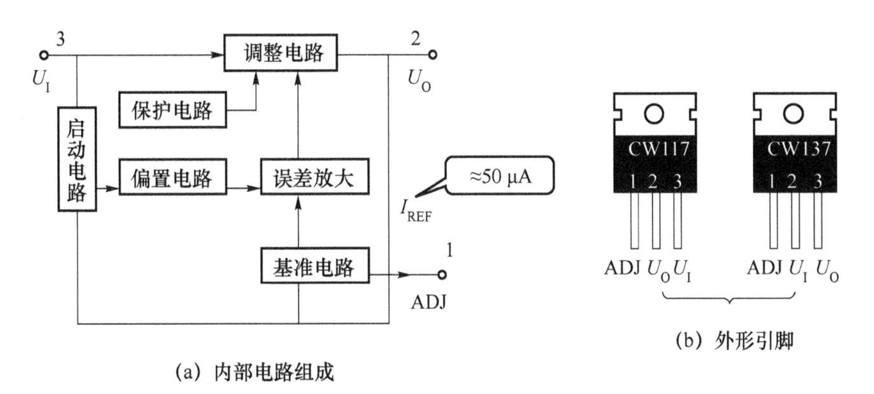

(a) 内部电路组成　(b) 外形引脚

图 7-11　内部结构

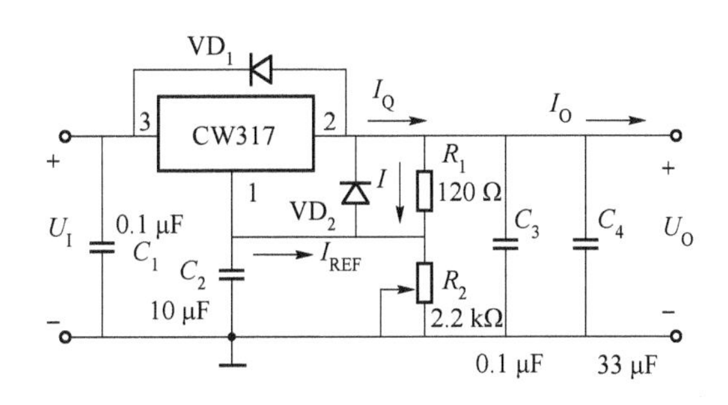

图 7-12　基本应用电路

7.3　开关集成稳压电源

线性集成稳压器有很多优点，但调整管必须工作在线性放大区，管压降比较大，同时要通过全部负载电流，所以管耗大，电源效率低，一般为40%～60%。特别在输入电压升高、负载电流很大时，管耗更大，不但电源效率低，同时使调整管的工作可靠性降低。开关稳压电源的调整管工作在开关状态，依靠调节调整管导通时间来实现稳压。由于调整管主要工作在截止和饱和两种状态，管耗小，故使稳压电源的效率明显提高，可达80%～90%，而且这一效率几乎不受输入电压大小的影响，即开关稳压电源有很宽的稳压范围。由于效率高使得电源的主要缺点是输出电压中含有较大的纹波。但由于开关电源优点显著，故发展非常迅速，使用也越来越广泛。

7.3.1　开关电源的基本工作原理

1. 串联型开关稳压电路

串联型开关稳压电路的基本组成如图7-13所示。图中，VD_1 为开关调整管，它与负载 R_L 串联；VD_2 为续流二极管，L、C 构成滤波器；R_1 和 R_2 组成取样电路、A为误差放大器、C为电压比较器，它们与基准电压源、三角波发生器组成开关调整管的控制电路。误差放大器对来自输出端的取样电压 u_F 与基准电压 U_{REF} 的差值进行放大，其输出电压 u_A 送到电压比较器 C 的同相输入端。三角波发生器产生一频率固定的三角波电压 u_T，它决定了电源的开关频率。u_T 送至电压比较器 C 的反相输入端与 u_A 进行比较，当 $u_A > u_T$ 时，电压比较器 C 输出电压 u_B 为高电平，当 $u_A < u_T$ 时，电压比较器 C 输出电压 u_B 为低电平，u_B 控制开关调整管 D_1 的导通和截止。

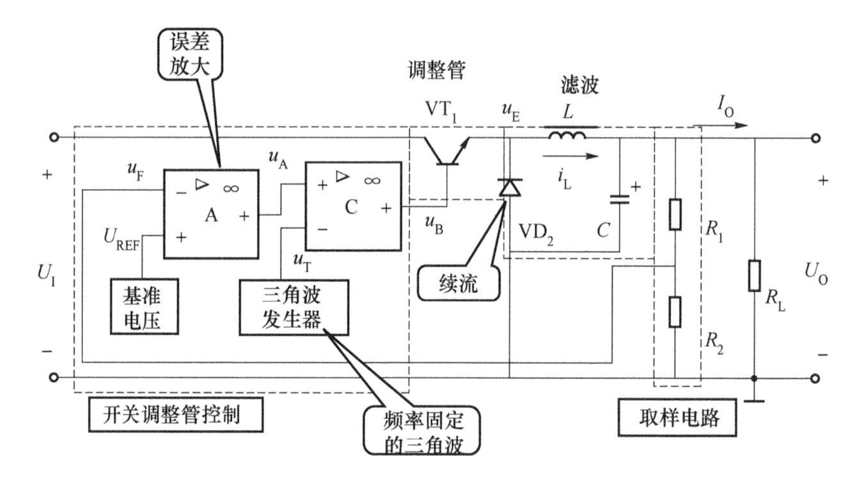

图 7-13　串联型开关稳压电源组成电路

2. 工作波形(脉宽调制式 PWM)

开关稳压电源的电压、电流波形如图 7-14 所示。

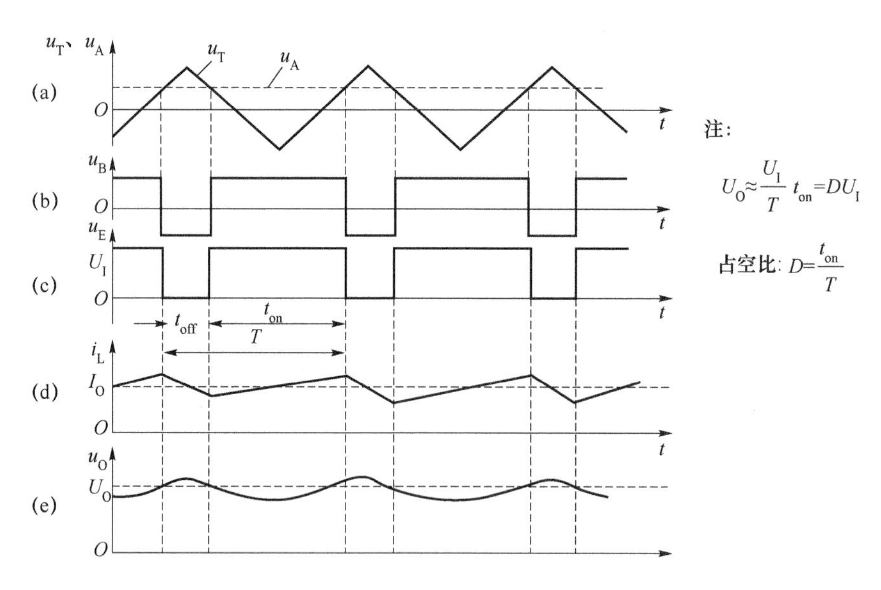

图 7-14　开关稳压电源的电压、电流波形

3. 稳压原理

开关调整管的导通时间为 t_{on}，截止时间为 t_{off}，开关的转换周期为 T，$T = t_{on} + t_{off}$，它取决于三角波电压 u_T 的频率。$D = t_{on}/T$，称为脉冲波形的占空比。U_O 正比于脉冲占空比 D，调节 D 就可以改变输出电压的大小，因此，这种电路称为脉宽调制(PWM)式开关稳压电路。

在闭环条件下，电路能根据输出电压的大小自动调节调整管的导通和关断时间，维持输出电压的稳定。当输出电压 U_O 升高时，取样电压 u_F 增大，误差放大器的输出电压 u_A 下降，调整管的导通时间 t_{on} 减小，占空比 D 减小，使输出电压减小，恢复到原大小。反之，输出电压 U_O 下降，u_F 下降，u_A 上升，调整管的导通时间 t_{on} 增大，占空比 D 增大，使输出电压增大，恢复到原大小。从而实现了稳压的目的。必须指出，当 $u_F = U_{REF}$ 时，$u_A = 0$，脉冲占空比 $D = 50\%$，此时稳压电路的输出电压 U_O 等于预定的标称值。所以，稳压电源取样电路的分压比可根据 $u_F = U_{REF}$ 求得。

7.3.2　集成开关稳压器及其应用

集成开关稳压器分为两大类：单片脉宽调制式（外接开关功率管），如 CW1524 系列；单片集成开关稳压器，如 CW4960/4962。

1. CW1524/2524/3524（区别在于温度范围不同）

① 组成：基准电压源、误差放大器、脉宽调制器、振荡器、触发器、两只输出功率管、过热保护。

② 最大输入电压：40 V；最高工作频率：100 kHz；每路输出电流：100 mA；内部基准电压：5 V（承受 50 mA 电流）。

CW1524 系列关键排列如图 7-15 所示，CW1524 降压型开关稳压电源电路如图 7-16 所示。

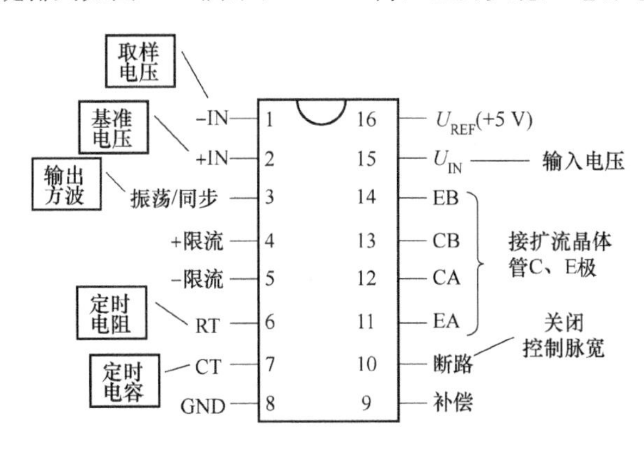

图 7-15　CW1524 系列关键排列

2. CW4960/4962

① 组成：基准电压源、误差放大器、脉宽调制器、开关功率管（内接）、软启动电路、过流限制、过热保护。

② 功能：慢启动、过流保护、过热保护、占空比可调（0～100%）。

③ 最大输入电压：50 V；输出电压：5.1～40 V 连续可调；最高工作频率：100 kHz；额定输出电流：CW4960——2.5 A（过流保护 3.0～4.5 A），小散热片；CW4960——1.5 A（过流保护 2.5～3.5 A），不用散热片。

CW4960/4962 内部电路完全相同，主要由基准电压源、误差放大器、脉冲宽度调制器、功率开关管以及软启动电路、输出过流限制电路、芯片过热保护电路等组成。CW4962/4960 的典型应用电路如图 7-17 所示（有括号的为 CW4960 的管脚标号），它为串联型开关稳压电路。输入端所接电容 C_1 可以减小输出电压的纹波，R_1、R_2 为取样电阻，输出电压为 $U_O=5.1(R_1+R_2)/R_1$，R_1、R_2 的取值范围为 500 Ω～10 kΩ。

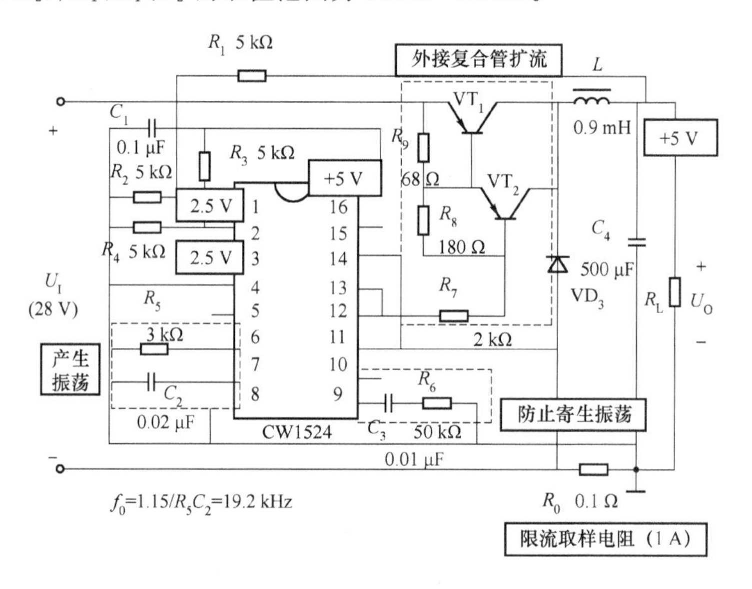

图 7-16 CW1524 降压型开关稳压电源电路

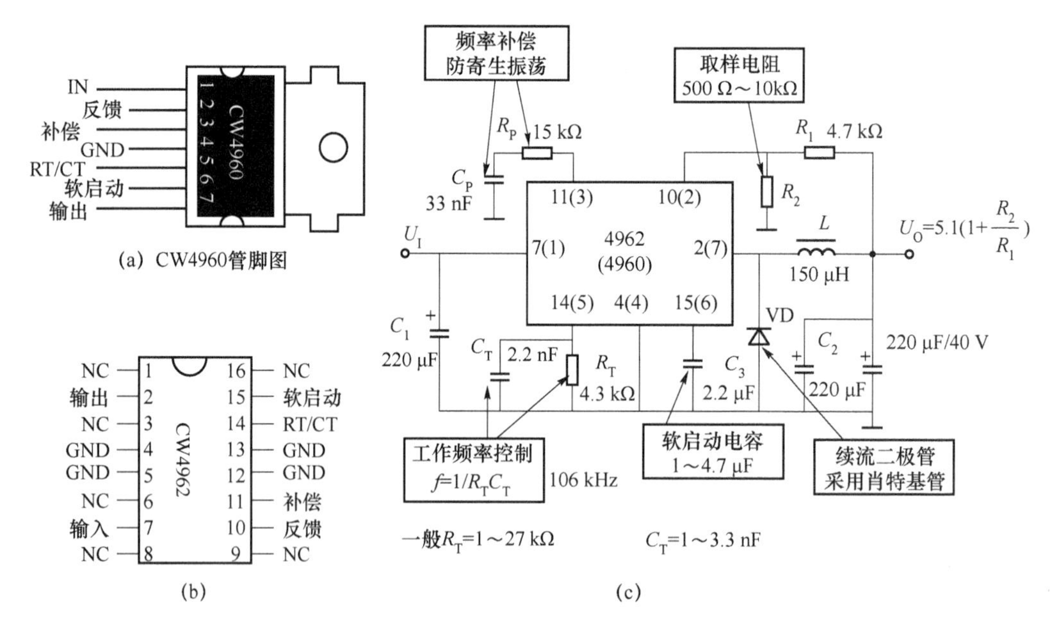

图 7-17 CW4960 外观和应用电路

7.4 实践 1：分立器件型直流稳压电源制作

7.4.1 电路原理图

在许多电子线路和自动控制装置中都需要用到直流稳压电源供电。目前广泛采用由交流电源经整流、滤波和稳压而得到的直流稳压电源，其原理如图7-18所示。图中变压器初级绕组接交流220V电源，次级绕组二端得到的交流10 V电压接单相桥式整流电路。VD_1、VD_2、VD_3、VD_4 4个二极管组成了单相桥式整流电路。整流后的电压是一个脉动的单方向电压，滤波电路中的电容(C_1、C_2、C_3)利用充放电特性，将脉动的单方向电压、电流变换为比较平滑的电压、电流。但它往往还会随电网电压的波动或负载的变化而变化，稳压电路的作用就是使输出直流电压稳定。

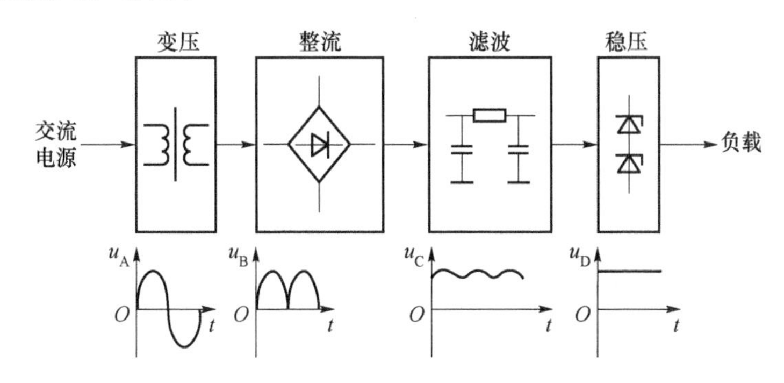

图7-18　直流电源的原理

串联型稳压电源的基本电路如图7-19所示，整个电路由如下4部分组成。

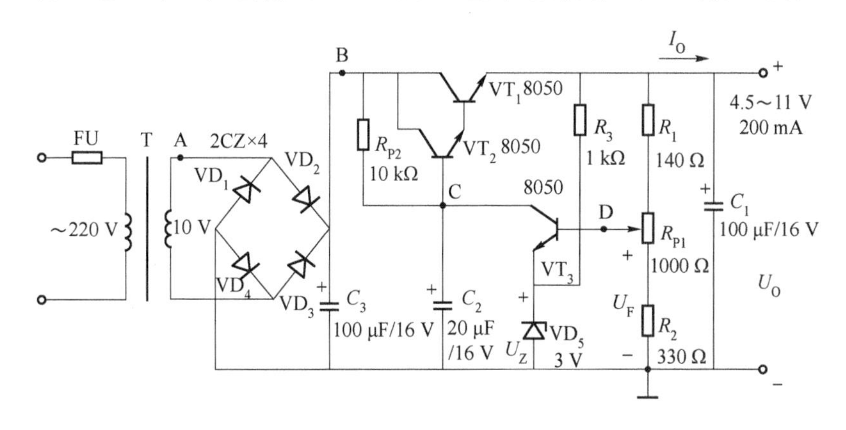

图7-19　稳压电源原理

① 取样环节：由 R_1、R_{P1}、R_2 组成的分压电路构成，它将输出电压 U_O 分出一部分作为取样电压 U_F，送到比较放大环节。

② 基准电压：由稳压管 VD_5 和电阻 R_3 构成的稳压电路提供一个稳定的基准电压 U_Z，作为调零比较的标准。调节 R_P 即可调节输出电压 U_O 的大小，但 U_O 必定大于或等于 U_Z。

③ 比较放大电路：由 VT_3、R_{P2} 构成的直流放大器组成，其作用是将取样电压 U_F 与基准电压 U_Z 之差放大后去控制调整管 VT_1。

④ 调整环节：由工作在线性放大区的功率管 VT_1 和推动管 VT_2 组成，VT_1 的基极电流 I_B 受比较放大器输出的控制，它的改变又可使集电极电流 I_C 和集射极电压 U_{CE} 改变，从而达到自动调整稳定输出电压的目的。

7.4.2　主要元器件清单

直流稳压电源元器件清单如表7-1所示。

表 7-1　直流稳压电源元器件清单

名称	代号	型号	名称	代号	型号
电阻器	R_1	140 Ω	二极管	VD_1	IN4001
电阻器	R_2	330 Ω	二极管	VD_2	IN4001
电阻器	R_3	1 kΩ	二极管	VD_3	IN4001
电位器	R_{P1}	1 000 Ω	二极管	VD_4	IN4001
电位器	R_{P2}	10 kΩ	稳压二极管	VD_5	EZ030
电解电容器	C_1	100 μF	三极管	VT_1	8050
电解电容器	C_2	20 μF	三极管	VT_2	8050
电解电容器	C_3	100 μF	三极管	VT_3	8050

7.4.3　电路安装与调试

电路的装接是十分重要的基本操作技能训练环节，如果一个精心设计的电路由于装接过程不认真对待而造成短路、虚焊或将有极性的电容接反，甚至把晶体管的管脚接错等，都会造成不良后果，以致损坏元器件。所以电路的装接一定要认真对待，不能马虎。

① 在电路装接前要对所用的元器件加以检测，剔除那些不符合要求的元件。

② 学习使用万用表测出晶体管的 β 值，如发现晶体管型号或 β 值不对，应及时更换。

③ 电阻元件的检查。可直接用万用电表测量，也可通过电阻的色环识别电阻的阻值。

④ 电容元件的检查。对于容量较大的电解电容，可利用电容的充放电判别其好坏。将万用表置于 R×1 k 挡，黑表笔与电容器正极搭接，红表笔与负极搭接，则指针向右偏转，然后向左返回，稳定后的电阻值就是电容器的漏电阻，漏电阻越大越好。如果指针向右偏转后不返回左面，说明电容器已击穿。如果指针不动，说明电容器内部断路或电解质已干涸。

⑤ 二极管检查。将万用表的转换开关置于欧姆挡。黑表笔接二极管的一个极，红表笔接二极管的另一个极，如图 7-20 所示。若此时电表指示的电阻比较小(通常约为 100～1 000 Ω 左右)，然后将红、黑表笔对换后电表指示的电阻值却大于几百千欧，则说明管子单向导电性能较好。

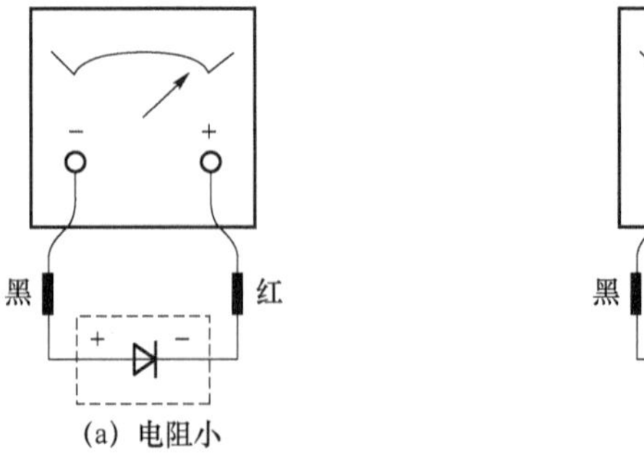

(a) 电阻小

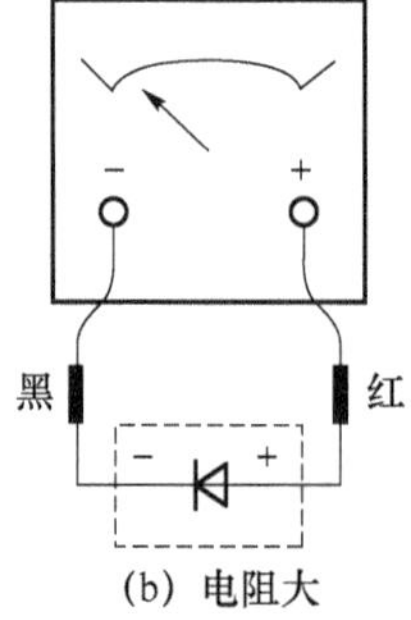

(b) 电阻大

图 7-20　万用表检测二极管性能

在图 7-20(a)的接法下，黑表笔接的是二极管的正极，红表笔接的是负极。如果反向电阻太小，管子就失去了单向导电的作用。如果正向的电阻均为无穷大，则表示管子已断路。

⑥ 电路装接。如图 7-21 所示为直流稳压电源的装配。按照本章节介绍的焊接方法，

把所给的元器件安装在印制线路板上。

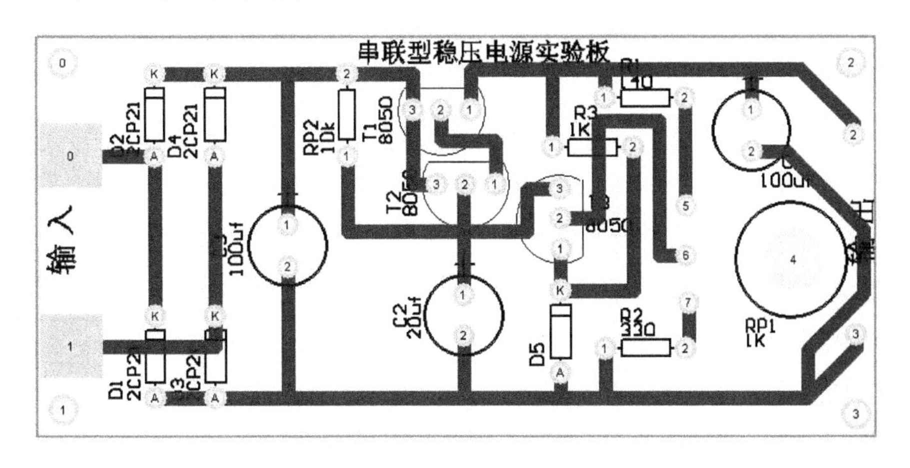

图 7-21　印制线路板及元件位置

⑦ 调试。电路见图 7-19,包括以下几点。

• 调节 R_{P1},用万用表测量稳压电源输出端电压 U_O,应在 4.5～8 V 之间变化。

• 变压器的初级绕组接调压变压器的输出端,稳压电源输出端接上负载(由一个 10 Ω 固定电阻与滑动变阻器 R_L 串联组成),调节负载电阻 R_L,使负载电流等于额定电流值 200 mA,调节输入交流电压在 188～240 V 间变化,观察输出直流电压的变化。

• 调节可变负载,使负载电流在 0～200 mA 之间变化,观察直流输出电压,电压应不变或有微小变化。

• 分别测出 A、B、C、D 点对地波形。

7.5　实践 2:78 系列集成稳压电源制作

7.5.1　电路原理

电路原理如图 7-22 所示,为了避免安装调试时可能产生的失误,在集成电路 7805 的输入、输出引脚间并联了一只保护用的二极管 VD_6,并增加了输出引脚引线端子。

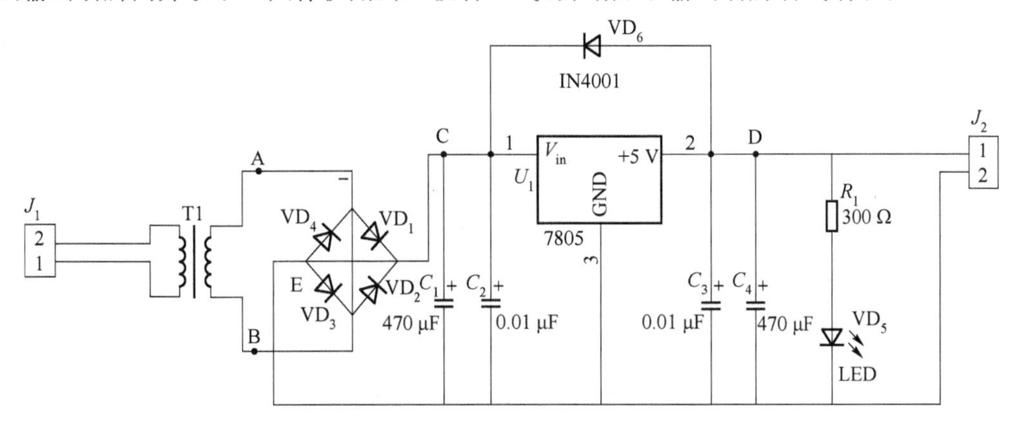

图 7-22　集成稳压电路原理

7.5.2 主要元器件清单

集成电路主要元器件清单如表 7-2 所示。

表 7-2 集成电路元器件清单

名称	代号	型号	名称	代号	型号
电阻器	R_1	300 Ω	二极管	VD_1	IN4001
电解电容器	C_1	470 μF	二极管	VD_2	IN4001
电解电容器	C_2	0.01 μF	二极管	VD_3	IN4001
电解电容器	C_3	0.01 μF	二极管	VD_4	IN4001
电解电容器	C_4	470 μF	发光二极管	VD_5	红色 Φ5
集成电路	U_1	7805	二极管	VD_6	1N4001

7.5.3 电路焊接、组装

按照图 7-23 所示进行组装，组装之前要测试各个元件。如图 7-24 所示为 78/79 系列集成稳压电路管脚。

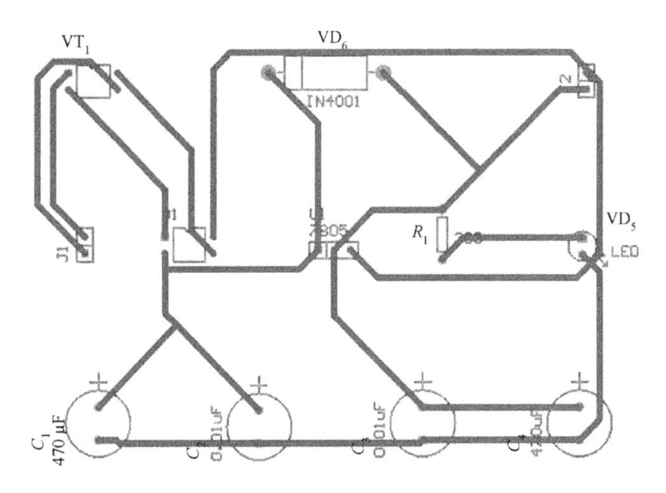

图 7-23 集成稳压电路印制电路板及元件位置

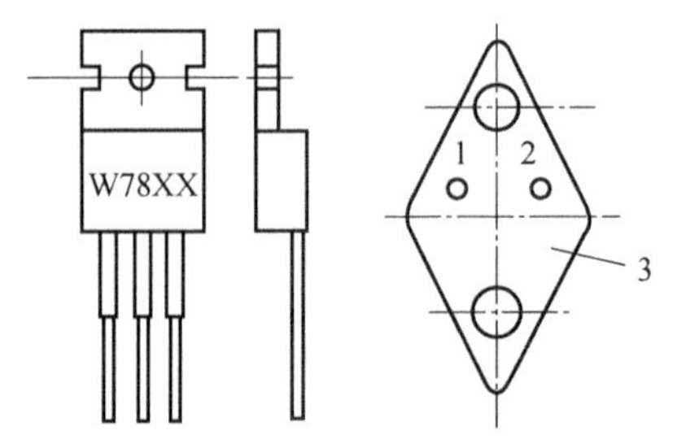

注：78系列：1—入；3—地；2—出。
79系列：1—地；3—入；2—出。

图 7-24 78/79 系列集成稳压电路管脚

一般变压器和电源插座要求外接，不要直接安放在电路板上，变压器初级线圈的外接处应包扎好，不得裸露，以免触电。二极管 VD_1～VD_4 及 VD_6 采用 IN4001～IN4007 均可，注意二极管极性不要接反，VD_1～VD_4 也可用整流桥代替。集成电路 7805 有各种封装，注意各种封装的引脚接法不同。C_1 和 C_4 采用电解电容，电解电容也有极性要求，不要接反，C_1 和 C_4 容量≥100 μF 即可，电容 C_1、C_2 的耐压要大于 25 V，C_3、C_4 的耐压要大于 16 V。

7.6　实践 3：LM 系列集成稳压电源制作

市场上有许多可调的整流电源，可输出一定范围的电压。但这类电源大多工艺粗糙，存在许多问题。我们这次将制作一个性能比较好的可调直流稳压电源，相信能满足用户的大部分需求。

7.6.1　电路工作原理

220 V 的交流电从插头经保险管送到变压器的初级线圈，并从次级线圈感应经约 12 V 的交流电压送到 4 个二极管。二极管在电路中的符号有短线的一端称为它的负极（或阴极），有三角前进标志的一端称为它的正极（或阳极）。它的基本作用是只允许电流从它的正极流向它的负极（即只能按三角标示的方向流动），而不允许从负极流向正极。我们知道，交流电的特点是方向和电压大小一直随时间变化，用通俗的话说，它的正、负极是不固定的。但是对照图 7-25 所示来看，不管从变压器中出来的两根线中哪根电压高，电流都能而且只能由 VD_3 或 VD_4 流入右边的电路，由 VD_1 或 VD_2 流回去。这样，从右边的电路来看，正极永远都是 VD_3 和 VD_4 连接的那一端，负极永远是 VD_1 和 VD_2 连接的那一端。这便是二极管整流的原理。二极管把交流电方向变化的问题解决了，但是它的电压大小还在变化。而电容器可以存储电能的特性，正好可以用来解决这个问题。在电压较高时向电容器中充电，电压较低时便由电容器向电路供电。这个过程叫作滤波。如图 7-25 所示中的 C_1 便是用来完成这个工作的。

经过 C_1 滤波后比较稳定的直流电送到三端稳压集成电路 LM317T 的 Vin 端（3 脚）。LM317T 是一种这样的器件：由 Vin 端给它提供工作电压以后，它便可以保持其＋Vout 端（2 脚）比其 ADJ 端（1 脚）的电压高 1.25 V。因此，我们只需要用极小的电流来调整 ADJ 端的电压，便可在＋Vout 端得到比较大的电流输出，并且电压比 ADJ 端高出恒定的 1.25 V。我们还可以通过调整 PR1 的抽头位置来改变输出电压，反正 LM317T 会保证接入 ADJ 端和＋Vout 端的那部分电阻上的电压为 1.25V。所以，可以想到：当抽头向上滑动时，输出电压将会升高。

图 7-25 中 C_2 的作用是对 LM317T 1 脚的电压进行小小的滤波，以提高输出电压的质量。图中 VD_5 的作用是当有意外情况使得 LM317T 的 3 脚电压比 2 脚电压还低的时候防止从 C_3 上有电流倒灌入 LM317T 而引起损坏。

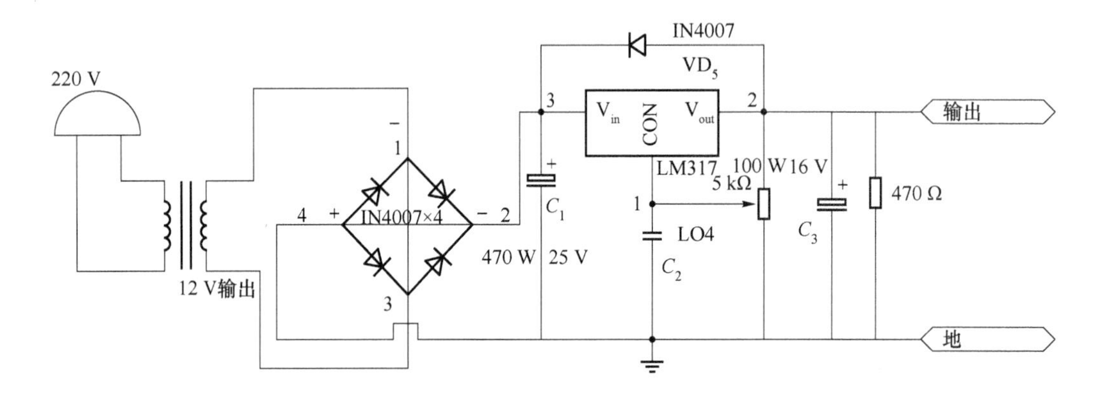

图 7-25　LM317 稳压电路原理

7.6.2　元件选择

本制作需要的元件都可以在电子商店买到，主要元件清单如表 7-3 所示。

表 7-3　主要元件清单

名称	型号	数量	LM317 外型
电源线		1	LM317 1　2　3
万能板		1	
二极管	IN4007	5	
变压器	双 12 V	1	
电解电容	470 μF/25 V	1	
瓷片电容	104	1	
电解电容	100 μF/16 V	1	
三端稳压集成电路	LM317T	1	
散热片		1	
电阻	470 Ω	1	
电位器	5 kΩ	1	

大部分元件的选择都有弹性。IC 选用 LM317T 或与其功能相同的其他型号（如 KA317 等，可向售货员咨询）。变压器可以选择一般常见的 12 V 的小型变压器，二极管选 IN4001～IN4007 均可。C_1 选择耐压大于 16 V、容量 470～2 200 μF 的电解电容均可。值得注意的是 C_2 的容量表示法：前两位数表示容量的两位有效数字，第三位表示倍率。如果第三位数字为 N，则它的容量为前两位数字乘以 10 的 N 次方，单位为 pF。如 C_2 的容量为 $10\times10^4=100\ 000$ pF=0.1 μF，C_2 选用普通的磁片电容即可，C_3 的选择类似于 C_1。电阻选用 1/8 W 的小型电阻。现在的小电阻一般用色环来标示其阻值，如果还不会识别这种表示法，请参看有关色环电阻的识别的文章。

7.6.3　制作过程

电路并不复杂，只要按照原理图去装配，一般不会有什么问题。装配时要注意的是二极管的极性,拿 1N400X 系列的二极管来说,标有白色色环的一端是它的负极。还有电解电容的极性,新买来的电解电容,它的两个引脚是不一样长的。较长的一端是它的正极,也可以从柱体上的印刷标志来区分,一般在负极对应的一则标有"一"号。装配时,可以制作一块小的线路板,也可以直接用元件搭接。LM317 因工作电流较小,可以不加散热片。装好后再检查一遍,无误后接通电源。这时用万用表测量 C_1 两端,应有 11 V 左右的电压,再测 C_3 两端,应有 2～7 V 的电压。再调节 R_{P1},C_3 两端的电压应该能够改变,调到所需要的电压即可。输出端可以接一根十字插头线,以便与随身听等用电器相连。

7.6.4　扩展应用

LM317 的输出电压可以从 1.25 V 连续调节到 37 V。其输出电压可以由下式算出:

输出电压＝1.25×(1＋ADJ 端到地的电阻/ADJ 端到＋Vout 端的电阻)

如果需要其他的电压值,即可自选改变有关电阻的阻值来得到。值得注意的是,LM317T 有一个最小负载电流的问题,即只有负载电流超过某一值时,它才能起到稳压的作用。这个电流随器件的生产厂家不同在 3～8 mA 不等。这个可以通过在负载端接一个合适的电阻来解决。

第8章　印刷板及其电路设计与制作

印制电路板是信息产业的基础，从计算机、电视机到电子玩具等，几乎所有的电子电器产品中都有电路板存在。中国电子电路产业和中国电子信息产业一样，在近年来一直保持着高速增长。这一增长趋势还将持续到2015年或更长一段时间。尤其是近年来我国消费类电子和汽车电子的飞速发展更是为电子电路业提供了广阔空间。

目前我国有印制板生产企业1 000家以上，2006年已经成为PCB第一大生产国，2009年的产值为180亿美元，出口金额76.5亿美元，几年来PCB业逆差均保持在12.5亿美元左右。从我国的印制电路产量来看，2005年中国PCB产量突破1.1亿平方米，其中多层板占了将近一半，2006年产量为12 964万平方米。与10年前相比，2009年我国印制电路板产量增长了近十倍，出口量增长了3 500多倍。

随着世界各国在中国投资的IT产业、电子整机制造的迅猛发展，世界各国PCB企业也相继在中国进行大规模的投资，世界知名PCB生产企业，绝大部分在中国已经建立了生产基地并在积极扩张。可以预计在近几年中，中国仍然是世界PCB生产企业投资与转移的重要目的地。

8.1　印制板的定义、特点和分类

8.1.1　印制板的定义

在绝缘基材上，按预定设计有选择性地加工孔和布置金属的导电图形，用于元器件之间的连接，但不包括印刷元件，称作印制线路(Printed Wing Board，PWB)；将装载有元器件的印制线路板称作印制电路板(Printed Circuit Board，PCB)。在欧美国家通常把印制线路板统称为PCB。按照我国国家标准GB2036-94(印制电路术语)的解释：印制电路或印制线路成品板统称为印制板，它包括刚性、挠性和刚挠性结合的单面、双面和多层印制板等。

8.1.2　印制板的特点

它是电子设备的一种极其重要的基础组装部件。印制电路板是由绝缘基材、金属导线和连接不同导线、焊接元器件的“焊盘”组成。它的主要作用是支撑电子元件和实现电子元器件之间的信号连通。具有以下特点。

① 提供集成电路等各种电子元器件固定、组装和机械支撑的载体。

② 实现集成电路等各种电子元器件之间的电器连接或电绝缘，提供所要求的电器特性，如特性阻抗等。

③ 为自动锡焊提供阻焊图形，为元器件安装(包括插装和表面贴装)、检查、维修提供识

别字符和图形。

④ 很大地缩小了互连导线的体积和重量。

⑤ 可以采用标准化设计。

⑥ 有利于机械化、自动化生产。

8.1.3 印制线路的分类

印制线路的分类没有一个统一的标准，按照不同标准印制线路分成不同的类别。

① 按基材材料不同分为纸基印制板、玻璃布基印制板、合成纤维印制板等。

② 按用途的不同分为民用印制板、工业用印制板和军用印制板。

③ 按照印制电路板的层数可分为单面板，双面板，多层板等。

④ 按特殊性可分为高 Tg 印制板、CTI 印制板、阻抗特殊性印制板、高频微波印制板、HDI 印制板、埋盲孔印制板、无卤印制板和集成元件印制板（埋入元件印制板）。

⑤ 按印制电路板所使用的绝缘基材强度可分为刚性印制电路板、挠性印制电路板和刚挠结合印制电路板。刚性印制板有酚醛纸质层压板、环氧纸质层压板、聚酯玻璃毡层压板、环氧玻璃布层压板。挠性印制板又称软性印制电路板，即 FPC，软性电路板是以聚酰亚胺或聚酯薄膜为基材制成的一种具有高可靠性和较高曲绕性的印制电路板。这种电路板散热性好，即可弯曲、折叠、卷挠，又可在三维空间随意移动和伸缩。可利用 FPC 缩小体积，实现轻量化、小型化、薄型化，从而实现元件装置和导线连接一体化。FPC 广泛应用于电子计算机、通信、航天及家电等行业。

8.1.4 印制电路板的应用领域

印制电路板备大规模应用与电子产品之中是 20 世纪 40 年代，印制电路板在电子设备中具有如下功能。

① 提供集成电路等各种电子元器件固定、装配的机械支撑，实现集成电路等各种电子元器件之间的布线和电气连接或电绝缘，提供所要求的电气特性。

② 为自动焊接提供阻焊图形，为元件插装、检查、维修提供识别字符和图形。

③ 电子设备采用印制板后，由于同类印制板的一致性，避免了人工接线的差错，并可实现电子元器件自动插装或贴装、自动焊锡、自动检测，保证了电子产品的质量，提高了劳动生产率、降低了成本，并便于维修。

经过半个多世纪的发展，印制电路板已经从原来的单面板发展到今天的双面板、多层板和特种板多种类项。始于 20 世纪 70 年代的刚挠结合印制板更是成为当今印制电路技术发展的一个重要发展方向。刚挠结合印制板是一种特殊的互连技术，最大的优点是省去电线电缆的连接安装，减少或不用接插件与端点焊接，缩小空间与重量，减少或避免电气干扰而提高电性能，完全满足了电子设备（产品）向着轻、薄短、小且多功能化方向发展的需要。刚挠结合电路板作为一种具有薄、轻、可挠曲等特点的可满足三维组装需求的互连技术，在电子及通信行业得到日趋广泛的应用和重视。随着电子技术的发展，其应用会越来越广。印制电路板应用领域主要如下。

① 计算机：主板、网卡、游戏卡、磁盘驱动器、传输线带、打印机等计算机辅助设备等。

② 通信：多功能电话、手机、可视电话、传真机等。

③ 汽车:控制仪表板、排气罩控制器、防护板电路、断路开关系统等。

④ 消费类电子产品:照相机、摄像机、录像机、VCD、DVD、微型录音机、拾音器、计算器、健身监视器等。

⑤工业控制:激光测控仪、传感器、加热线圈、复印机、电子衡器等。

⑥ 仪器仪表:核磁分析仪、X 光射线装置、红外线分析仪等。

⑦ 医疗机械:理疗仪、心脏起搏器、内窥镜、超声波探测仪等。

⑧ 航空航天:人造卫星、雷达系统、陀螺仪、无线电通信、黑匣子、导弹等。

8.2 印制电路板的制造工艺

8.2.1 印制电路板制造工艺过程

经过多年的发展,印制电路板的制造工艺已经成熟。单面板的印制图形比较简单,一般采用丝网漏印的方法转移图形,然后蚀刻出印制板,也有采用光化学法生产的;双面 PCB 是两面都有导电图形的印制板。显然,双面板的面积比单面板大了一倍,适合用于比单面板更复杂的电路。双面印制板通常采用环氧玻璃布覆铜箔板制造。它主要用于性能要求较高的通信电子设备、高级仪器仪表及电子计算机等。

单面印制板的工艺流程:下料→丝网漏印→腐蚀→去除印料→孔加工→印标记→涂助焊剂→成品。

双面板的生产工艺一般分为工艺导线法、堵孔法、掩蔽法和图形电镀—蚀刻法等几种。

多层 PCB 是有 3 层或 3 层以上导电图形和绝缘材料层压合成的印制板。它实际上是使用数片双面板,并在每层板间放进一层绝缘层后粘牢(压合)而成。它的层数通常都是偶数,并且包含最外侧的两层。从技术的角度来说可以做到近 100 层的 PCB 板,但目前计算机的主机板都是 4～8 层的结构。

多层印制板一般采用环氧玻璃布覆铜箔层压板。为了提高金属化孔的可靠性,应尽量选用耐高温的、基板尺寸稳定性好的、特别是厚度方向热膨胀系数较小的,且与铜镀层热膨胀系数基本匹配的新型材料。

制作多层印制板,先用铜箔蚀刻法做出内层导线图形,然后根据设计要求,把几张内层导线图形重叠,放在专用的多层压机内,经过热压、粘合工序,就制成了具有内层导电图形的覆铜箔的层压板,以后加工工序与双面孔金属化印制板的制造工序基本相同。

多层印制板的工艺流程:内层材料处理→定位孔加工→表面清洁处理→制内层走线及图形→腐蚀→层压前处理→外内层材料层压→孔加工→孔金属化→指外层图形→镀耐腐蚀可焊金属→去除感→光胶腐蚀→插头镀金→外形加工→热熔→涂助焊剂→成品。

钻孔是印制板加工过程中一个重要的加工工序。由于挠性印制板的材料呈柔软易变形的特性所以在钻孔加工时同硬板有所不同。其工艺流程如下所示:叠板:即是将要钻孔的覆铜基板材料或保护膜材料按一压板和垫板选择的层数叠放在一起并在底部和顶部覆上垫板和压板用单面胶带紧紧地粘合在一起。钻孔质量的优劣,除与钻头质量和钻孔参数有关系外,与压板和垫板的选用也密不可分。

在材料的切割过程要做到切割尺寸的规整,对使用压延铜箔基材时要注意铜箔的压延方向与设计时的要求一致。

高密度互连印刷线路板技术如表 8-1 所示。

表 8-1　高密度互连印刷线路板技术

外观	腐蚀技术	腐蚀方法
	印制＋蚀刻内层	以紫外线光刻及蚀刻形成内层电路图形
	AOI	以自动光学检查检验蚀刻线路的品质
	多层芯板压合	以黏结片把内层板压成多层芯板
	形成导通孔	钻孔并在孔内镀铜，使导通孔可与其他层电气连接
	印制＋蚀刻芯板	在芯板面以紫外线光刻及蚀刻形成电路层
	AOI	以自动光学检查检验蚀刻线路的品质
	层压高密度互连层	以 RRC 或可激光钻孔半固化片在芯板面形成一对高密度互连层
	形成微孔	以激光钻孔并在孔内电镀，使微孔可通电连接高密度互连层
	印制＋蚀刻(高密度互连层)	以紫外线光刻或激光直接成像及蚀刻形成高密度互连电路图形
	AOI	以自动光学检查检验蚀刻线路的品质
	重复积层工序	重复高密度互连工序或可以累积更多高密度互连层
	涂上防焊油墨	在表面涂上防焊油墨，以紫外线光刻形成图形并固化
	外形等最后加工	以有机或金属涂层涂布导体，部件经机器切割成制成品形状
	检验制成品	为制成品进行电气测试，并以目视检验品质，然后包装

8.2.2　印制电路技术的发展趋势

PCB 行业是集电子、机械、计算机、光学、材料、化工等多学科的一个行业。PCB 技术是跟着 IC 技术发展的，在电子互连技术里占有重要位置，因此，PCB 技术和制造业的发展将对一个国家的电子工业产生很大的推动作用。印制板从单层发展到双面板、多层板和挠性板，并不断地向高精度、高密度和高可靠性方向发展。不断缩小体积、减少成本、提高性能，使得印制板在未来电子产品的发展过程中，仍然保持强大的生命力。未来印制板生产制造技术发展趋势是在性能上向高密度、高精度、细孔径、细导线、小间距、高可靠、多层化、高速传输、轻量、薄型方向发展的趋势是不可阻挡的。

2003 年以来世界电子电路行业技术迅速发展，集中表现在无源(即埋入式或嵌入式)元件 PCB、喷墨 PCB 工艺、光技术 PCB、纳米材料在 PCB 板上的应用等方面。某业内人士表示，纵观目前国际电子电路的发展现状和趋势，关于中国电子电路——印制电路板的产业技术及政策的重心应当放在IC封装CSP、光电板(Optic back panel)、刚挠结合板、高多层板、3G板等高附加值的产品上。

在技术方面,印制电路板向高密度化和高性能化方向发展。高密度化可以从孔、线、层、面等4个方面概括。目前世界上可做到最小孔径50 μm,甚至更小。线宽线距基本发展到50 μm甚至30 μm。层可以做得很薄,最薄可以做到30 μm左右,甚至更低。表面涂布镀锡、镀银、OSP甚至发展到镀镍/镀钯/镀金等万能型表面涂布。这些印制板主要代表是HDI/BUM板、IC基板、集成元件印制板、刚挠性印制板、光路印制板。特别是光路印制板,因为现在印制板的信号传输或处理都是用“电”来处理,由于“电”的信号已经基本上快接近极限了,“电”最大的缺点就是电磁干扰,所以必然要用光来代替“电”进行信号传输和处理。印制板里既有光路层传输信号,又有电路层传输信号,这两种组合起来就叫光电印制板或光电基板、光电印制电路板。

HDI高密度互连PCB技术会带动IC、LSI技术的发展。因此PCB技术的发展应得到更多的关注和相关行业及相应政策的支持,包括进口设备、进口关键材料、技术引进、海关税收及资金来源的支持。针对广泛看好的IC封装基板,我国存在的问题在于:一是IC核心技术专利都在国外厂商手里,原来就没有进入到这一产业链环节中去;二是由于技术水平不过关,因而在这方面还尚待突破。而对于HDI板的加工制造,如何从材料、加工工艺和新技术研发学习入手掌握HDI线路板的技术,是国内PCB业面临的一个新的挑战。

环保成为不变的主题。印制电路板由玻璃纤维、强化树脂和多种金属化合物混合制成,废旧电路板如果得不到妥善处置,会对环境和人类健康产生严重的污染和危害,但同时,废旧电路板也具有相当高的经济价值。据资料介绍,线路板中的金属品位相当于普通矿物中金属品位的几十倍,金属的含量高达10%~60%,含量最多的是铜,此外还有金、银、镍、锡、铅等金属,其中还不乏稀有金属,而自然界中富矿金属含量也不过3%~5%。有资料显示,1吨电脑部件平均要用去0.9千克黄金、270千克塑料、128.7千克铜、1千克铁、58.5千克铅、39.6千克锡、36千克镍、19.8千克锑,还有钯、铂等贵重金属等。由此可见,废旧电路板同时还是一座有待开发的“金矿”。如何有效地进行废弃电路板的资源化回收处理,已经成为当前关系到我国经济、社会和环境可持续发展及我国再生资源回收利用的一个新课题,引起了我国政府的高度重视。“印刷线路板回收利用与无害化处理技术”已被列入国家发改委组织实施的资源综合利用国家重大产业技术开发专项。

8.3 覆铜箔基本知识介绍

8.3.1 覆铜箔的分类

① 按板材的刚柔程度分为刚性覆铜箔板和挠性覆铜箔板两大类。

② 按增强材料不同,分为纸基、玻璃布基、复合基(CEM系列等)和特殊材料基(陶瓷、金属基等)四大类。

③ 按板所采用的树脂粘合剂分为:纸基板,如酚醛树脂XPC、XXXPC、FR-1、FR-2等板、环氧树脂FR-3板、聚脂树脂等类型等;玻璃布基板,如环氧树脂(FR-4、FR-5板)、聚酰亚胺树脂PI、聚四氟乙烯树脂(PTFE)类型、双马酰亚胺改性三嗪树脂(BT)、聚苯醚树脂

(PPO)、聚二苯醚树脂(PPE)、马来酸酐亚胺一苯乙烯树脂肪(MS)、聚氰酸酯树脂、聚烯烃树脂等类型。

④ 按覆铜箔板的阻燃性能分类，可分为阻燃型(UL94-V0、V1级)和非阻燃型(UL94-HB级)两类板。

⑤ 按基板的厚度及覆铜板厚度可分为：H/O，1/0，2/0等单面板材；H/H，1/1，2/2等双面板材。

挠性印制电路板(FPC)用基板材料主要是由挠性绝缘基膜与金属箔组成。普遍使用的FPC基板材料采用胶粘剂将绝缘基膜与金属箔粘合而成，典型的这种挠性基板材料就是挠性覆铜板(FCCL)，它又称为软性覆铜板。传统的FCCL产品是由铜箔(多采用压延铜箔)、薄膜(多采用聚酰亚胺薄膜)、胶粘剂3个不同材料、不同功能层所复合而成的，因此又称它为“三层型挠性覆铜板”。近几年，又一种产品结构的FCCL在应用方面得到很快的发展，这就是二层型挠性覆铜板。它的构成中没有胶粘剂组成成分，是区别于三层型挠性覆铜板的一个重要方面，因此它也被称为无胶粘剂型挠性覆铜板。近年来FCCL作为制造FPC的重要基材，其市场得到迅速地扩大。FPC作为一种特殊的电子互连的基础材料，具有薄、轻、结构灵活的鲜明特点。除可静态弯曲外，还可作动态的弯曲、卷曲和折叠等。电子信息产品的薄、轻、短、小的需求潮流，推动FPC迅速从军品转向到民用，近年来涌现出的几乎所有的高科技电子产品都大量采用了FPC，如折叠手机、数码相机、数码摄像机、汽车卫星方向定位装置、液晶电视、笔记本电脑、带载IC基板等。

世界著名的市场调查公司——英国BPA公司发表的对世界FPC发展情况的报告中指出：到2008年，世界FPC的销售额接近65亿美元规模。预测在从2008年到2012年的几年中，全球FPC产值将以12%的年平均增长率高速增长。因此挠性覆铜板也在生产量和应用领域方面，会随之在近年得到很快增长，成为PCB用基材的新宠儿。我国目前FPC业发展速度要比世界任何的PCB主要生产国家更快。我国2003年FPC的产值占世界总产值的11.5%，到2007年我国FPC的产值将约占世界总产值的20%。根据调查统计，2004年排名的世界100强PCB企业中有24家FPC大型生产厂家(或部分制作FPC产品)。在这24个FPC生产厂家中，有13家在中国内地投资，建立了FPC生产厂。它们包括世界最大的挠性板公司日本Nippon mektron在珠海、日本FPC第二大公司Fujikura在上海、Sony chemical在苏州、美国Parlex在上海、M-Flex在苏州、Word circuits在上海。NittoDenko、Sumitoto Denko、Cosmo Elecrtonics也分别在深圳设立工厂等。

我国目前FCCL业发展步伐相对缓慢。与世界先进国家相比，目前我国FCCL总体技术要比我国的刚性覆铜板更加落后于世界先进水平。造成这种落后局面的原因主要来自于：①原来国内FPC生产、市场较小，因此国内在FCCL工业化开发方面起步较晚；②还未掌握成套的技术(包括基础材料的高水平聚酰亚胺薄膜、粘接剂、FCCL用铜箔等制造技术)；③技术开发力量薄弱；④FCCL生产设备研制力量很弱等。

目前，挠性覆铜箔板按绝缘薄膜层(又称介电基片)分类，可分为聚酯薄膜挠性覆铜箔板，聚酰亚胺薄膜挠性覆铜箔板及氟碳乙烯薄膜或芳香聚酰胺纸挠性覆铜箔板。按性能分类，有阻燃型和非阻燃型挠性覆铜箔板。按制造工艺法分类，有二层法和三层法。三层法板是由绝缘薄膜层、粘结层(胶粘剂层)、铜箔层组成。二层法板只有绝缘薄膜层、铜箔层，其生产工艺有如下3种。

① 由热固性的聚酰亚胺树脂层和热塑性的聚酰亚胺树脂层复合在一起组成绝缘薄膜层。

② 先在绝缘薄膜层上涂覆一层阻挡层金属(barrier metal),然后进行电镀铜,形成导电层。

③ 采用真空溅射技术或蒸发沉积技术,即把铜置于真空中蒸发,然后把蒸发的铜沉积在绝缘薄膜层上。二层法与三层法相比具有更高的耐湿性和Z方向上的尺寸稳定性。

挠性覆铜箔板的金属箔稻田采用压延铜箔最为合适;绝缘薄膜主要有聚酯薄膜、聚酰亚胺薄膜、氟碳乙烯薄膜及芳香聚酰胺纸;层间粘结剂主要有环氧树脂、丙烯酸酯树脂、酚醛改性聚乙烯醇缩丁醛树脂、聚酯树脂、聚酰亚胺树脂类等。

8.3.2 覆铜箔板产品型号的表示方法(GB/T 4721-92)

(1) 第一个字母C,表示铜箔;

(2) 第二、三两个字母,表示基材所用的树脂;

① PF表示酚醛;② EP表示环氧;③ UP表示不饱和聚酯;④ TF表示聚四氟乙烯;⑤ SI表示有机硅;⑥ PI表示聚酰亚胺;⑦ BT表示双马来酰亚胺三嗪。

(3) 第四、五两个字母,表示基材所用的增强材料:

① CP表示纤维素纤维纸;② GC表示无碱玻璃布;③ GM表示无碱玻璃纤维毡;④ AC表示芳香族聚酰胺纤维布;⑤ AM表示芳香族聚酰胺纤维毡。

(4) 覆铜箔板的基板内芯以纤维素纸为增强材料,两表面贴附无碱玻璃布者,在CP之后加“G”表示。

(5) 在字母末尾,用一短横线连着两位数字,表示同类型而不同性能的产品编号。

(6) 具有阻燃性的覆铜箔板,在产品编号后加有“F”字母表示。

8.3.3 基板材料的UL标准与UL认证

UL是“保险商试验室”的英文字头,其认证包括如下内容。

① 安全标准文件:UL746E(标准题目为:聚合材料工业用层压板、纤维缠绕管、硬化纸板及印制线路板用材料)。

② 与UL746E有关的标准有:UL746A(聚合材料—短期性能评定)、UL746B(聚合材料—长期性能的评定)、UL746C(聚合材料—电气设备的评定)、UL796(印制电路板)、UL94(各种电气装置和设备中零部件用塑料的可燃性试验)。

8.3.4 覆铜箔板在使用、储存时应注意的问题

(1) PCB基板的选择原则

① 镀金板:镀金板制程(Flux)成本是所有板材中最高的,但是是目前现有的所有板材中最稳定,也最适合使用于无铅制程的板材,尤其在一些高单价或者需要高可靠度的电子产品都建议使用此板材作为基材。

② OSP板:OSP制程成本最低,操作简便,但此制程因须装配厂修改设备及制程条件且重工性较差,因此普及度仍不佳,使用此一类板材,在经过高温的加热之后,预覆于PAD上的保护膜势必受到破坏,而导致焊锡性降低,尤其当基板经过二次回焊后的情况更加严

重，因此若制程上还需要再经过一次 DIP 制程，此时 DIP 端将会面临焊接上的挑战。

③ 化银板：因"银"本身具有很强的迁移性，因而导致漏电的情形发生，但是现今的"浸镀银"并非以往单纯的金属银，而是跟有机物共镀的"有机银"，因此已经能够符合未来无铅制程上的需求，其可焊性的寿命也比 OSP 板更久。

④ 化金板：此类基板最大的问题点便是"黑垫(Black Pad)"的问题，因此在无铅制程上有许多的大厂是不同意使用的，但国内厂商大多使用此制程。

⑤ 化锡板：此类基板易污染、刮伤，加上制程会氧化变色情况的发生，国内厂商大多都不使用此制程，成本相对较高。

⑥ 喷锡板：因为成本低，焊锡性好，可靠度佳，兼容性最强，但这种焊接特性良好的喷锡板因含有铅，所以无铅制程不能使用。

⑦ 聚酯薄膜用于挠性板工作条件在 105 ℃以下的情况，常用厚度在 25～125 μm；聚酰亚胺薄膜厚度在 7.5～75 μm 范围内(7.5 μm、12.5 μm、25 μm、50 μm、75 μm)。薄膜的主要性能项目有拉伸强度(断裂强度)、断裂延伸度、抗张弹性率、热膨胀系数、介电常数、体积电阻系数、表面电阻系数、耐击穿电压等。粘结剂的一般涂层厚度在 12.5～40 μm。

(2) 使用覆铜箱板的注意事项

覆铜箔板是由纵横向机械强度不一、受湿膨胀、受热收缩的纤维(织物)和受热软化、导热性差的树脂构成的基板，同时和热膨胀系数与基板有着很大差异的铜箔粘接结合，这样就形成各向异性。

冲剪加工注意事项：①纸基覆铜箔板在 20～60 ℃之间进行的冲裁加工称为冷冲，在 60 ℃以上进行的冲裁加工称为热冲；②纸基和 CEM-1 覆铜箔板在剪床剪切下料时，环境温度不应低于 20 ℃，并根据板冲切特性，有的板材在冲切加工时要先进行预热；③纸基和 CEM-1 覆铜箔板的模具冲料和冲孔，冲模刃口之间的间隙在一般情况下为板厚的 2%～3%，模孔尺寸设计时，应考虑基板加热时产生收缩 0.5%～1.0%的余量，冲方形孔，其四角应带有圆弧。

一般而言，覆铜箔板有纵向和横向之分。在板的翘曲(包括动态翘曲)、尺寸变化、弯曲强度等特性上，板的纵向比横向好得多。绝大多数厂家的产品字符的竖方向为板的纵方向。因板材方向性方面的性能差异，在 PCB 排版设计时应注意：①长方形的 PCB 的长边应取沿板材的纵向；②端部突出部位，底线也应沿板的纵向为宜；③PCB 的插头部端线以沿板的纵向为宜；④不同孔形排列，图形孔沿板纵向为宜。

8.4　印制电路板的设计

印制电路板的设计并非单纯将元器件通过印制导线依照原理图简单连接起来即可，而是要考虑印制电路的特点和要求。如，印制板上的导线都是平面布置，单面印制板上的导线不能相互交叉；高频电路对低频电路的影响；各元器件间是否产生有害干扰；铜箔的抗剥强度较低，接点不宜多次焊接；以及散热问题、接地方式，等等。因此对印制板上的元器件布局，印制导线的布线，以及印制导线、焊盘的尺寸和形状都有一定的原则与要求，在印制电路板设计时必须认真考虑。

8.4.1 元器件的布局原则

(1) 要便于加工、安装和维护(修)

① 一般情况下,所有元器件应布设在印制板的一面,并尽量平行或垂直于板面排列,且每个元器件引出脚应单独占用一个焊盘。

② 元器件不要布满整个板面,板的四周留有一定余量(5～10 mm),余量大小应根据印制电路板的大小及固定方式决定。位于印制板边上的元器件与板边缘的距离≥2 mm。

③ 元器件安装高度应尽量低,一般元件体和引线离开板面≤5 mm,以提高稳定性和防止相邻元器件碰撞。

④ 根据印制板在整机中的安装状态确定元器件的轴向位置。为提高元器件在板上的稳定性,应使元器件轴线方向在整机内处于竖立状态,如图 8-1 所示。重量较大的元器件安装时应加支架固定,或将其安装在整机的机箱底板上。

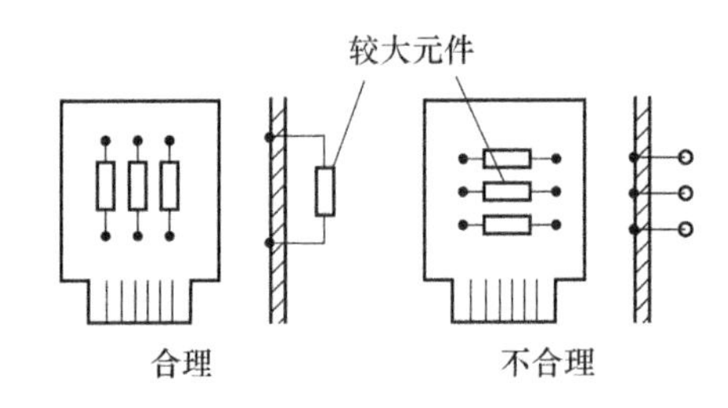

图 8-1 较大元器件布设方向

(2) 元器件排列要均匀、紧凑

① 印制板上的元器件应按电路原理图顺序排列,布设均匀、疏密一致、整齐美观,并力求紧凑以缩小印制板的面积,缩短印制导线长度。

② 根据情况选择元器件的排列方式。

不规则排列的元器件如图 8-2 所示,元器件轴线方向各不一致,显得杂乱无章,不便于机械装配。但印制导线布设方便,可减少线路板的分布参数,抑止干扰,特别适用于高频电路中。

规则排列是指元器件轴线方向一致,并与板的四边垂直或平行,如图 8-3 所示。该方式排列规范,整齐美观,便于安装、调试和维修。但布线比不规则排列要复杂些,印制导线长度有所增加。该排列方式常用于元器件种类少、数量多的低频电路中。

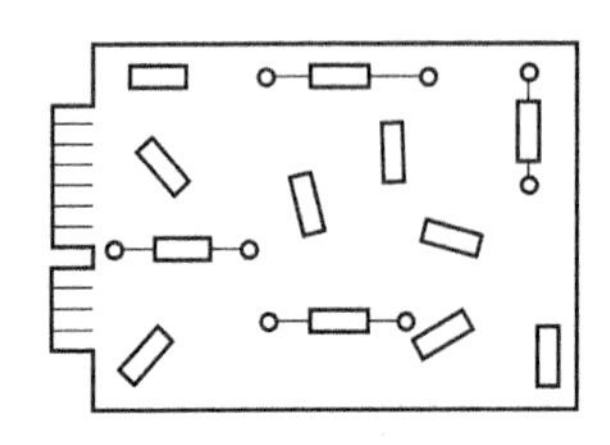

图 8-2 不规则排列的元器件

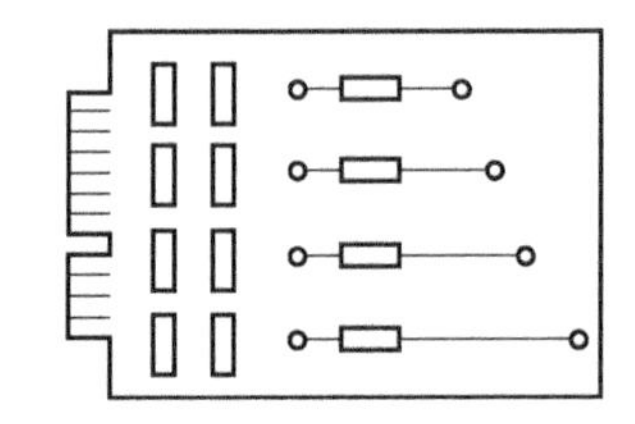

图 8-3 规则排列的元器件

③ 元器件布设的位置应避免相互影响,不可上下交叉,重叠排列。相邻元器件间保持一定间距,并留出安全电压间隙(200 V/mm);元器件放置方向应与相邻印制导线交叉。

(3) 应尽量减少或避免元器件的电磁干扰

高频电路和低频电路或高电位与低电位的元器件相距不宜过近；电感器、变压器等器件放置时要注意其磁场方向，应尽量减少磁力线对印制导线的切割；两个电感元件的位置应使它们的磁力线相互垂直，以减小相互间的耦合。

(4) 要有利于散热

发热量大的元器件应放在有利于散热的位置和方向，必要时应考虑安装散热器。

(5) 要耐振，耐冲击

在布置元器件时要注意提高印制板的耐振、耐冲击的能力。印制板的负重分布要合理，以减小印制板的变形。比如对大而重的器件要尽可能布置在印制板靠近固定端的位置。

元器件两端焊盘的跨距应稍大于元件体的轴向尺寸，引线不要齐根弯折，弯脚时应留出一定距离(≥2 mm)，以避免损坏元件。

8.4.2　印制导线的布线原则

(1) 印制导线不能交叉

印制板上的导线都是平面布置，单面板上的导线不可相互交叉，如无法避免，可采用在另一面跨接导线的方法。

(2) 印制板的布置顺序

印制板由外至内，顺序布置地线、低频导线、高频导线。

一般高频导线布置在印制板的中间，电源、滤波、控制等低频与直流导线靠近印制板边缘布置。公共地线应布置在印制板的最边缘，且公共地线不应闭合，以免产生电磁感应。

(3) 合理的印制板端接布线

对外连接采用插接形式的印制板，为了便于安装插接，应将输入线、输出线、地线和电源等平行排列在印制板的一端形成插头。对于不用插接形式的印制板，为了便于与外连接，各个接出点也应放在印制板的同一边。印制板的端接布线如图 8-4 所示。

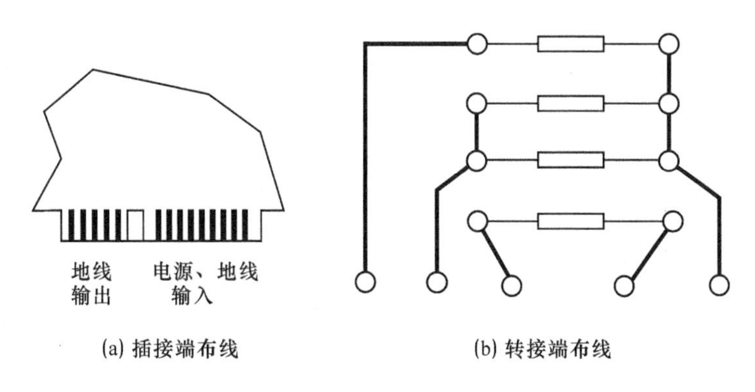

(a) 插接端布线　　(b) 转接端布线

图 8-4　印制板端接布线

(4) 避免电路中各级共用地线而导致相互间产生干扰

为避免各级共用地线产生干扰，印制板上各级电路的各个接地点要尽量集中，称为一点接地，而各级的地线汇总到印制板总接地线。在频率较高时可采用大面积接地，以减小地线的阻抗，从而减小在地线上产生的干扰。

(5) 避免交流电源对直流电路产生干扰

任何电子电路都需要直流电源供电,绝大多数是由交流市电通过降压、整流、滤波和稳压后供给的。直流电源的质量直接影响到电子电路的性能,应避免由于布线不合理致使交、直流回路共用,造成交流信号对直流电路产生干扰,使电源质量下降。

(6) 双面印制板的走线

双面印制板的两面走线应避免相互平行,尽可能垂直、斜交或弯曲走线,以减少相互间的寄生耦合。一般元件面与板面垂直走线,焊接面与板面平行走线。

(7) 印制导线、焊盘的尺寸和形状要求

① 印制导线的宽度。目前国产印制板铜箔厚度多为 0.05 mm,也有 0.02～0.03 mm 的。印制导线的宽度不同,那么印制导线的截面积就不同,在一定温升条件下,允许通过的电流也就不相同。因此,印制导线的宽度取决于导线的载流量和温升。印制导线宽度和允许载流量的关系如表 8-2 所示。

表 8-2　0.05 mm 厚印制导线不同宽度下允许的载流量及单位长度电阻值

印制导线宽度/mm	允许载流量/A	单位长度电阻值/$\Omega \cdot m^{-1}$
0.5	0.8	0.7
1.0	1.0	0.41
1.5	1.3	0.31
2.0	1.9	0.25

印制导线的宽度已标准化,建议优先选用 0.5 mm、1.0 mm、1.5 mm、2 mm。当上述优先标准宽度不能满足时,也可选用 2.5 mm 或 3.0 mm。对于电源线和公共地线在布线面积允许的条件下,可以放宽到 4～5 mm,甚至更宽。

② 印制导线的间距。印制导线的间距直接影响到电路的电气性能,如绝缘强度、分布电容等。一般情况下,印制导线间距等于导线宽度,但不应小于 1 mm。对微小型化设备,印制导线间距不应小于 0.4 mm。

印制导线间距与允许工作电压、击穿电压的关系如表 8-3 所示。

表 8-3　印制导线间距与允许工作电压、击穿电压的关系

印制导线间距/mm	允许工作电压/V	击穿电压/V
0.5	200	1 000
1.0	400	1 500
1.5	500	1 800
2.0	600	2 100
3.0	800	2 400

③ 印制导线的形状。由于印制板的铜箔粘贴强度有限,印制导线的形状如果设计不当,在一定的温度和拉力下往往会翘起或剥落。在设计印制导线时,可参照如图 8-5 所示的形状进行走线。

印制导线的形状与走向应注意以下几点。

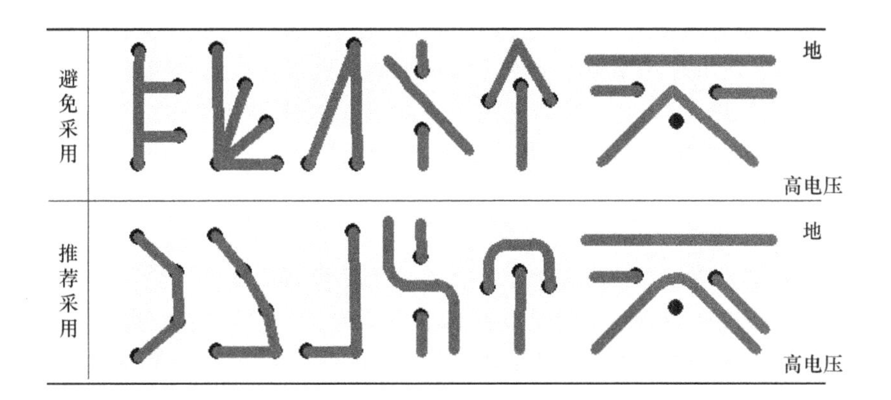

图 8-5　印制导线的形状

- 同一块印制板上的印制导线宽度最好一样,但地线和电源线可以稍宽些。
- 所有印制导线不应有急剧的弯曲和尖角,所有弯曲与过渡部分均须圆弧连接,其圆弧半径不小于 2 mm。
- 印制导线应尽量减少分支,如无法避免,分支应圆弧连接。
- 印制导线通过两焊盘之间,应与焊盘有最大而且相等的距离。

④ 焊盘的大小与形状。焊盘是印制在安装孔周围的铜箔部分,供焊装元器件的引线和跨接导线用。焊盘的形状和尺寸要利于增强印制导线与基板粘贴强度,为此通常将焊盘加宽成圆环形。引线孔直径应比元器件引线直径略大一些(约大 0.2～0.3 mm),太大会造成焊接不良,机械强度差。引线孔直径一般为 0.8～1.3 mm,焊盘外径一般应比引线孔直径大 1.3 mm。因此根据安装孔的大小,焊盘外径一般选用 2.0 mm、2.5 mm、3.0 mm、3.5 mm、4.0 mm 等。焊盘尺寸如果太小,焊接时铜箔易受热剥落。

常用焊盘形状如图 8-6 所示,有圆形、岛形、方形和椭圆形。圆形焊盘常用于元器件规则排列的情况,岛形焊盘常用于元器件不规则排列的情况,方形焊盘多用于元器件大、数量少、电路简单的场合,椭圆形焊盘用于集成电路器件。

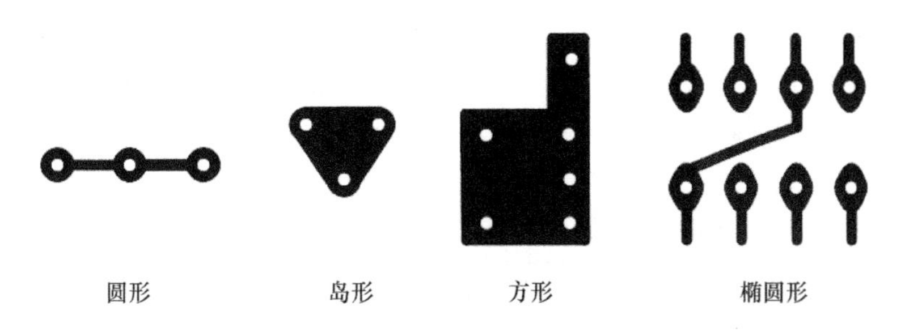

图 8-6　焊盘形状

8.4.3　Protel 实现印制电路设计

(1) 印制电路板设计的基本步骤

① 利用原理图设计工具绘制原理图,并且生成对应的网络表。当然,有些特殊情况下,如电路板比较简单、已经有了网络表等情况下也可以不进行原理图的设计,直接进入 PCB

设计系统，在 PCB 设计系统中，可以直接取用零件封装，人工生成网络表。手工更改网络表，将一些元件的固定用脚等原理图上没有的焊盘定义到与它相通的网络上，没任何物理连接的可定义到地或保护地等；将一些原理图和 PCB 封装库中引脚名称不一致的器件引脚名称改成和 PCB 封装库中的一致，特别是二极管、三极管等。

② 画出自己定义的非标准器件的封装库。建议将自己所画的器件都放入一个自己建立的 PCB 库专用设计文件。

③ 设置 PCB 设计环境和绘制印刷电路的板框含中间镂空等。

- 进入 PCB 系统后的第一步就是设置 PCB 设计环境，包括设置格点大小和类型、光标类型、板层参数、布线参数等。大多数参数都可以用系统默认值，而且这些参数经过设置之后，符合个人的习惯，以后无须再去修改。
- 规划电路版，主要是确定电路版的边框，包括电路版的尺寸大小等。在需要放置固定孔的地方放上适当大小的焊盘。对于 3 mm 的螺丝可用 6.5～8 mm 的外径和 3.2～3.5 mm 内径的焊盘，对于标准板可从其他板或 PCB izard 中调入。

注意：在绘制电路版的边框前，一定要将当前层设置成 Keep Out 层，即禁止布线层。

④ 打开所有要用到的 PCB 库文件后，调入网络表文件和修改零件封装。这一步是非常重要的一个环节，网络表是 PCB 自动布线的灵魂，也是原理图设计与印象电路版设计的接口，只有将网络表装入后，才能进行电路版的布线。在原理图设计的过程中，ERC 检查不会涉及零件的封装问题。因此，原理图设计时，零件的封装可能被遗忘，在引进网络表时可以根据设计情况来修改或补充零件的封装。当然，可以直接在 PCB 内人工生成网络表，并且指定零件封装。

⑤ 布置零件封装的位置，也称零件布局。Protel 99 可以进行自动布局，也可以进行手动布局。如果进行自动布局，运行“Tools”下面的“Auto Place”，用这个命令，需要有足够的耐心。布线的关键是布局，多数设计者采用手动布局的形式。用鼠标选中一个元件，按住鼠标左键不放，拖住这个元件到达目的地，放开左键，将该元件固定。Protel 99 在布局方面新增加了一些技巧。新的交互式布局选项包含自动选择和自动对齐。使用自动选择方式可以很快地收集相似封装的元件，然后旋转、展开和整理成组，就可以移动到板上所需位置上了。当简易的布局完成后，使用自动对齐方式整齐地展开或缩紧一组封装相似的元件。

提示：在自动选择时，使用 Shift+X 或 Y 和 Ctrl+X 或 Y 可展开和缩紧选定组件的 X、Y 方向。

注意：零件布局，应当从机械结构散热、电磁干扰、将来布线的方便性等方面综合考虑。先布置与机械尺寸有关的器件，并锁定这些器件，然后是大的占位置的器件和电路的核心元件，再是外围的小元件。

⑥ 根据情况再作适当调整，然后将全部器件锁定。假如板上空间允许则可在板上放上一些类似于实验板的布线区。对于大板子，应在中间多加固定螺丝孔。板上有重的器件或较大的接插件等受力器件边上也应加固定螺丝孔，有需要的话可在适当位置放上一些测试用焊盘，最好在原理图中就加上。将过小的焊盘过孔改大，将所有固定螺丝孔焊盘的网络定义到地或保护地等。放好后用 VIEW 3D 功能察看一下实际效果，存盘。

(2) 印制电路板布线规则

布线规则设置是印刷电路版设计的关键之一，需要丰富的实践经验。线规则是设置布线的各个规范(使用层面、各组线宽、过孔间距、布线的拓扑结构等部分规则,可通过 Design-Rules 的 Menu 处从其他板导出后,再导入这块板)这个步骤不必每次都要设置,按个人的习惯,设定一次就可以。选 Design-Rules 一般需要重新设置以下几点。

① 安全间距(Routing 标签的 Clearance Constraint)。它规定了板上不同网络的走线焊盘过孔等之间必须保持的距离。一般板子可设为 0.254 mm,较空的板子可设为 0.3 mm,较密的贴片板子可设为 0.2～0.22 mm,极少数印制板加工厂家的生产能力在 0.1～0.15 mm,假如能征得厂家同意就能设成此值。0.1 mm 以下是绝对禁止的。

② 走线层面和方向(Routing 标签的 Routing Layers)。此处可设置使用的走线层和每层的主要走线方向。请注意贴片的单面板只用顶层,直插型的单面板只用底层,但是多层板的电源层不是在这里设置的(可以在 Design-Layer Stack Manager 中,单击顶层或底层后,用 Add Plane 添加,用鼠标左键双击后设置,单击本层后用 Delete 删除),机械层也不是在这里设置的(可以在 Design-Mechanical Layer 中选择所要用到的机械层,并选择是否可视和是否同时在单层显示模式下显示)。

③ 过孔形状(Routing 标签的 Routing Via Style)。它规定了手工和自动布线时自动产生的过孔的内、外径,均分为最小、最大和首选值,其中首选值是最重要的。

④ 走线线宽(Routing 标签的 Width Constraint)。它规定了手工和自动布线时走线的宽度。整个板范围的首选项一般取 0.2～0.6 mm,另添加一些网络或网络组(Net Class)的线宽设置,如地线、+5 V 电源线、交流电源输入线、功率输出线和电源组等。网络组可以事先在 Design-Netlist Manager 中定义好,地线一般可选 1 mm 宽度,各种电源线一般可选 0.5～1 mm宽度,印制板上线宽和电流的关系大约是每毫米线宽允许通过 1 安培的电流,具体可参看有关资料。当线径首选值太大使得 SMD 焊盘在自动布线无法走通时,它会在进入到 SMD 焊盘处自动缩小成最小宽度和焊盘的宽度之间的一段走线,其中 Board 为对整个板的线宽约束,它的优先级最低,即布线时首先满足网络和网络组等的线宽约束条件。

⑤ 敷铜连接形状的设置(Manufacturing 标签的 Polygon Connect Style)。建议用 Relief Connect 方式导线宽度 Conductor Width 取 0.3～0.5 mm 4 根导线 45°或 90°。其余各项一般可用它原先的缺省值,而布线的拓扑结构、电源层的间距和连接形状匹配的网络长度等项可根据需要设置。选 Tools-Preferences,其中 Options 栏的 Interactive Routing 处选 Push Obstacle(遇到不同网络的走线时推挤其他的走线,Ignore Obstacle 为穿过,Avoid Obstacle 为拦断)模式并选中 Automatically Remove(自动删除多余的走线)。Defaults 栏的 Track 和 Via 等也可改一下,一般不必去改动它们。在不希望有走线的区域内放置 FILL 填充层,如散热器和卧放的两脚晶振下方所在布线层,要上锡的在 Top 或 Bottom Solder 相应处放 FILL。

8.4.4　工业印制电路板的制作

根据电子产品制作的需要,通常使用单面印制电路板、双面印制电路板和多面印制电路板。不同印制板具有不同的工艺流程。下面简要介绍单面和双面印制电路板的生产工艺流程。

(1) 绘制照相底图

照相底图是用以照相制版的黑白图,照相底图质量的好坏直接影响到印制板的质量。

照相底图的制作方法有手工绘制、贴图和CAD制图3种。

① 手工绘制是早期制作照相底图的方法，它是根据印制板草图在铜板纸上用墨汁绘制的。这种方法工作量大，耗时多，精度不高，且不易修改，现在已很少采用。

② 贴图方法是在透明聚酯基片上，使用红色、蓝色或黑色压敏塑料胶带贴制照相底图。贴图的优点是比手工绘制速度快，精度高，质量好且又易于修改，因此曾一度为制作照相底图的主要方法，一直沿用到现在。

③ CAD制图是使用计算机设计，驱动绘图机在铜版纸上绘制出2∶1或4∶1的照相底图。CAD制图大大提高了照相底图的质量和工作效率。

（2）照相制版及光绘

照相制版就是对照相底图进行拍照，得到底片。底片上印制板的尺寸可以通过调整相机焦距以达到实际的大小。

由于印制板设计向多层、细导线、小孔径、高密度方向迅速发展，使现有的照相制版工艺已经不能满足印制板的制作要求，而随着计算机电子技术的发展，印制板CAD技术得到极大的进步，于是出现了光绘技术。使用光绘机（向量式光绘机、激光光绘机）可以直接将CAD设计的印制电路板图形数据送入光绘机的计算机系统，控制光绘机，利用光线直接在底片上绘制图形，再经显影、定影得到底片。

使用光绘技术制作印制版底片，速度快、精度高、质量好，使印制板的设计和制作上了一个新的台阶。

（3）图形转移，制作耐酸保护层

在经过清洁处理的敷铜板上，把底片上的印制电路图形转移上去，制成耐酸性、抗腐蚀的电路图形保护层。通常采用的方法是感光法和丝网漏印法。

① 感光法：在敷铜板上均匀地涂上一层感光胶，干燥后覆上底片，进行曝光，再经显影，固膜处理和修版，就制成了耐腐蚀的电路图形保护层。

② 丝网漏印法：这种方法类似蜡纸的油印。根据底片上印制电路图制作具有镂空图形的丝网板，印料经过丝网板漏印在敷铜板上，形成耐腐蚀的保护层。

（4）腐蚀

用化学方法将敷铜板上没有耐保护胶膜部分的铜箔腐蚀掉，留下原设计所需要的电路图形。

（5）机械加工

印制板机械加工包括冲孔、钻孔和剪边等。

（6）孔金属化和表面处理

在双面印制板上，需要连接两面的印制导线或焊盘时，可以通过焊盘孔壁的金属化（常称孔金属化）来实现。由于孔壁绝缘板上不能直接电镀上铜，通常先用化学方法在孔壁沉积极薄的一层铜，然后再用电镀方法加厚，使孔金属化。

为了提高印制板的可焊性，保护印制导线或后续工序的需要，对印制板的表面常常需要进行金属涂覆、助焊剂涂覆、阻焊剂涂覆等表面处理。金属涂覆的材料有银、锡、铅锡合金等，它可以提高印制板的可焊性。助焊剂涂覆最常采用的是酒精松香水，它既保护了印制电路不被氧化，又提高了可焊性。对于采用浸焊、波峰焊焊装的印制板，需要表面阻焊剂涂覆，把印制板上不需要焊接的部分，用阻焊剂保护起来。

单面印制板的生产流程如图 8-7 所示。

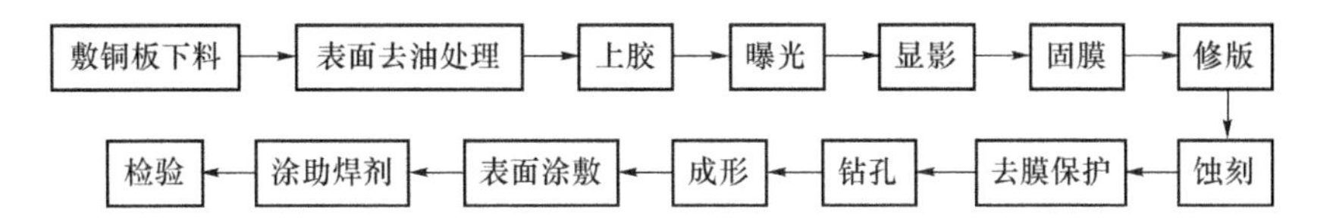

图 8-7　单面印制板的生产流程

双面板与单面板的主要区别在于增加了孔金属化工艺，即实现两面印制电路的电气连接。由于孔金属化的工艺方法较多，相应双面板的制作工艺也有多种方法。其中较为先进的方法是采用先腐蚀后电镀的图形电镀法。

图形电镀法在生产高精度和高密度的双面板中特别能显示出其优越性。采用这种工艺可以制作线宽和间距在 0.3 mm 以下的高精度印制板。目前大量使用的集成电路印制板大都采用这种生产工艺。图形电镀法的工艺流程图如图 8-8 所示。

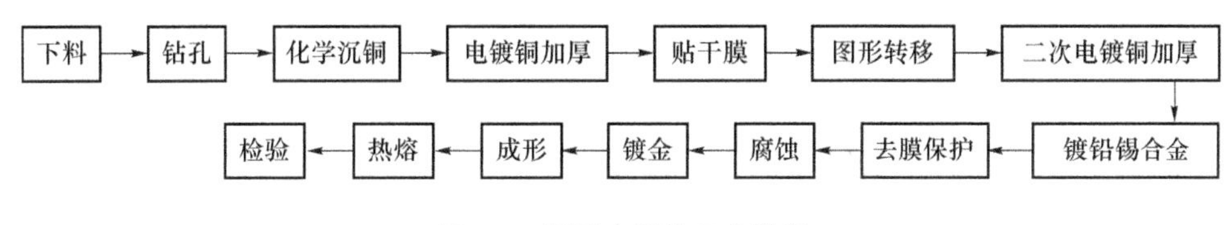

图 8-8　图形电镀法工艺流程

8.4.5　手工制作印制电路板的方法

在产品研制阶段或科技创作活动中往往需要手工制作少量、要求不高的单面印制板，进行产品性能分析试验或制作样机。以下介绍的几种方法都是简单易行的方法。

(1) 描图蚀刻法

① 选择覆铜板，清洁板面。根据电路要求，裁好覆铜板的尺寸和形状。

② 复印电路和描板。将设计好的印制电路图用复写纸复印在覆铜板上，用毛笔蘸调和漆按复印电路图描板。描板要求线条均匀，焊盘要描好(注意：复印过程中，电路图一定要与覆铜板对齐，并用胶带纸粘牢，等到用铅笔或复写笔描完图形并检查无误后再将其揭开)。

③ 腐蚀电路板。腐蚀液一般为三氯化铁的水溶液，它按一份三氯化铁、两份水的比例配制而成。腐蚀液应放置在玻璃或陶瓷平盘容器中。描好的线路板待漆干后，放入腐蚀液中。通过加温和增加三氯化铁溶液的浓度，可加快腐蚀速度。但温度不可超过 50℃，否则会损坏漆膜。还可以用木棍夹住电路板轻轻摆动，以加快腐蚀速度。腐蚀完成后，用清水冲洗线路板，用布擦干，再用蘸有稀丙酮的棉球擦掉保护漆，铜箔电路就可以显露出来。

④ 修板。将腐蚀好的电路板再一次与原图对照，用刀子修整导电条的边缘和盘，使导电条边缘平滑无毛刺，焊点圆滑。

⑤ 钻孔和涂助焊剂。按图样所标尺寸钻孔。孔必须钻正且一定要钻在焊盘的中心，并垂直板面。钻孔时一定要使钻出的孔光洁、无毛刺。打好孔后，可用细砂纸将印制电路板上的铜箔线条擦亮，并用布擦干净，涂上助焊剂。涂助焊剂的目的是便于焊接、保证导电性能、保护铜箔、防止产生铜锈。助焊剂一般是由松香、酒精按 1 ∶ 2 的体积比例配制而成的溶液，将电路板烤至烫手时即可喷、刷助焊剂。助焊剂干燥后，就得到所要求的线路板。

(2) 贴图蚀刻法

贴图蚀刻法是利用不干膜条(带)直接在铜箔上贴出导电图形,代替了描图,其余步骤与描图蚀刻法相同。由于胶带边缘整齐,贴出的图形质量较高,蚀刻后揭去胶带即可使用,所以比较方便。贴图可以采用预制胶条图形贴制与贴图刀刻两种方法实现。

(3) 刀刻法

对于一些电路比较简单、线条较少的印制板,可以用刀刻法来制作。在印制板布局布线时,印制导线的形状尽量简单,一般把焊盘与导线合为一体,形成多块粗形,便于刀刻。

8.4.6 手工制作印制电路板的详细过程

手工自制印制板的方法有漆图法、贴图法、铜箔粘贴法、热转印法等。下面简单介绍采用热转印法手工自制单面电路板,此方法简单易行,而且精度较高,其制作过程如下。

(1) 绘制电路图

利用电路图绘制软件或是能生成图像的软件,生成一些图像文件,比如用 Protel 生成网络表文件,再利用网络表文件生成相应印制电路(PCB)图。如不会使用 Protel 的话,也可通过使用一些普通的画图程序软件作出图像文件,以备打印。

(2) 打印电路图

利用激光打印机将图像文件或印制电路(PCB)图,打印到热转印纸光滑的纸面上。

(3) 裁剪电路板

首先是确定电路图的大小,再利用电路板裁板机将一块完整的覆铜板裁减到与图纸相应的大小(应该比图纸大一圈,即 1 cm 左右)。以备进行热转印。

(4) 热转印电路图

将热转印纸上的油墨图画通过热转印机(140～200 ℃)印到覆铜板上。一定要使溶化的墨粉完全吸附在覆铜板上。等覆铜板冷却后,揭去热转印纸,检查焊盘与导线是否有遗漏。

(5) 腐蚀电路板

将有电路图的覆铜板放入由三氯化铁与水混合的腐蚀药液中进行腐蚀。将覆铜板全部浸入药液中,待把没有油墨的地方都腐蚀掉,完成电路板的腐蚀。

(6) 清洗电路板

从药液中拿出覆铜板以后,先用清水将腐蚀液清洗干净,再用碎布蘸去污粉后反复地在覆铜板的板面上擦拭,将覆铜板上的油墨清洗掉,再经过反复冲洗后,露出铜的光亮本色。

(7) 为电路板打孔

使用手动钻床对覆铜板上的焊盘进行钻孔。在钻孔时应注意钻床转速应取高速,钻头不易进刀过快,以免将铜箔挤出毛刺;在刀具没完全撤出之前不要撤板,以免刀具断裂。

(8) 电路检查

在电路板基本完成时,用清水冲洗一遍,将钻出的锯末清洗掉,并晾干。最后用万用表进行电路检查,看看电路板是否存在短路及断路的现象。

(9) 涂抹助焊剂与阻焊剂

方便焊接与保存。

8.5　印制电路板的抗干扰设计

印制电路板的抗干扰设计对整机性能影响至关重要。下面分别从地线干扰、电源干扰、电磁干扰及热干扰几方面加以叙述。

无论是什么样的印制电路板，板上存在的最大干扰因素就是地线和电源干扰。以下内容将比较详细地说明干扰产生的原因和相应的处理方法。

8.5.1　地线干扰

在电路板上，我们认为接地点的电压为零，电路板上其他地方的电压都相对于接地点而言，但是实际上印制板上的地线不能保证就是绝对零电位，而往往存在一定的数值。造成这一现象的主要原因是地线存在电阻，当有电流流过时必然会产生电压降，当多个电路共用一段地线时，就会形成公共阻抗耦合，从而产生所谓的地线噪声。在大电流电路中，地线阻抗上的压降是可观的，在高频电路中，地线上电感分量的感抗上的电压不可忽视，这些电压若经过板子上的放大器则将导致放大器不稳定，发生振荡，放大器失去作用，而且随着电流的变化，电子设备上的电压信号也会因此不稳定，通常的解决办法如下。

(1) 一点接地与多点接地

① 低频电路中，信号的工作频率小于 1 MHz，它的布线和器件间的电感影响较小，而接地电路形成的环流对干扰影响较大，因而应采用一点接地，为电路板上各个电路模块提供一个公共电位参考点，即各模块电路各自的地线，然后在某个地方汇总于总地线。这样各电路模块的公共阻抗耦合将变小。各部分电路内部的地线也要注意单点接地原则，尽量减小信号环路面积，并与相应的滤波电路的地线就近相接。

② 信号工作频率大于 10 MHz 时，地线感抗变得很大，此时应尽量降低地线阻抗，应采用就近多点接地。

③ 工作频率在 1～10 MHz 时，如果采用一点接地，其地线长度不应超过波长的 1/20，否则应采用多点接地法。

④ 如果在板子上有模拟电路和数字电路，则应该将两种电路的地线完全分开，供电也要完全分开，从而抑制它们相互干扰，要尽量加大模拟电路的接地面积，然后将模拟地和数字地通过磁珠接在一起，完成一点接地。

(2) 地线越粗越好

首先，电路板上器件的电流最后都要通过地线形成环路，所以地线上的电流必然相对信号线上的电流大；其次，若加粗地线，地线的阻抗也会变小，总地线上各接地点电位随电流的变化将减弱，可以提高信号的稳定性和抗噪声性能。

(3) 在电路板上的空余面积上铺地

利用敷铜技术，在电路板上的空余地方敷上铜并且将其接地，这样做可以减少地线中的感抗，在高频电路中，可以有效地减少高频干扰，也可以屏蔽电场干扰。

(4) 将接地线构成闭环路

设计只由数字电路组成的印制电路板的地线系统时，将接地线做成闭环路可以明显地提高抗噪声能力。其原因在于：印制电路板上有很多集成电路元件，尤其遇有耗电多的元件时，因受接地线粗细的限制，将在地结上产生较大的电位差，引起抗噪声能力下降，若将接地结构成环路，则会缩小电位差值，提高电子设备的抗噪声能力。

8.5.2 电源的干扰

电源的干扰主要表现在当电路板上有较多集成电路器件同时工作时，板上电源电压和地电位易产生波动，导致信号振荡，引起电路误动作。尤其当浪涌电流流过印制导线时，会出现瞬时电压降，形成电源尖峰噪声，其中以导线电感引起的干扰为主。例如在数字电路中，当电路从一个状态转换为另一种状态时，就会在电源线上产生一个很大的尖峰电流，形成瞬变的噪声电压。实际设计中，应尽量避免该电感对电路的影响，配置去耦电容可以抑制因负载变化而产生的噪声，是印制电路板的可靠性设计的一种常规做法，配置原则如下。

① 电源输入端跨接一个 10～100 μF 的电解电容器，如果印制电路板的位置允许，采用 100 μF 以上的电解电容器的抗干扰效果会更好。

② 为每个集成电路芯片配置一个 0.01 μF 的陶瓷电容器。如遇到印制电路板空间小而装不下时，可每 4～10 个芯片配置一个 1～10 μF 钽电解电容器，这种器件的高频阻抗特别小，在 500 kHz～20 MHz 范围内阻抗小于 1 Ω，而且漏电流很小(0.5 uA 以下)。

③ 对于抗噪声能力弱、关断时电流变化大的器件和 ROM、RAM 等存储型器件，应在芯片的电源线(V_{cc})和地线(GND)间直接接入去耦电容。

④ 去耦电容的引线不能过长，特别是高频旁路电容不能带引线。

此外，由于电路板上的直流电源有的是通过交流电变压、整流、稳压后获得的，交流电源也会对电路产生干扰。要注意交直流回路不能彼此相连，电源线不要平行大环形走线，电源线和信号线不要靠得太近，要避免平行。

8.5.3 电磁干扰

印制电路板上的电磁干扰由很多因素造成，比如器件的磁场、导线的分布参数、空间电磁波等，分析起来非常复杂，比如在高速数字电路中，时钟电路通常是宽带噪声的最大产生源。在快速 DSP 系统中，这些电路可产生高达 300 MHz 的谐波失真信号，在系统中应该把它们除掉。在数字电路中，最容易受影响的是复位线、中断线和控制线。这里提出常见的几种。

首先，距离很近的平行导线之间有分布电感和分布电容，若两条平行的导线中有一条流过高频或大电流，另一条导线中将有强烈的感应信号。解决的办法如下。

① 区分强弱信号线，使弱信号线尽可能短，并避免与其他信号线平行靠近，不同回路的信号线要避免相互平行。

② 双面板上两面的走线尽量不要平行，最好垂直。

③ 对于一些要求信号线密集平行的场合，如高速 DSP 的数据、地址总线等，为了抑制干扰，可以采用印制导线屏蔽的方法：在导线之间加地线，或对于双面板可以在信号线的背面敷铜铺地。

8.5.4 热干扰

若电路板上有大功率器件，同时又有热敏元件，这时就要特别注意功率器件的摆放位置和散热装置，因为功率器件发出的热量会强烈影响热敏元件的工作。最常见的比如晶体管，特别是锗材料的半导体器件，当工作环境温度变化时，其工作点也会漂移，若晶体管工作在放大电路中，其影响是非常大的。一般的处理方法是：首先，区分出发热元件和温度敏感元件，布局时使两者远离；其次，一般将发热元件，如功率器件安装在板外通风处，注意不能将它们紧贴印制板安装，这样可以防止发热元件对周围元器件产生热传导或辐射。如果是安装在印制板上，注意在发热元件上要安装与发热量相匹配的散热片。

8.6　实践 1：电子抢答器的制作

8.6.1　电路原理

电路原理图如图 8-9 所示。

此电路由译码显示部分和继电器控制部分组成。继电器控制电路的原理如下：当电源开关 S_5 闭合时，继电器 J_4 处于常态，线 V_0 接到电源正极，这时无论按下 S_1、S_2、S_3 中的哪一个，都会使数码管显示出相应数字，同时相应的继电器 J_1、J_2、J_3 动作，从而锁住显示，这样即使按键松开，显示仍会保持；注意 VD_{13}、VD_{14}、VD_{15} 的接入使得无论哪一个首先导通，都会使 J_4 动作，J_4 的动作将导致线 V_0 失去与电源的连接，这样后面按下的按键将不再起作用。

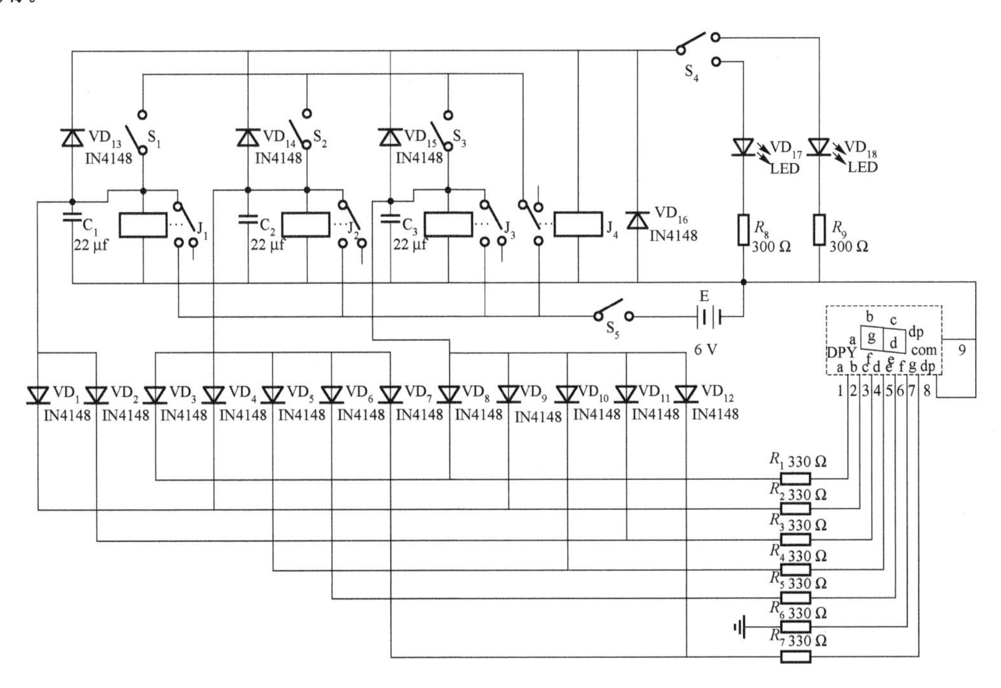

图 8-9　用继电器制作的简易抢答器

注意 J_4 使线 V_0 失去与电源连接的动作往往会比 J_1、J_2 或 J_3 的自锁动作要快，因为电磁继电器的动触点必须先离开常闭触点，再经过一段时间后才能与常开触点接通。这样往往会导致 J_1、J_2 或 J_3 不能自锁。为解决此矛盾，在继电器 J_1、J_2、J_3 的线圈两端并联电容器

C_1、C_2、C_3，使其线圈电压能保持若干时间（约几十到上百毫秒），以维持继电器的自锁。

开关 S_4 与继电器动作无关，S_4 由主持人控制，由不同颜色的发光二极管提示是否在抢答阶段。

8.6.2 主要元器件清单

电子抢答器主要元器件清单如表 8-4 所示。

表 8-4 电子抢答器元器件清单

名称	代号	型号	名称	代号	型号
电阻器	R_1	330 Ω	二极管	VD_2	IN4148
电阻器	R_2	330 Ω	二极管	VD_3	IN4148
电阻器	R_3	330 Ω	二极管	VD_4	IN4148
电阻器	R_4	330 Ω	二极管	VD_5	IN4148
电阻器	R_5	330 Ω	二极管	VD_6	IN4148
电位器	R_6	330 Ω	二极管	VD_7	IN4148
电阻器	R_7	330 Ω	二极管	VD_8	IN4148
电阻器	R_8	300 Ω	二极管	VD_9	IN4148
电阻器	R_8	330 Ω	二极管	VD_{10}	IN4148
继电器	J_1	G6A-274P	二极管	VD_{11}	IN4148
继电器	J_2	G6A-274P	二极管	VD_{12}	IN4148
继电器	J_3	G6A-274P	二极管	VD_{13}	IN4148
继电器	J_4	G6A-274P	二极管	VD_{14}	IN4148
开关	S_1	2A045	二极管	VD_{15}	IN4148
开关	S_2	2A045	二极管	VD_{16}	IN4148
开关	S_3	2A045	发光二极管	VD_{17}	红色 $\phi5$
开关	S_4	KN21-2	发光二极管	VD_{18}	黄色 $\phi5$
开关	S_5	KN21-1	电解电容器	C_1	22 μF
数码管		共阴极	电解电容器	C_2	22 μF
二极管	VD_1	IN4148	电解电容器	C_3	22 μF

8.6.3 电路焊接和组装

按照图 8-10 进行组装，各元件要事先测量，确保质量。事先测量需要分辨清楚二极管的正负极，以及数码管和继电器的各引脚。

电路的焊接要注意连接牢靠，焊接好后要认真检查。电源可以采用实验室提供的直流稳压电源。

电路的组装、焊接和调试可以按以下功能模块顺序进行，这样可以避免在焊接调试时各功能模块互相干扰而影响效果。

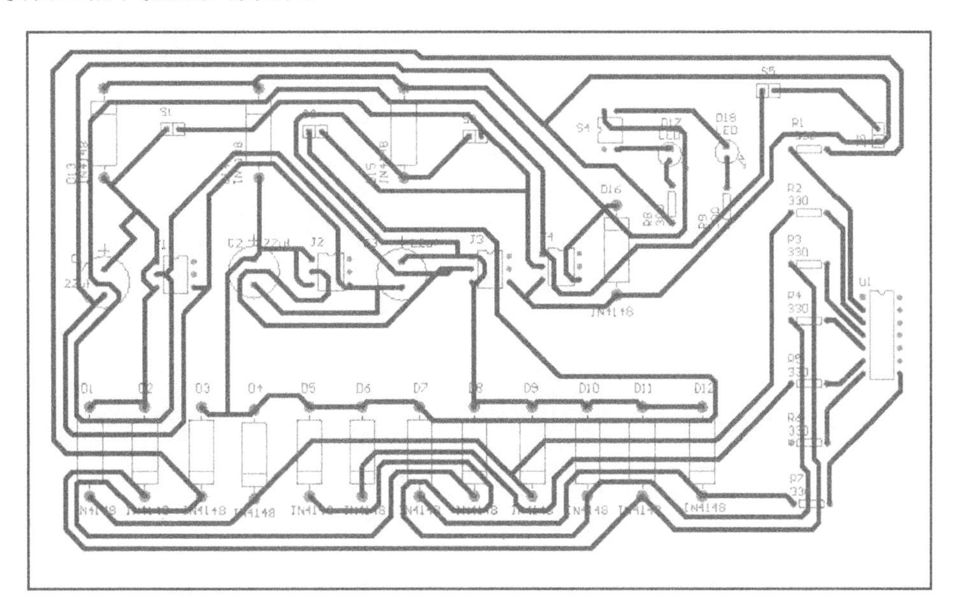

图 8-10 电子抢答器印制电路及元器件布置

8.6.4 电路调试

(1) 译码显示部分

暂时不接各继电器,将各组译码二极管的正极依次接到电源正极,数码管应该依次分别显示 1、2、3。这部分电路应该首先检查并调试成功。

(2) 自锁继电器部分

这部分主要是 J_1、J_2、J_3 继电器部分,各个继电器包括与其相连的按键开关。调试这部分时,可以将线 V_0 直接连接到电源正极,然后分别对 J_1、J_2 和 J_3 进行焊接和调试。调试时,当各部分按键按下时,其相应的继电器会由“常态”变为“动作状态”,相应发光二极管笔段会点亮,按键松开后,继电器仍保持为“动作状态”,相应发光二极管笔段仍然会亮。

如果相应发光二极管笔段点亮得不完全,或不正确,则是译码二极管的连接有问题;如果按键按下时,相应的继电器仍然保持“常态”,则是继电器线圈电压没有接上;如果按键松开后,相应的继电器不能自锁,则是继电器引脚没有接对。

(3) 互锁供电继电器部分

这部分指 J_4 继电器和 3 个二极管(VD_{13}、VD_{14}、VD_{15})及 3 个电容器(C_1、C_2、C_3),将此部分接入,并将线 V_0 按图接好。按下 S_1、S_2、S_3 中的任一个,J_4 继电器应该由“常态”变为“动作状态”,相应的 J_1、J_2、J_3 继电器自锁。如果继电器不断在各状态间翻转,则表示与 J_1、J_2、J_3 继电器并联的电容器容量不够,应加大电容量。如果按下 S_1、S_2、S_3 后,J_4 没有反应,则是二极管 VD_{13}、VD_{14}、VD_{15} 和继电器 J_4 的连接问题。

经过以上步骤,抢答器就组装成功了。

8.7 实践2:增强型无线话筒

增强型无线话筒,FM调频工作方式,音质好,用普通的收音机即可收听。话筒把声音信号变为电信号后,先经一级音频电压放大再送调制级,这样可以拾取更远、更微弱的声音。振荡调制后的高频信号再经一级调谐功率放大才送天线发射,发射距离更远及减少手碰天线对振荡级的影响,减少谐波。按照本电路装好后,频率大概在83 MHz左右,只需把线圈L的匝距拨开一点,使其振荡频率工作在8 MHz ~108 MHz即可,就可以配合任何FM收音机接收到该高频信号,并从该高频信号还原出声音信号。另外装有外接音频插座及可调电阻调节输入音频信号的衰减量。

8.7.1 性能参数

① 频率范围:80~103 MHz(按电路图参数,只调整线圈匝距)。

② 工作电压:1.5~9 V。

③ 发射半径:大于100 m。

④ 测试条件:4.5 V电压,普通收音机接收,无线话筒天线为50 cm长的细导线。

⑤ 测试地点:高楼房住宅区。

8.7.2 无线发射器开发潜能

以下为无线话筒可以实现的部分功能或者用途。

① 无线话筒:用户在唱歌、讲话或者表演时可以360°的任意转动和移动,不会有电线绊脚、扯后腿。

② 无线广播:老师在讲课时进行现场转播,可以让无数学生用收音机收叫讲课,大大地增加了听课人数。

③ 无线叫卖器:在街上推销商品时,用无线话筒叫卖具有一定新颖性,会收到比普通话筒好的广告效果。

④ 无线监听器:具有比较好的隐蔽性和安全性,可在远处用收音机耳机收听,不用担心现场碰面而尴尬。

⑤ 无线报警器:实现一定距离的无人值守。例如,可以在二楼监听一楼之门锁声音,起防盗报警器的作用。

⑥ 无线电子门铃:由于可以无线传播声音,因此也可以无线传播门铃声音,配对还可以改装成无线对讲机。

⑦ 无线电子乐器:将口琴、二胡、吉它等乐器声音用收音机接收,或者用功放扩大播出,可更好欣赏音乐。

⑧ 电子助听器:通过调节收音机或者话筒的音量,将声音放大后再送入耳机,可以有效地改善老人听力。

⑨ 声控小彩灯:将大功率功放输出端的音箱改接成瓦数相当于6 V、12 V的汽车电灯泡,调节音量合适位置。

⑩ 读书记忆增强器:和助听器类似,将话筒对准自己,听自己的读书声来排除外界干

扰，起集中注意力作用。

⑪ 小型广播电台：适合学校、工厂等单位自行举办各种节目，可以播放音乐、新闻、通知等，用收音机听。

⑫ 电视伴音转发器：看电视时用耳机听可以不影响别人睡觉，但受耳机线长的控制。本装置则可以不受此限制。

8.7.3　电路参考图

电路原理如图 8-11 所示。

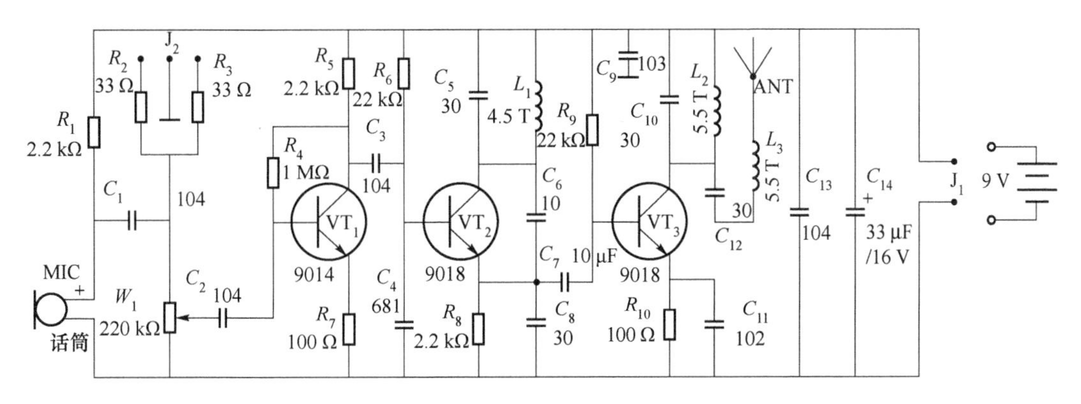

图 8-11　电路原理

8.7.4　工作原理

MIC 先将自然界的声音信号变成音频电信号，经 C_2 耦合给 Q 的基极进行调制，当有声音信号的时候，三极管的结电容会发生变化：振荡频率发生变化，完成频率调制，即调频。再经 C_8 耦合给高频调谐放大电路对已调制的高频信号放大，再通过 C_{12}、L_3 和天线 TX 向外发射频率随声音信号变化而变化的高频电磁波。

其中 R_1 为话筒 MIC 的偏置电阻，一般在 2～5.6 kΩ 选取；R_4 为集电极电阻；R_5 为基极电阻，给 Q_1 提供偏置电流；R_6 为发射极电阻，起稳定 Q_1 直流工作点的作用；Q_2、R_7、R_8、C_4、C_5、L_1、C_6、C_7 组成高频振荡电路，R_7 给 Q_2 基极提供偏流，C_5 和 L_1 振荡回路，改变其值可以改变发射频率，C_4 为反馈电容，R_8 起稳定 Q_2 直流工作点作用，C_7 隔直流通交流电容；Q_3、R_9、R_{10}、L_2、C_{10}、C_{11} 组成高频功率放大电路。R_9 给功率管 Q_3 提供基极电流，C_{10} 和 L_2 放大调谐回路，和振荡回路 C_5 和 L_1 调谐在同一频点时获得最大输出功率，发射距离最远。

我们将发射频率设计在 FM 收音机波段，因此可以配合任何 FM 收音机接收到该高频信号，并从该高频信号还原出声音信号，从而完成各种用途。

8.7.5　PCB 板图

电路 PCB 板如图 8-12 所示。

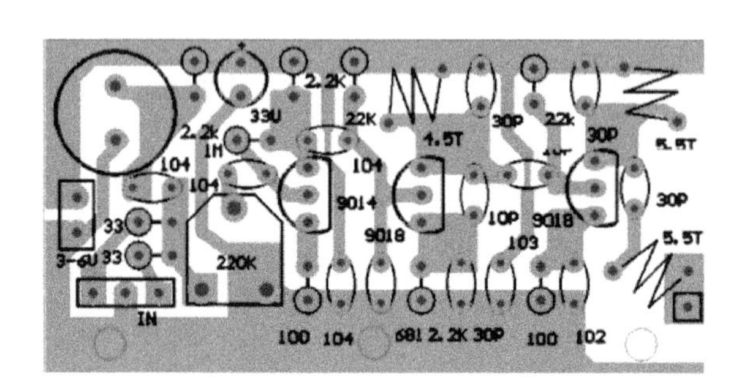

图 8-12　电路 PCB 板

8.7.6　装配说明

① 电阻陶瓷电容不用分正负极，但是必须注意电阻值和电容量不要搞错。请参见连云港电子网的电子实验套件中介绍的有关方法。

② 板上的话筒有正负极之分，和铝制外壳相连接的一极为负极，另一极为正极。为了便于安装，请先加焊两只引脚。

③ 三极管的 3 只管脚功能完全不同，一定要分清楚。请参见连云港电子网的电子实验套件相关电子资料中提供的识别方法。

④ 元件包中有铜线制作的线圈，它的外面有一层绝缘漆。它是一个关键的元件，调节线圈间距可以改变发射频率和距离。L_1 的匝距变近和换容量大一点的电容会使发射频率变低；要使发射频率变高，就需要采取相反的措施。和 L_1 并联的电容变化范围不可以太大或太小，否则发射频率会偏到离谱，甚至不会产生高频发射信号（不起振）。

⑤ 元件包中含有电路板插针，安装在关键点后，可以用来和电子实验套件灵活的配合使用，从而可以做范围更广的电子实验。

⑥ 元件位置请不要装错，焊接时间最好控制在 2～3 s，力求元件安放到位并且美观，多次检查无误后即可通电调试、使用。

8.7.7　装好的成品板

想要无线话筒有好的效果，请使用好的电源、天线等装置，并将电路调试在最佳状态。本站有些型号无线话筒（元件包）会有更远的距离和更高的性能，完全具有一定的实用价值。如果还需要有更更远的距离（大于 500 m）和更高的性能，请先向无线电管理部门申请，建议读者自行设计制作或者委托别人设计制作。如图 8-13 所示为实物图片。

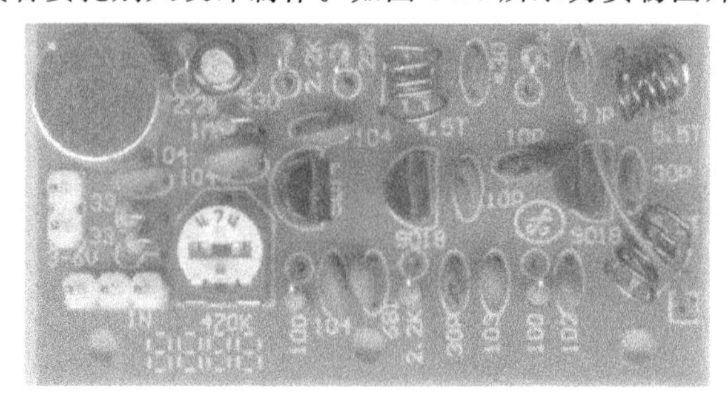

图 8-13　实物

8.8 实践3:小型无线话筒的制作

如图8-14所示是一个调频无线话筒电路。它可以做得体积很小,使用起来很方便。它的发射频率在88~108 MHz范围内,用调频收音机或有调频波段的收音机都能接收,接收距离可以达到几十米。

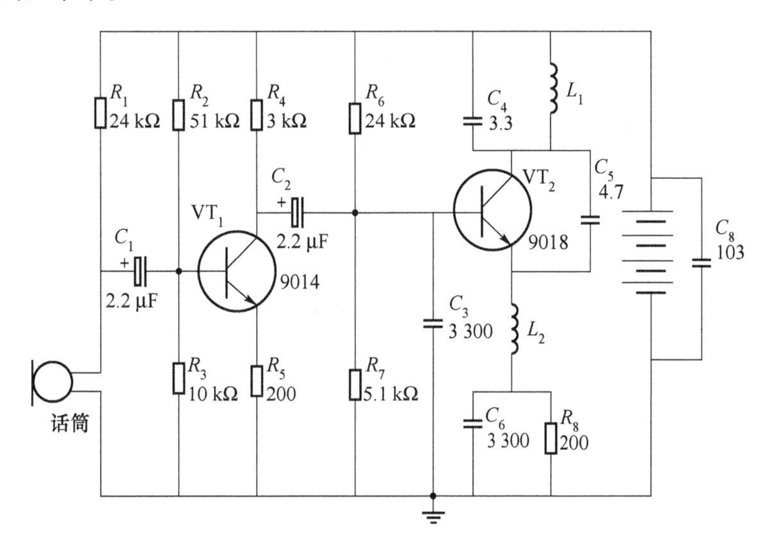

图8-14 无线话筒电路原理

8.8.1 电路说明

这个电路由一个音频放大器和一个高频振荡器组成。音频放大器由VT_1、R_2、R_3、R_4、R_6等组成。声音通过话筒变成电信号,由C_1耦合到音频放大器。高频振荡器由VT_2、C_4、L_1、C_5、L_2等组成。振荡器的频率由C_4、L_1决定。另外,集电结的结电容C_{cb}如果发生变化,也会改变振荡频率。这个电路正是利用结电容的变化实现调频的。放大了的音频信号,由C_2耦合到VT_2的基极,使VT_2的集电极和基极之间的反向电压发生变化,集电结电容就随着变化。这就是随音频信号变化的调频高频信号,由调谐回路C_4、L_1直接向外辐射。

8.8.2 元件选择和制作

VT_1选用小功率硅管,比如9014等,$\beta>100$,VT_2选用9018等,$f_T>500$ MHz,$\beta>80$。L_1用线径1 mm的漆包线在直径10 mm的笔杆上间绕6圈,笔杆抽出后变成空心线圈。L_2用线径0.1 mm的漆包线在1/8 W、1 MΩ的电阻上乱绕65~70圈。电源可以用6 V或者9 V积层电池。话筒选用驻极体电容话筒。C_4、C_6选用高频瓷介电容。

驻极体电容话筒的检测如下。

(1) 极性判断

从驻极体话筒的结构看出,在场效应管的栅极和源极间接有一只二极管,可以利用二极管的正反向电阻特性来判断驻极体话筒的漏极与源极。即万用表拨至R×1 k挡,将黑表笔接任意一电极，红表笔接另一电极，测得一阻值；再交换两表笔，又测得一阻值，比较两次结果，值小者，黑表笔接触的为源极，红表笔接触的为漏极。

(2) 质量判别

将万用表拨至 R×1 k 挡，黑表笔接话筒的漏极，红表笔接话筒的源极，同时接地，用嘴吹话筒，观测万用表的指针，若万用表指针不动即无指示，说明话筒已经失效，有指示则表明正常。指示范围的大小，表示话筒灵敏度的高低。

8.8.3 调试

把电流表串接在 VT_2 的集电极回路上，调整 R_6，使 VT_2 集电极的电流在 6～8 mA 之间。用导线短接 C_4 两端，电流表指针如果有变化，说明电路已经开始振荡。找一台调频接收机，调节调谐旋钮，在没有信号输入的地方，接收机会发出“沙沙”响。如果能够找到“沙沙”响声消失的地方，说明有信号输入。这时候用手触摸 C_4 或者 L_1 振荡频率就会改变，“沙沙”响声又会出现，表明电路确实起振，并且振荡频率在接收机能够接收到的 88～108 MHz 的范围内。如果找不到“沙沙”响声消失的地方，或者这个地方和调频台重叠，就要调换 C_4、C_5 的容量，或者改变 L_1 线圈的长短。

高频振荡器调好后，把电流表串接在 VT_1 的集电极回路上，调整 R_2 使 VT_1 集电极电流等于 1 mA。这时候对着话筒讲话，或者放送音乐，调频接收机应该能够接收到。最后调整 R_1，使电容话筒得到合适的极化电压，直到接收机发出响亮而清晰的声音为止。

主要元件清单如表 8-5 所示，电路参考 PCB 版图如图 8-15 所示。

表 8-5 主要元件清单

编号	名称	型号	数量
VT_1	三极管	9014	1
VT_2	三极管	9018	1
R_1、R_6	电阻	24 kΩ	2
R_2	电阻	51 kΩ	1
R_3	电阻	10 kΩ	1
R_4	电阻	3 kΩ	1
R_5、R_8	电阻	200 Ω	2
R_7	电阻	5.1 kΩ	1
C_1、C_2	电解电容	2.2 μF	2
C_3、C_6	瓷介电容	3 300	2
C_4	瓷介电容	3.3	1
C_5	瓷介电容	4.7	1
C_8	瓷介电容	103	1

续 表

编号	名称	型号	数量
L_1	自绕电感		1
L_2	自绕电感		1
	驻极体话筒		1
	电池	1.5 V	4

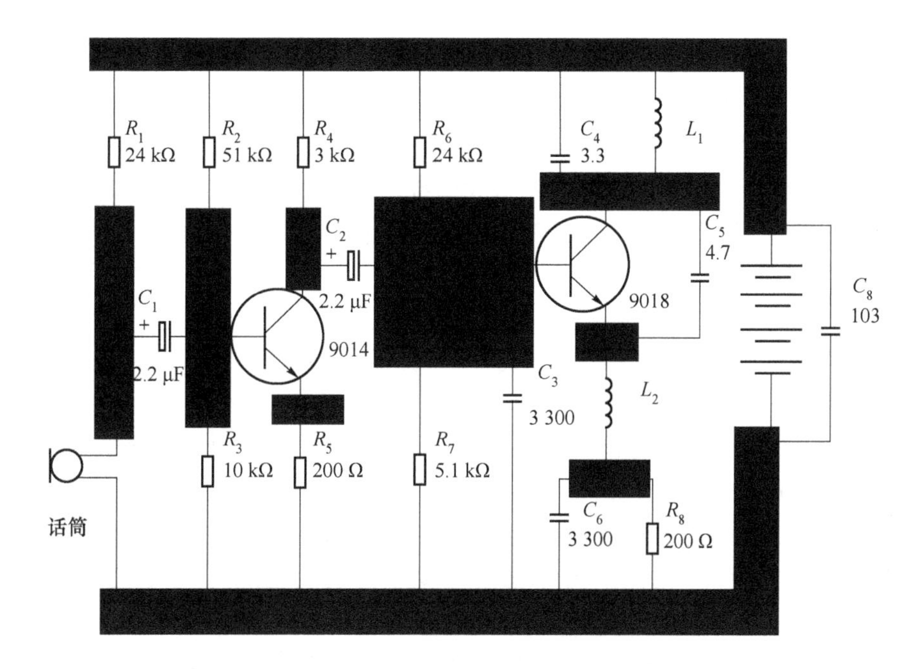

图 8-15　无线话筒电路参考 PCB 版

第9章　单片机最小系统板设计与制作

单片机对于工业控制界来说，意义是革命性的。从世界上第一块单片机最初的简单控制功能到如今能够满足不同场合的需要，仅仅经历了不到30年的时间。如今世界知名的半导体公司大多有其独立的单片机系列产品。比较著名的有ATMEL公司的AVR(简化指令)系列、德州仪器公司的MSP430(超低功耗)系列、美国半导体公司的COP8(内含高性能16位AD)系列、摩托罗拉公司的68HC08(低频高速)系列等。全世界范围内从事单片机开发的人员有上百万之多，原因就是单片机最大的特点，即性能十分稳定、适应能力强，并且开发价格低廉、门槛低，非常适用于工业控制。单片机编程只需要一台电脑、一个下载器和一块单片机开发板即可。

9.1　单片机系统介绍

单片机应用系统是以单片机为核心构成的一个智能化产品系统。其智能化体现在由单片机形成的计算机系统，它保证了产品系统的智能化处理与智能化控制能力；产品系统则是指能满足使用要求的、独立的模块化电路结构，如智能仪表、工业控制器、家电控制器(洗衣机、电视机、录相机等控制模块)、数据采集模板，以及机器人控制器、寻呼机、蜂窝式电话机芯等。

以机芯构成形形色色电子产品的单片机应用系统都有相似的结构体系，这就是以单片机为核心，构成能满足计算机管理功能的计算机系统，还要有能满足使用要求的外围接口电路。

这样就形成了单片机、单片机系统、单片机应用系统的典型结构，如图9-1所示。

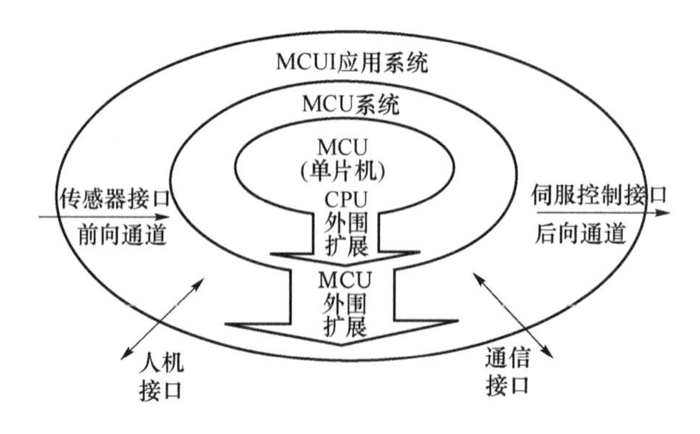

图9-1　单片机系统的典型结构

(1) 单片机

单片机是单片机应用系统的核心器件，它提供了构成单片机应用系统的硬件基础和软件基础。构成系统硬件的基础是单片机所提供的总线(并行总线、串行总线)、通用 I/O 口、特殊功能的输入/输出口线(如时钟、中断、PWM、ADC、模拟比较器、功率驱动等)；构成系统应用软件的基础则是单片机的指令系统。

(2) 单片机系统

单片机系统是单片机应用系统中的计算机电路系统。通常而言，单片机本身就是一个计算机系统的芯片集成，但常常不能构成满足产品要求的一个完整的计算机系统。首先，单片机不能把一个计算机的全部电路集成到芯片中，如石英谐振器、复位电路等；其次，在开发一个具体的应用系统产品时，单片机中某些电路资源不够，需要在外部扩展相应的资源以满足应用系统对计算机系统的要求。因此，由单片机、必要的外部器件和资源扩展电路所构成的一个完整的计算机系统才可称之为单片机系统。

(3) 单片机最小系统

单片机最小系统是指没有外围器件及外设接口扩展的单片机系统。

(4) 单片机应用系统

单片机应用系统是满足用户使用要求，能在使用环境中可靠地实现预定功能的产品系统。它的构成是以单片机、单片机系统作为核心，再配以满足产品要求的各种接口电路和外部设备接口电路。如用于数据采集的传感器接口与 ADC(模拟/数字转换)电路、用于人机对话的键盘和显示电路、用于伺服控制驱动的 DAC(数字/模拟转换)电路，以及用于通信的串行通信接口等。

从上可以看出，典型的单片机应用系统应具有单片机器件、计算机系统和满足使用功能要求的产品系统 3 个结构层次。

9.2　单片机最小系统板设计制作

9.2.1　单片机最小系统电路板硬件设计

单片机最小系统电路板可选用 AT89C51、AT89C52 等 DIP-40 封装的单片机作为 MCU。系统包括时钟电路、复位电路，扩展了片外数据存储器和地址锁存器。系统还设置了 8 个并行键盘 $S_1 \sim S_4$，$S_6 \sim S_9$，6 个共阳极 LED 数码管 $LED_1 \sim LED_6$。系统无须扩展程序存储器，用户可根据系统程序大小选择片内带不同容量闪存的单片机，例如，PHILIPS 半导体公司推出的 P89C66X Flash 单片机，其片内 Flash ROM 容量最大可达 64 KB。系统还提供基于 8279 的通用键盘显示电路、液晶显示模块、A/D 及 D/A 转换等众多外围器件和设备接口。单片机最小系统原理框图如图 9-2 所示。最小系统电路原理图如图 9-3 所示。LED 数码管和并行键盘电路原理图如图 9-4 所示。

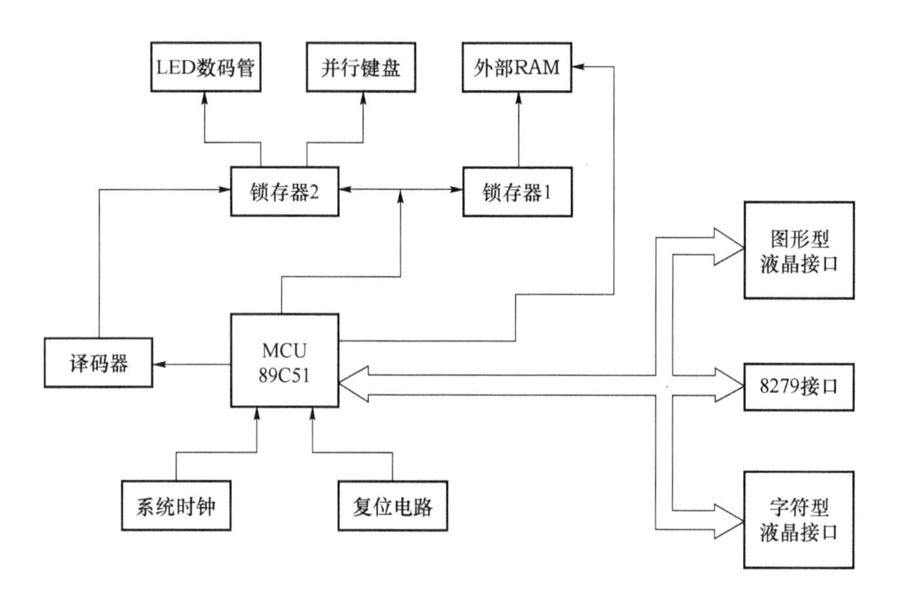

图 9-2 单片机最小系统原理

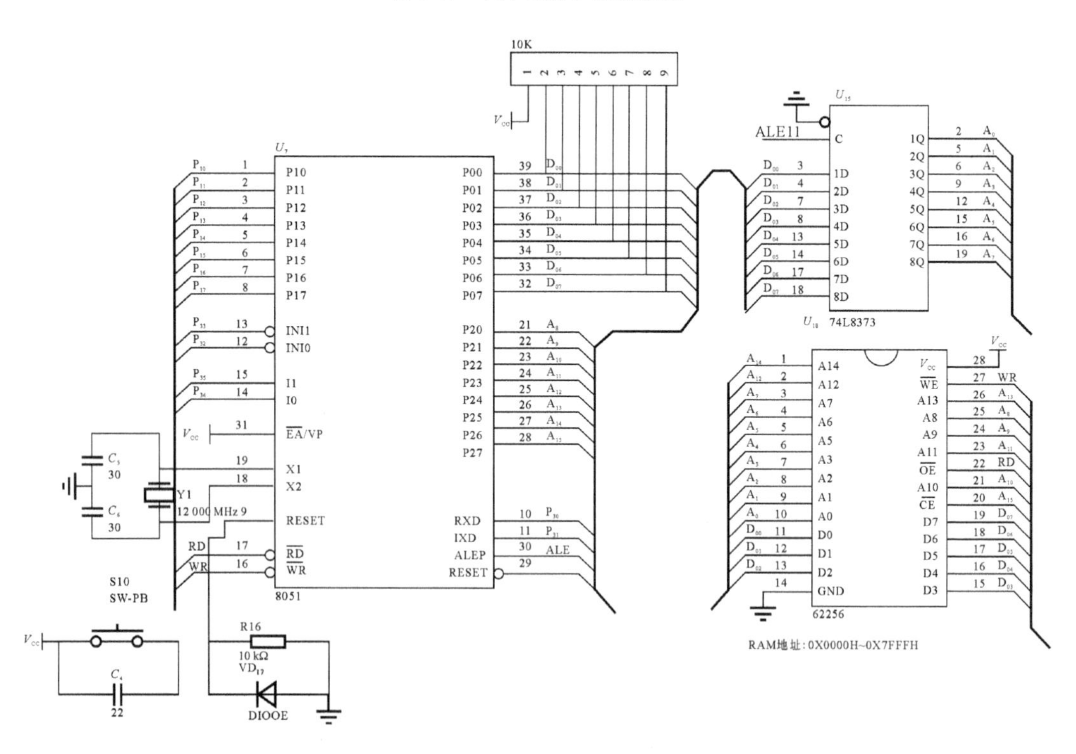

图 9-3 单片机最小系统电路原理

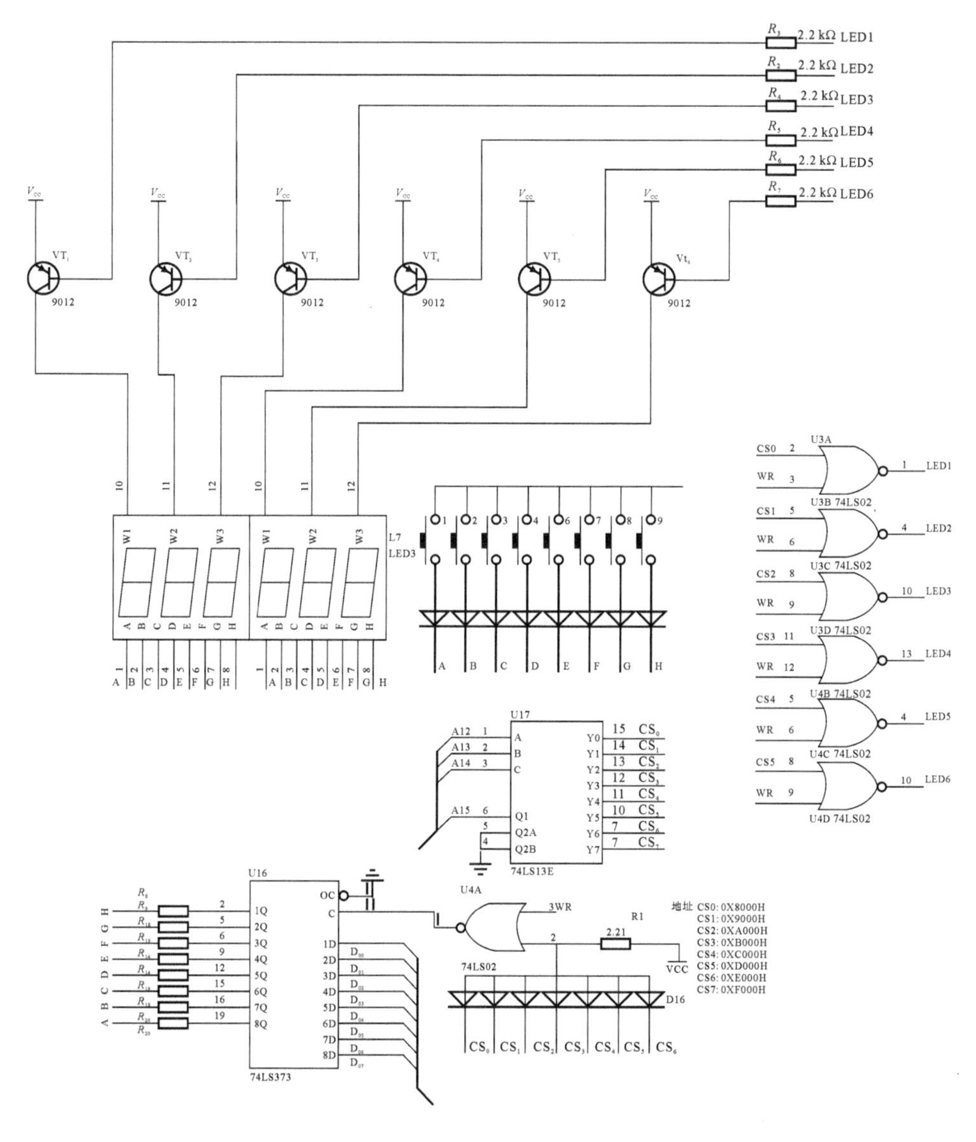

图 9-4 LED 数码管和并行键盘电路原理

单片机时钟信电路原理图如图 9-5 所示。在引脚 XTAL1 和 XTAL2 跨接晶振 Y_1 和微调电容 C_5,C_6 就构成了内部振荡方式,由于单片机内部有一个高增益反相放大器,当外接晶振后,就构成了自激振荡器并产生振荡时钟脉冲。其中 Y_1 是可插拔更换的,默认值是 12 MHz。

系统板采用上电自动复位和按键手动复位方式。上电复位要求接通电源后,自动实现复位操作。手动复位要求在电源接通的条件下,在单片机运行期间,用按钮开关操作使单片机复位。其电路原理图如图 9-6 所示。上电自动复位通过外部复位电容 C_4 充电来实现。按键手动复位是通过复位端经电阻和 V_{cc} 接通而实现的。二极管用来防止反相放电。

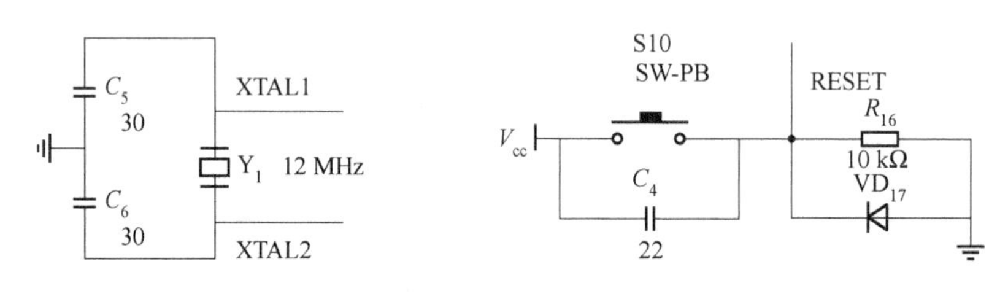

图 9-5　时钟源　　　　图 9-6　复位电路原理图

系统板扩展了一片 32 KB 的数据存储器 62256，如图 9-7 所示。数据线 $D_0 \sim D_7$ 直接与单片机的数据地址复用口 P_0 相连，地址的低 8 位 $A_0 \sim A_7$ 则由 U_{15} 锁存器 74LS373 获得，地址的高 7 位则直接与单片机的 P2.0～P2.6 相连。片选信号则由地址线 A_{15}（P2.7 引脚）获得，低电平有效。这样数据存储器占用了系统从 0X0000H～0X7FFFH 的 XDATA 空间。

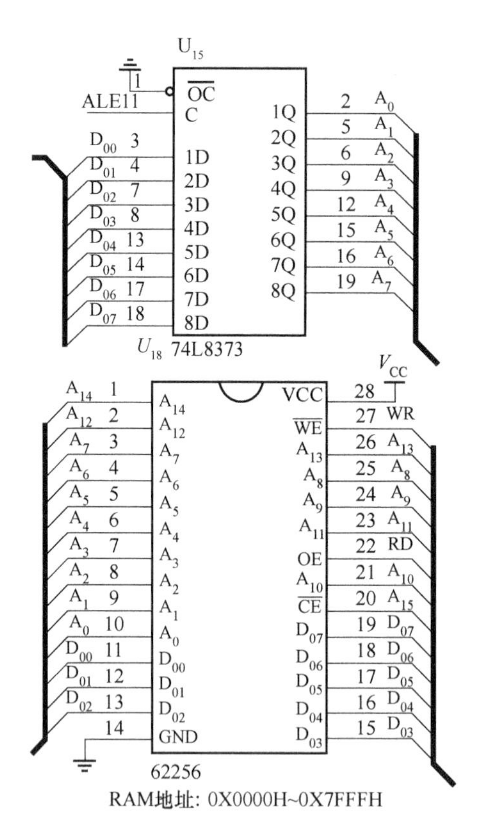

图 9-7　数据存储器的扩展

系统板设置了 8 个并行键盘 $S_1 \sim S_4$、$S_6 \sim S_9$，6 个共阳极 LED 数码管 $LED_1 \sim LED_6$。其电路原理图见图 9-3。可以看出为了节省单片机的 I/O 口，在此采用了两片 74LS373 锁存器 U_{15} 和 U_{16} 扩展了 8 个 I/O 口。U_{15} 用来锁存 P_0 口送出的地址信号，它的片选信号 $\overline{OC}$ 接地，表示一直有效，其控制端 C 接 ALE 信号。U_{16} 的输出端通过限流电阻 $R_8 \sim R_{15}$ 与数码管的段码数据线和并行键盘相连，用来送出 LED 数码管的段码数据信号和并行键盘的扫描信号，它的片选信号$\overline{OC}$接地，表示一直有效，其数据锁存允许信号 C 由 CS_0～CS_6 和 WR 信号经一个或非门 74LS02 得到(其中 CS_0～CS_5 控制 LED 数码管，CS_6 控制键盘)，这样只有当 CS_0～CS_6 中的某一个和 WR 同时有效且由低电平跳变到高电平时，输入的数据 D_0～D_7 即被输出到输出端 Q_0～Q_7。U_{17}为 3-8 译码器 74LS138，通过它将高位地址 A_{15}～A_{12}译成 8 个片选信号 CS_0～CS_7。它的 G_2，G_3 端接地，G_1 接 A_{15}，所以 A_{15}应始终为高电平，这样 CS_0～CS_7 的地址就分别为 8000H、9000H、0A000H、0B000H、0C000H、0D000H、0E000H、0F000H。CS_0～CS_5 和 WR 信号经过一个或非门控制三极管 9012 的导通，从而控制 LED 数码管的导通，并且三极管 9012 用来增强信号的驱动能力。

主要器件如表 9-1 所示。主要应用接口如表 9-2 所示。

表 9-1　单片机最小系统主要器件

标　　号	型　号	功能说明
U_7	DIP-40	CPU 主器件
U_{15}，U_{16}	74LS373	数据，地址锁存器
U_{17}	74LS138	138 译码器
U_{18}	62265	32KB RAM
U_{3A}，U_{3B}，U_{3C}，U_{3D}，U_{4C}，U_{4D}	74LS02	TTL 或非门
U_{5A}，U_{5B}，U_{5C}，U_{5D}	74LS00	TTL 与非门
LED_2，LED_3	7SEG-3	3 位 8 段共阳极数码管
VT_1～VT_6	9012	三极管
VD_1～VD_{16}	IN4148	开关二极管
Y_1	12MHz 石英晶振	单片机时钟晶振

表 9-2　单片机最小系统主要应用接口

标号	功能说明	连接目标
U_1	输入电源插座	主电源
J_2	8279 的通用键盘显示电路接口	8279 芯片
J_4	MDLS 字符型液晶显示器接口	MDLS 字符型液晶显示模块
J_5	LMA97S005AD 点阵液晶显示器接口	LMA97S005AD 点阵型液晶显示模块

9.2.2　最小系统电路 PCB 印制板电路图

最小系统电路 PCB 印制板元件分布图如图 9-8 所示，PCB 印制顶层图如图 9-9 所示，PCB 印制底层图如图 9-10 所示。

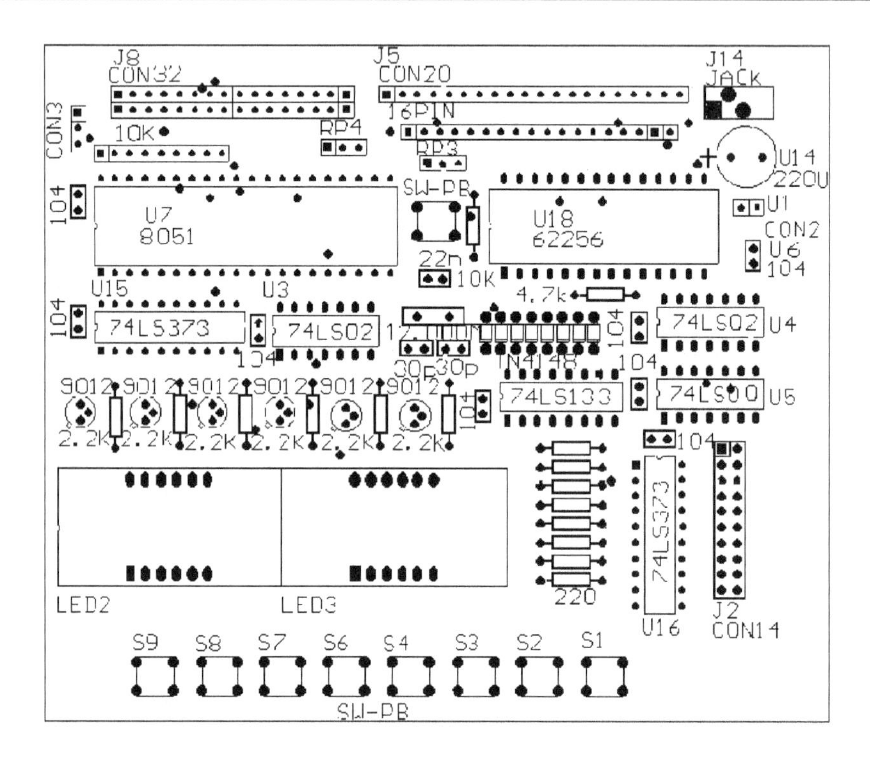

图 9-8　最小系统电路 PCB 印制板元件分布

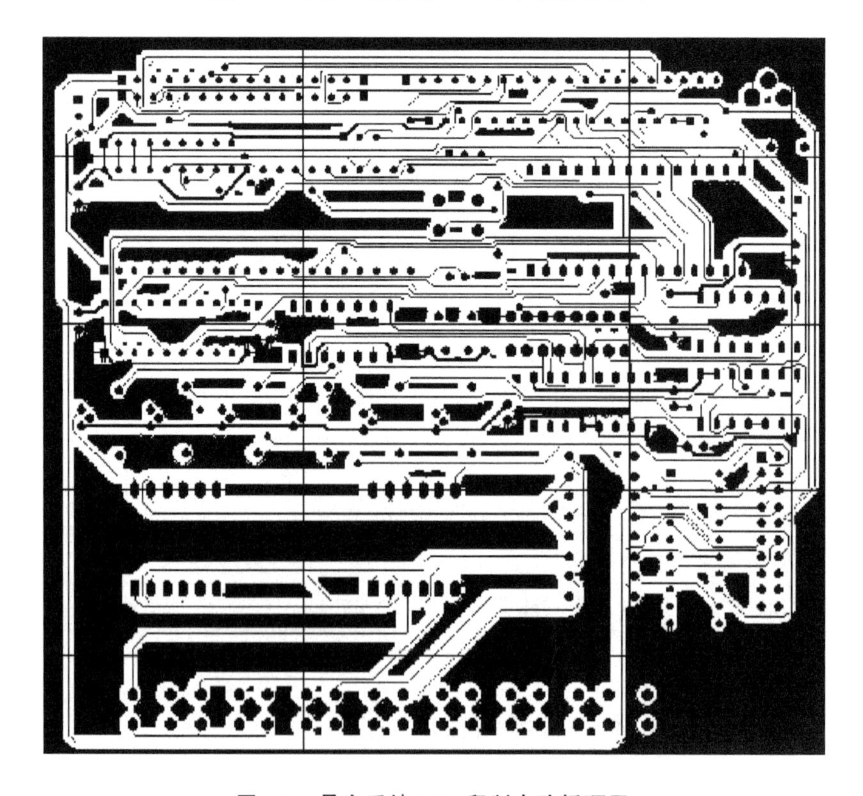

图 9-9　最小系统 PCB 印制电路板顶层

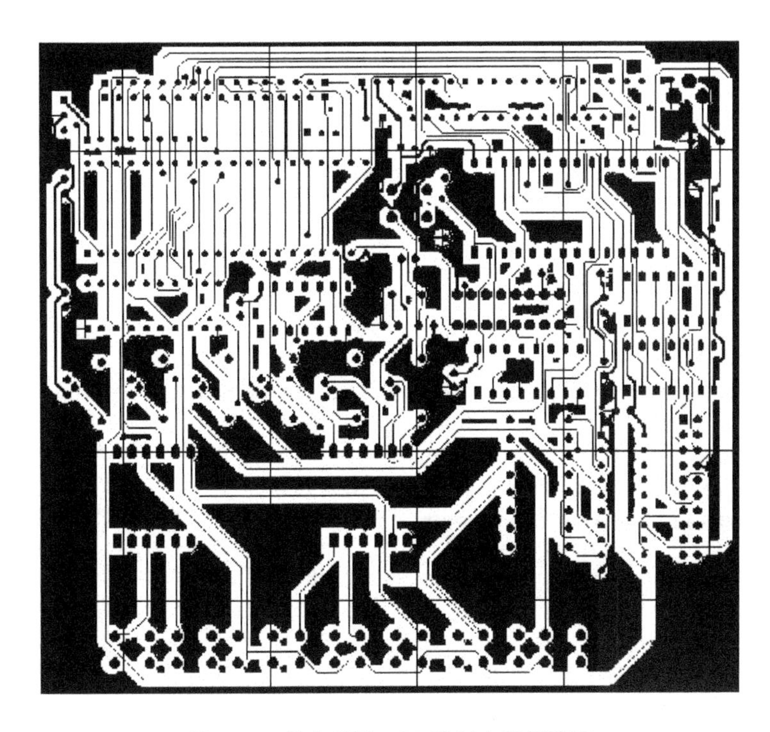

图 9-10　最小系统 PCB 印制电路板底层

9.3　单片机最小系统电路板测试程序设计

编写测试程序,一是可对最小系统电路板各资源进行测试,二是提供了使用 LED 显示及访问键盘等各种资源的子程序。

1. 键盘扫描及数码管显示的汇编语言程序

键盘扫描及数码管显示的汇编语言程序如下。

```
;************************* **********************************
;键盘及数码管显示程序,功能为按下一键,则对应键的数码管亮并显示该键代表的数字
;编写:cgq
;最后修改日期:2010/12/16
;***********************************************************
      org 0000h
      ajmp main
      org 0100h
main: mov sp,#30h
      mov r3,#0
      mov r4,#0
kon:  lcall ks1                    ;调用读键盘程序
```

```
        cjne a,#0ffh,show1          ;有键按下
        lcall dir                   ;调用显示子程序
        ajmp kon
show1:lcall dir                     ;去抖动
        lcall dir
        lcall ks1
        cjne a,#0ffh,show2          ;键有效
        ajmp kon
show2:cjne a,#0feh,l1               ;以下为判别键值程序
        mov r4,#0                   ;第一个键赋其代码 0
        ajmp lkp
l1:cjne a,#0fdh,l2
        mov r4,#1
        ajmp lkp
l2: cjne a,#0fbh,l3
        mov r4,#2
        ajmp lkp
l3:cjne a,#0f7h,l4
        mov r4,#3
        ajmp lkp
l4:cjne a,#0efh,l5
        mov r4,#4
        ajmp lkp
l5:cjne a,#0dfh,lkp
        mov r4,#5
        ajmp lkp
        lkp:lcall dir
        ljmp kon                    ;返回
dir: mov dptr,#table                ;显示子程序
        mov a,r4
        movc a,@a+dptr              ;取 7 段码
        mov r3,a
        mov a,r4
led1:cjne a,#0,led2                 ;根据键值选择数码管 1
        mov dptr,#8000h
        ajmp ss
led2:cjne a,#1,led3                 ;根据键值选择数码管 2
```

```
        mov dptr,#9000h
        ajmp ss
led3:cjne a,#2,led4             ;根据键值选择数码管 3
        mov dptr,#0a000h
        ajmp ss
led4: cjne a,#3,led5            ;根据键值选择数码管 4
        mov dptr,#0b000h
        ajmp ss
led5:cjne a,#4,led6             ;根据键值选择数码管 5
        mov dptr,#0c000h
        ajmp ss
led6:cjne a,#5,ss               ;根据键值选择数码管 6
        mov dptr,#0d000h
        ajmp ss
  ss: mov a,r3
        movx @dptr,a
        lcall delay
        ret
 ks1:clr p1.7
        mov dptr,#0e000h        ;键盘地址
        movx a,@dptr
        ret
delay: mov r6,#10               ;延时子程序
lpp: mov r7,#100
        djnz r7,$
        djnz r6,lpp
        ret
table: db 0c0h,0f9h,0a4h,0b0h,99h,92h,82h,0f8h,80h,90h
db 88h,83h,0c6h,0a1h,86h,8eh,0ffh,0f7h
end
```

2. 键盘扫描及数码管显示的C语言程序

键盘扫描及数码管显示的C语言程序如下。

```
/*****************************************************/
/*键盘及数码管程序,每一键代表一个数字,在其数字代表的数码管中显示*/
/*最后修改日期:2010/12/16 */
#include <absacc.h>
#include <reg51.h>
```

```
#define uchar unsigned char
#define uint unsigned int
#define LED1 XBYTE [0x8000]          /*定义各数码管地址*/
#define LED2 XBYTE [0x9000]
#define LED3 XBYTE [0xA000]
#define LED4 XBYTE [0xB000]
#define LED5 XBYTE [0xC000]
#define LED6 XBYTE [0xD000]
#define KEY XBYTE [0xE000]           /*定义键盘地址*/
void delay(uint v)                   /*延时函数*/
{
while(v!=0)v--;
}
uchar keynum=0;
sbit P1_7=P1^7;                      /*扫描端口*/
/*数字段码表*/
uchar code segtab[18]={0xc0,0xf9,0xa4,0xb0,0x99,0x92,0x82,0xf8,0x80,0x90,\
0x88,0x83,0xc6,0xa1,0x86,0x8e,0xff,0xf7};
void dir(uchar);                     /*声明显示函数*/
void readkey(void)                   /*读键盘函数*/
{
uchar M_key=0;
uchar i;
P1_7=0;
M_key=KEY;                           /*取键盘数据*/
if(M_key!=0xff)
      {
        for(i=0;i<20;i++)            /*去抖动*/
        dir(keynum);
        M_key=KEY;
        if(M_key!=0xff)              /*读键*/
        switch(M_key)
            {
            case 0xfe:               /*第1个键按下*/
              keynum=0;
              break;
            case 0xfd:               /*第2个键按下*/
```

```
            keynum = 1;
            break;
            case 0xfb:                /*第 3 个键按下*/
            keynum = 2;
            break;
            case 0xf7:                /*第 4 个键按下*/
            keynum = 3;
            break;
            case 0xef:                /*第 5 个键按下*/
            keynum = 4;
            break;
            case 0xdf:                /*第 6 个键按下*/
            keynum = 5;
            break;
        }
      }
}
void dir(keynum)                      /*显示函数*/
{
switch(keynum)
{
  case 0:
    LED1 = segtab[0];delay(100);
    break;
  case 1:
    LED2 = segtab[1];delay(100);
    break;
    case 2:
    LED3 = segtab[2];delay(100);
    break;
  case 3:
    LED4 = segtab[3];delay(100);
    break;
  case 4:
    LED5 = segtab[4];delay(100);
    break;
  case 5:
```

```
        LED6 = segtab[5];delay(100);
        break;
      }
  }
  void main()                               /* 主函数 */
  {
  while(1)
      {
  dir(keynum);                              /* 调用显示函数 */
  readkey();                                /* 调用键盘函数 */
      }
  }
```

9.4　实践：单片机最小系统板焊接

9.4.1　准备工作

（1）材料的准备

电烙铁一把（功率最好在 35 W）、焊锡丝一卷（直径最好在 0.8 mm 左右）、松香若干、斜口钳一把、镊子一把等，如图 9-11 所示。

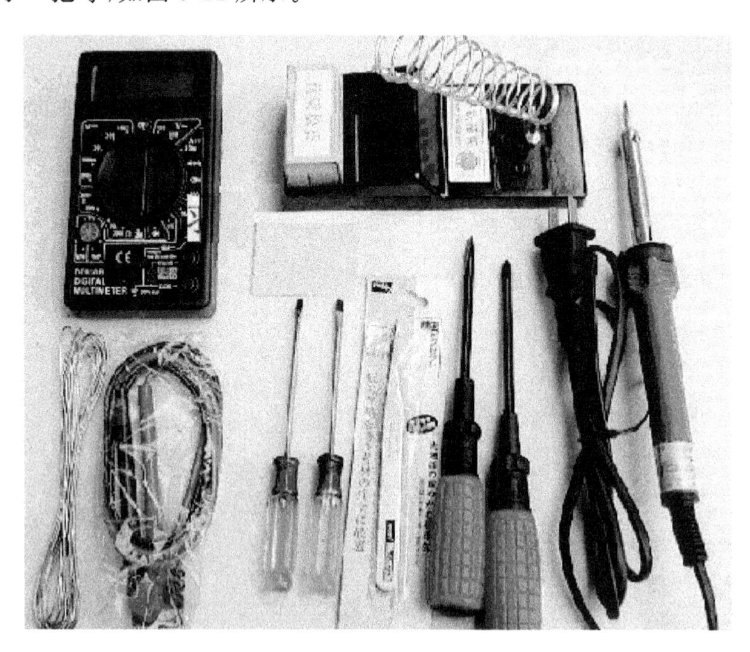

图 9-11　准备的工具

准备一个小盒子，将所有的元器件放入盒子里备用，如图 9-12 所示。

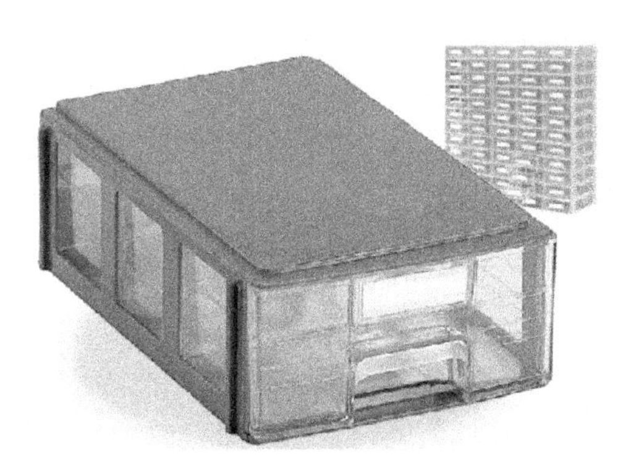

图 9-12　工具盒

(2) 原理图的准备

将最小系统板原理图打开，焊接时要参考原理图，如图 9-13 所示。当然也可以直接按下面的焊接指导来进行。

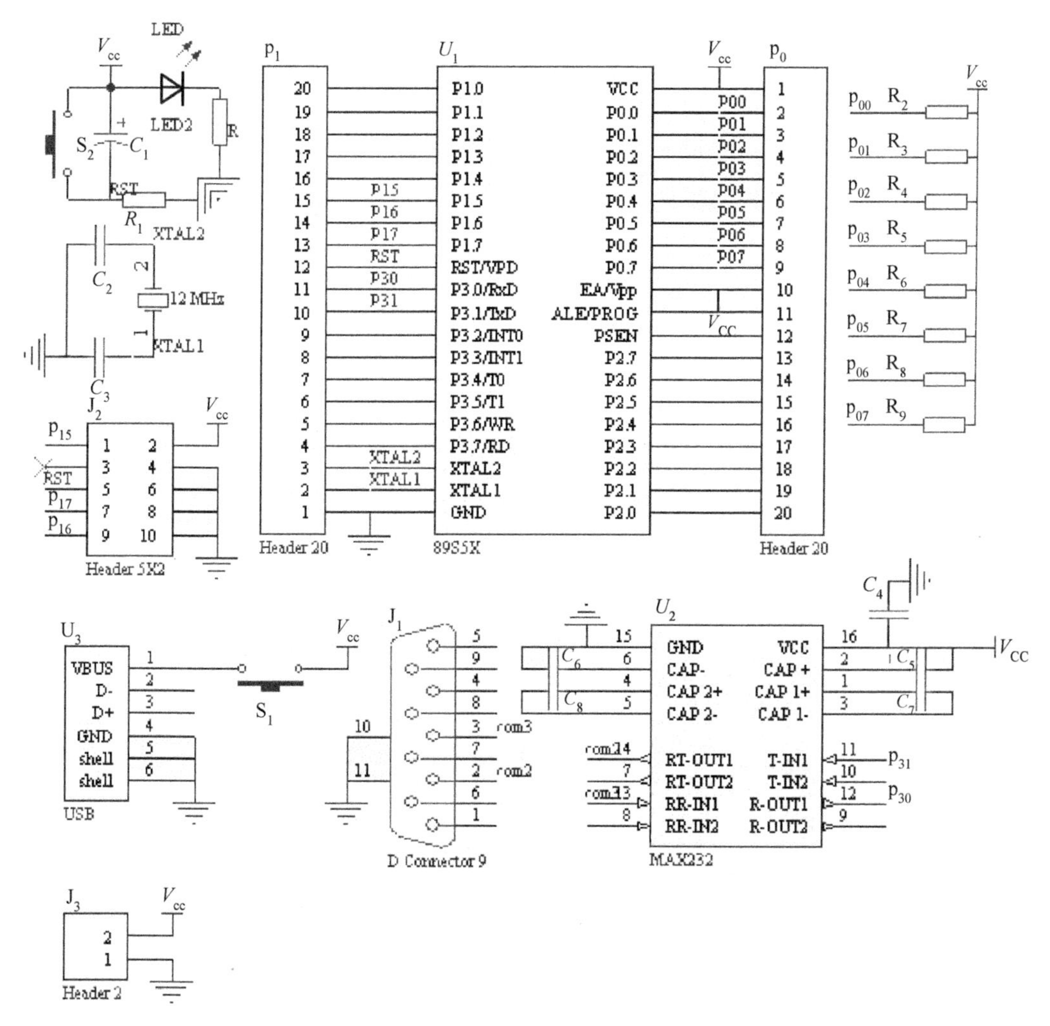

图 9-13　电路原理

9.4.2 元器件的焊接

（1）电源指示灯

电源指示灯包括一个红色 LED 灯、一个 100 Ω 电阻。0603 封装。按照原理图的代号分别将各个电阻焊好。如图 9-14 所示为电源指示灯位置。

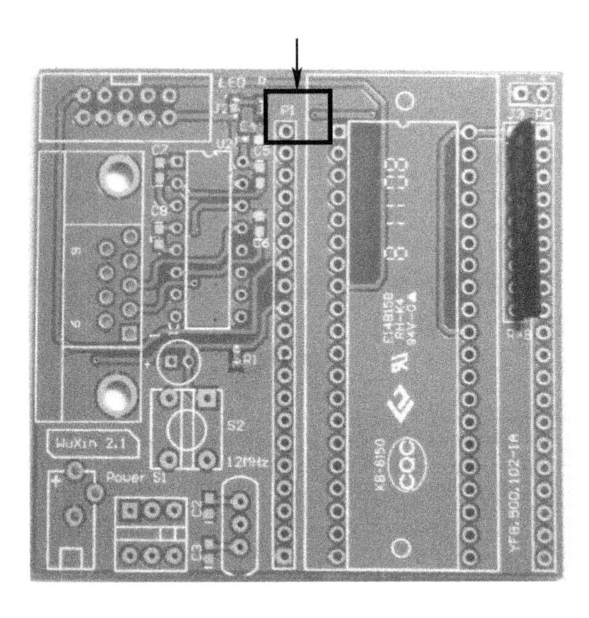

图 9-14　电源指示灯位置

（2）电阻（4.7 kΩ）

数量为 9 个，阻值为 4.7 kΩ，对应 R_1～R_9。电阻位置如图 9-15 所示。

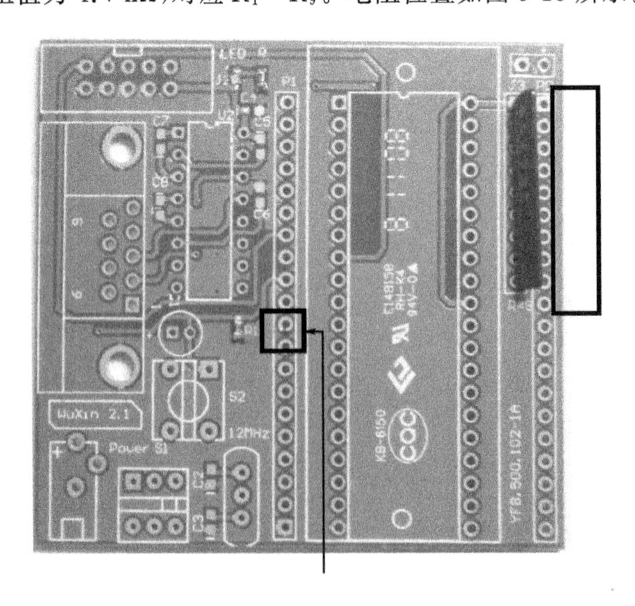

图 9-15　电阻位置

(3) 104 电容

数量为 5 个，分别对应 C_4、C_5、C_6、C_7、C_8，这个不需要区别方向。104 电容位置如图9-16所示。

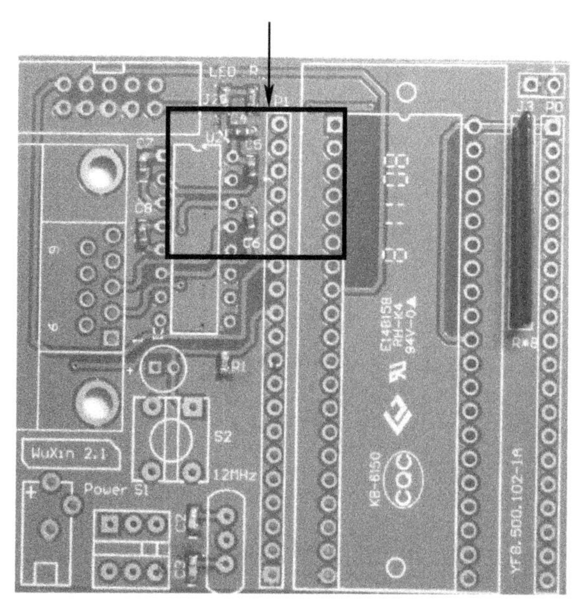

图 9-16　104 电容位置

(4) 30 pF 瓷片电容

数量为 2 个，分别对应 C_2、C_3，这也不需要区别方向。30 pF 电容位置如图 9-17 所示。

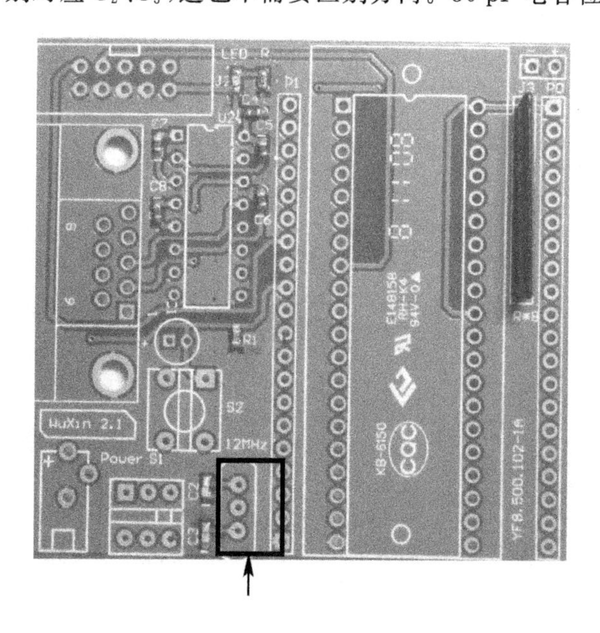

图 9-17　30P 电容位置

(5) DIP16 IC 座

数量为 1 个，焊时注意缺口方向跟 PCB 上的一致，如图 9-18 所示。

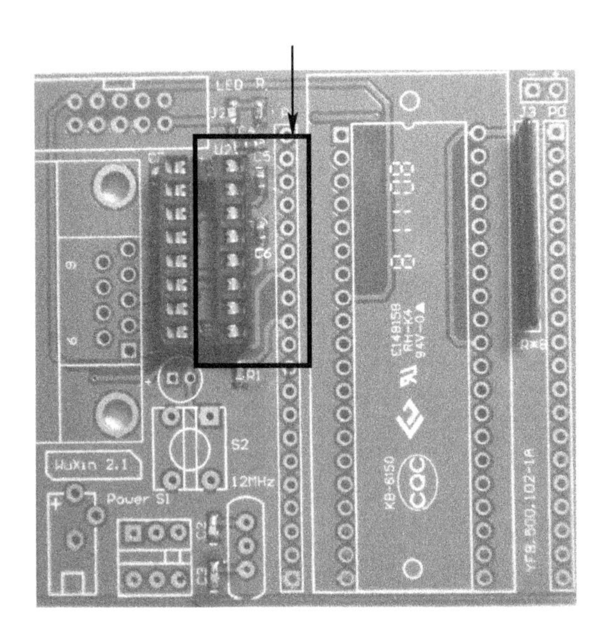

图 9-18　DIP16 IC 座位置

(6) 轻触按键

数量为 1 个,对应 PCB 上 S_2 的位置插好后先焊一个脚固定,正面观察一下,如果都整齐无倾斜,那么再固定其余的脚。如图 9-19 所示。

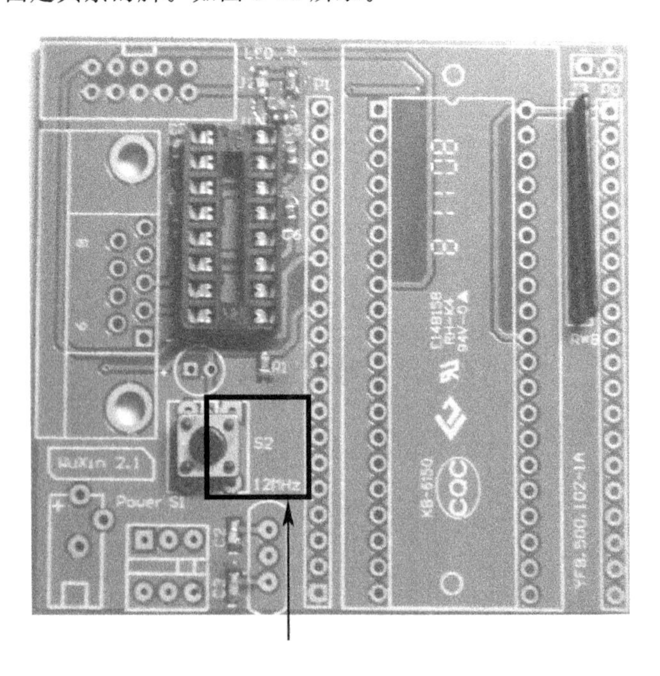

图 9-19　轻触按键位置

(7) 22 μF 电解电容

数量为 1 个,对应板上 C_1 的位置,注意方向,长脚为正极。如图 9-20 所示。

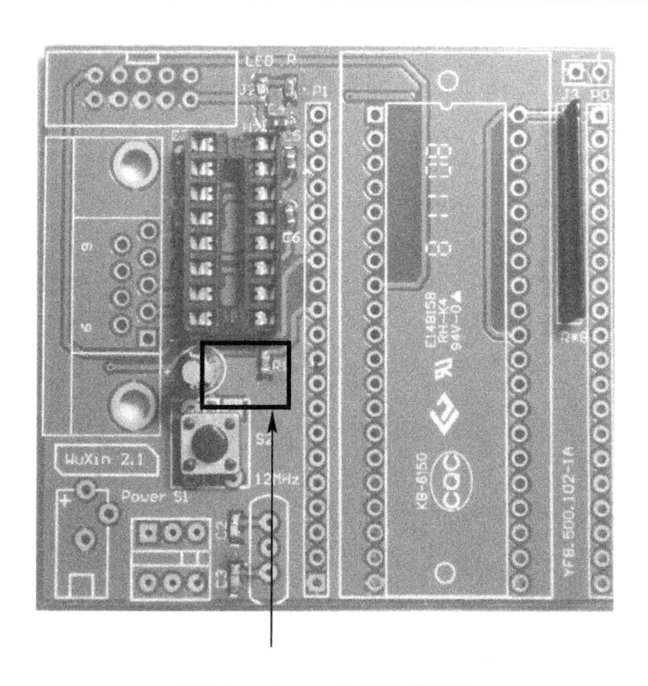

图 9-20　22 μF 电解电容位置

(8) 晶振底座单排圆排母

数量为 1 个,黑色三只脚的那个,旁边两只脚焊在晶振的位置,方便大家更换晶振用。使用前将 12 MHz 的晶振要插入,插入前可将晶振脚适当剪短。如图 9-21 所示为晶振底座单排圆排母位置。

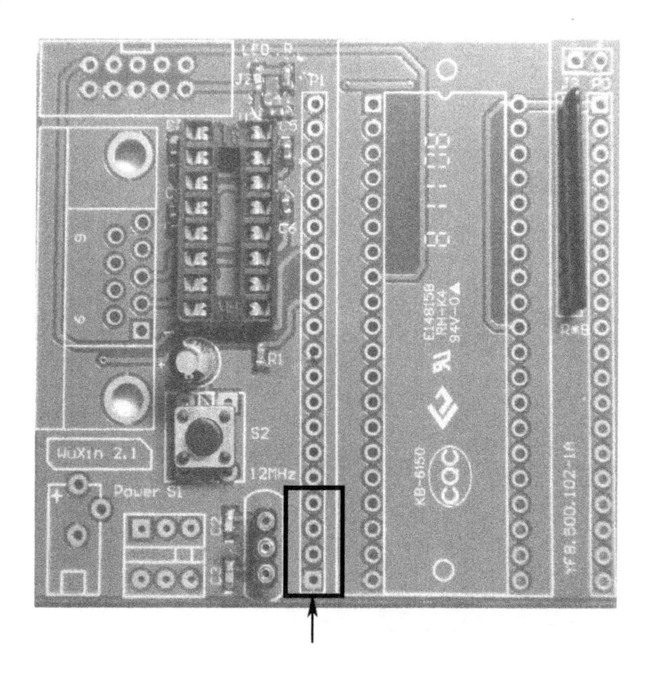

图 9-21　晶振底座单排圆排母位置

(9) 扩展排针

将两个 40 针的单排针都分成 20 针的两段，分别插到 P_0、P_1 的位置，注意，排针脚都要插到位，要不然焊出来就不美观了。其余分别为 5 针×2 和 2 针，如图 9-22 所示为扩展排针位置。

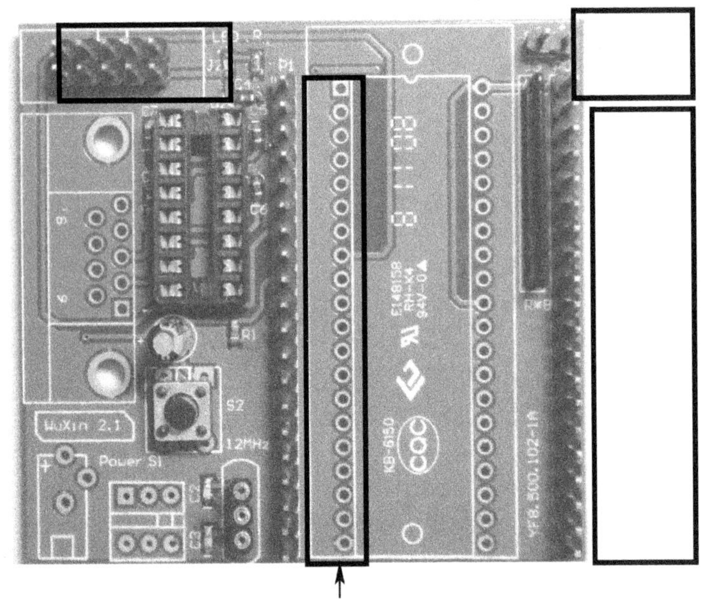

图 9-22　扩展排针位置

(10) 电源开关双自锁按键

数量为 1 个，对应板上 S_1 的位置，这个要注意方向，底部缺口朝右边安装在 PCB 板上。如图 9-23 所示。

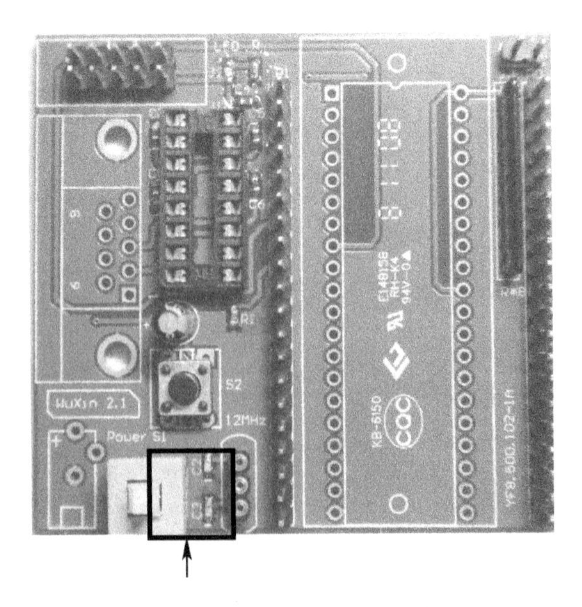

图 9-23　电源开关双自锁按键位置

(11) 活动 IC 座(40 脚)

数量为 2 个,对应板上 C_3、C_4 的位置,注意方向,长脚为正极。如图 9-24 所示。

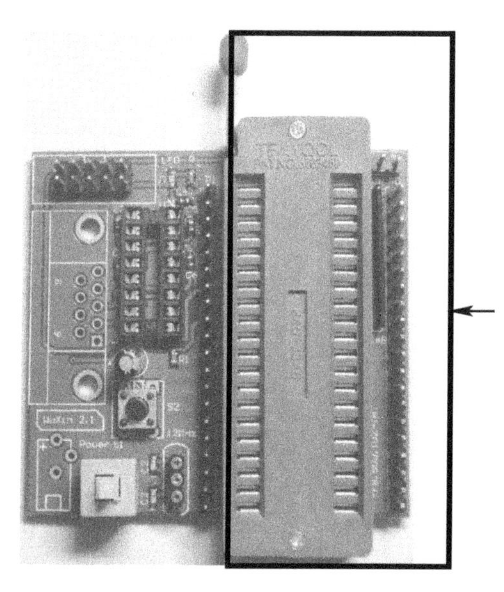

图 9-24　活动 IC 座(40 脚)位置

(12) 串口通信接头(母头)

数量为 1 个,对应 PCB 上的位置插入焊接即可。如图 9-25 所示。

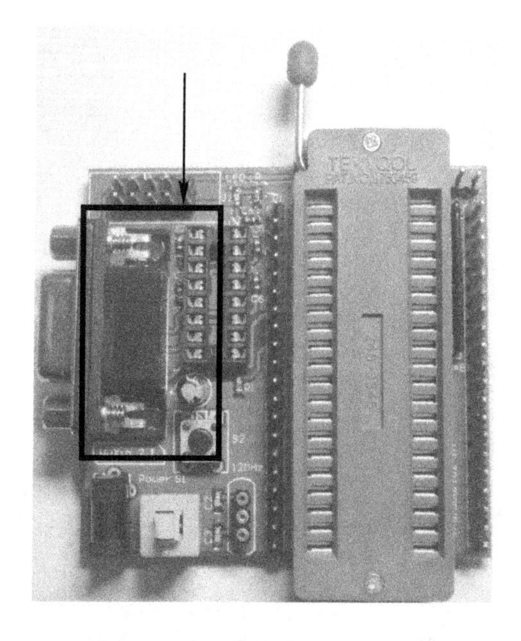

图 9-25　串口通信接头(母头)位置

(13) 电源头

数量为 1 个,将电源头的两边的固定脚插入 PCB 板上对应的方孔中并压平,这样固定就比较牢固了。如图 9-26 所示。

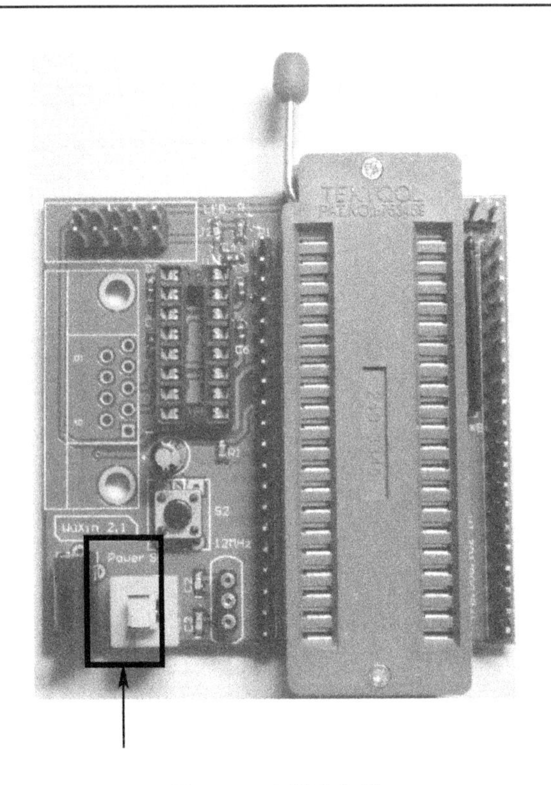

图 9-26　电源头位置

(14) 插上芯片和晶振

最后插上 Max232 芯片和 12 MHz 晶振。注意不要插错方向。缺口方向要与 IC 座一致。如图 9-27 所示。

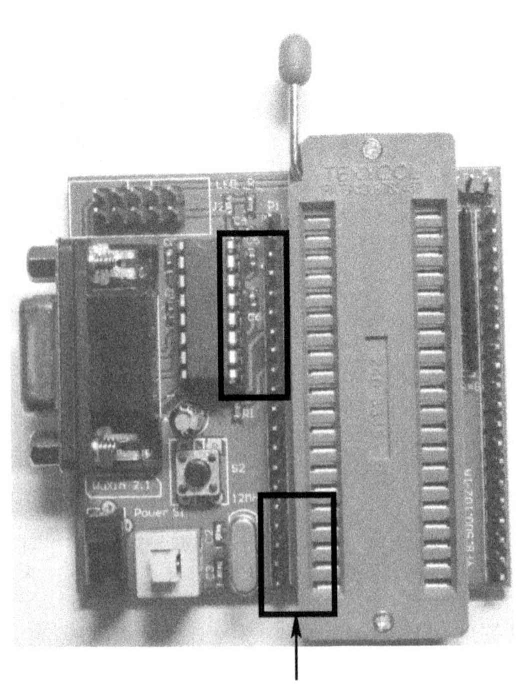

图 9-27　芯片和晶振位置

9.4.3　修整及检查

所有的元器件焊接好并不意味着已经是大功告成，用斜口钳将元件脚修理整齐，仔细察看所有的焊点是否有虚焊、漏焊，以及元器件的方向是否有焊错。如图 9-28 所示。这么一个流程下来后，最小系统就焊好了。接下来可以通电调试。最小系统板焊好后整体实物图如图 9-29 所示。

图 9-28　检查焊点

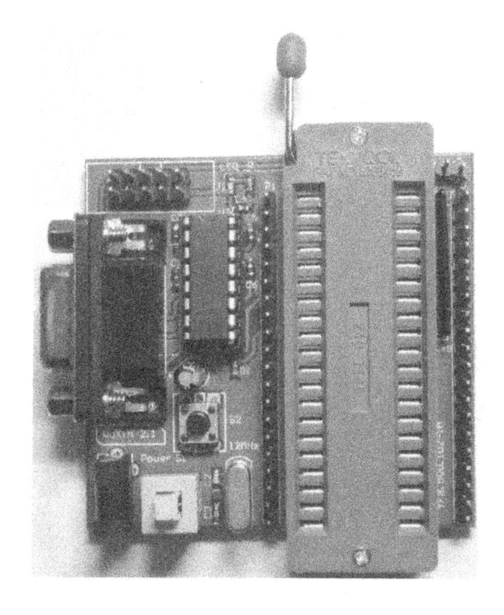

图 9-29　整体实物

附录1　贴片式电子元件识别与检测技术

贴片式电子元件(SMD)在电子产品中大量使用，是现代电子技术的发展与应用最明显的特点，有取代直插式电子表元件(DIP)的趋势。对电子产品维修人员，尽快掌握贴片式电子元件检测技术是有必要的，现结合多年的维修经验，谈谈在这方面的一些技巧。

1. 制作测量利器，单手操作，轻松快捷

贴片式电子元件越来越小，电路板上元件很紧密，普通的表笔很多时候无法在路测量，拆下来不好拿捏，例如，一不小心掉到地上，就很难找到。古语说“工欲善其事，必先利其器”，经过多次实践后发现用绘图用的圆规改造成专用的测量工具，完全可以胜任贴片式电子元件电路中的各种测量。

制作方法：把一根万用表的表笔去掉原来的表针，线头焊在圆规细长的针上，然后用耐热透明胶布把针裹一圈，为了绝缘并可用在高温环境中，装配好后并用胶布裹好；目的是为了使这个针与圆规架绝缘。如附图 1-1 所示。

把万用表的另一根表笔也去掉原来的表针，并剥出一段铜丝把，旋松圆规另一插针处的螺钉，把铜丝卡入后旋紧螺钉，手持部分要充分绝缘。

维修过程中的在路测量可以做到见缝插针了，例如，手机维修时无处下笔的苦恼再也不会有了，引脚很密的地方也可以下笔测量，并且一只手就可以操作。如附图 1-2 所示。

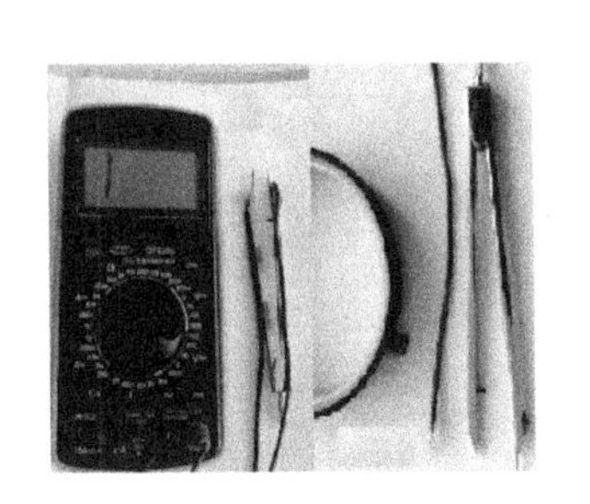

附图 1-1

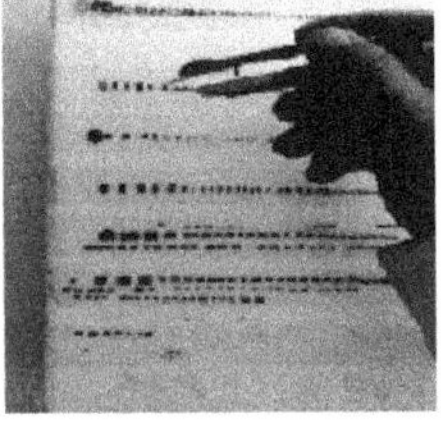

附图 1-2

2. 贴片式电容的检测

测量之前要了解和注意以下几点。

① 数字万用表的蜂鸣挡表针上有 2.5 V 左右的直流电压，红正黑负(红表笔是电流流出端)，电阻挡是表针上的电压，为 0.5 V 左右，红正黑负；所以用蜂鸣挡表在路测量(如手机 CPU 附近测量)有可能导致 CPU 损坏，因为有的 CPU 工作电压仅为 1.5 V，甚至更低，0.5 V左右不足以让硅材料二极管导通，用电阻挡测这种二极管正反电阻都是无穷大的。

② 指针表的电阻挡除“R×10 k 挡”电压为 11 V 左右外，其它挡约为 1.5 V 左右，并且是黑正红负，极性与数字表相反，输出电流能力比数字表强，11 V 已超过贴片电容的额定电

压，要慎用。测量之前，先撕一条现两面胶贴在一个浅底的泡沫塑料盒内，把要测试的电子元件贴在两面胶上，测量过程中如果掉落，也在盒底，不至于到处找。

有了特制表笔，用指针表与普通电容一样测它的充放电现象，也可以把表笔的两个插柱改为两个插片，插入数字表的"CX"电容测试插座中测电容值；在维修中如果只作好坏判断，可以用数字表的蜂鸣挡给电容充电，然后换成电压挡测量电容上的电压，看是否有保持现象，如有，就基本认为被测电容有储存电荷功能，测试速度很快。其他两端器件，如电阻、电感、二极管的测量，与 DIP 器件一样进行测试，在此不再重叙，SMD 器件的检测难点就在三端器件。

3. 复杂元件的检测

SMD 三端器件有普通三极管、数字晶体管（带阻三极管）、二极管、场效应管、稳压管，以及手机翻盖检测管（如 10E，12E），只有充分了解它们的封装及各自的测量方法，做到心中有数，维修时才能准确地判断。

三极管有 3 个电极的和 4 个电极的，如附图 1-3 所示。

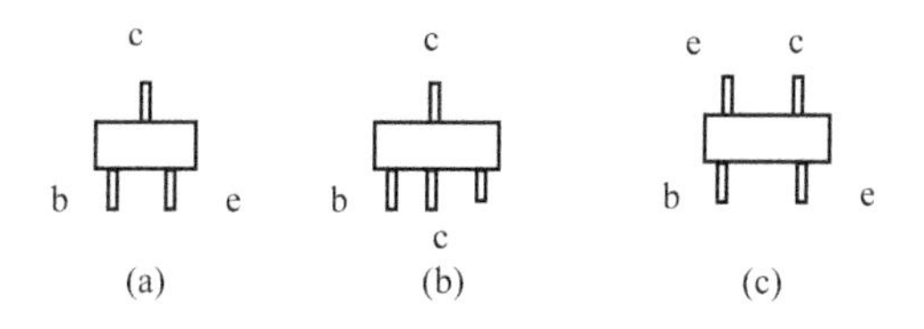

附图 1-3

因为电极符号相同的两个电极直接导通相当于一个电极，在手机中锗材料三极管占多数，用数字表的二极管挡测量三极管的两个 PN 结的好坏，以及 C 极与 E 极能不能导通，这样有两个读数为 0.2 V 左右且合乎封装规范的是普通三极管，如果要作进一步判断，用指针表类似 DIP（直插式）测量。由于 SMD 很小，型号常用代码表示，常见的如附表 1-1 所示。

附表 1-1　SMD 型号的常用代码

DIP 型号	SMD 型号	DIP 型号	SMD 型号	DIP 型号	SMD 型号
9011	1T	S8050	J3Y	BC846B	1B
9012	2T	S8550	2TY	BC857A	3E
9013	J3	2SA1015	BA	2SA733	CS
9014	J6	2SC1815	HF	UN2112	V2
9015	M6	2SC945	CR	2SC3356	R23
9016	Y6	5401	2L	2SC3838	AD
9018	J8	5551	G1	MMBT3904	1AM
8050	Y1	MMBT2222	1P	MMBT3906	2A
8550	Y2	BC846A	1A	BC847A	1E

数字晶体管常作开关使用，例如，手册中标注 4.7 kΩ+10 kΩ，表示 R_1 是 4.7 kΩ，R_2 是 10 kΩ，如果只含一个电阻，要标出 R_1 还是 R_2。如附图 1-4 所示。

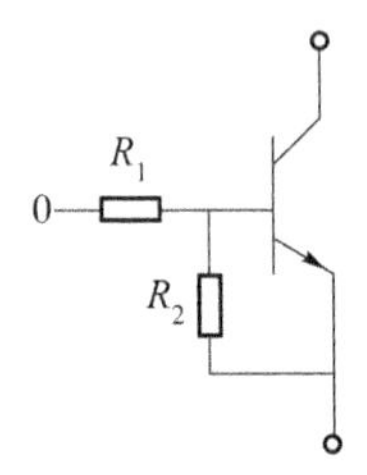

附图 1-4　电路图

手机中常见的如 DTA143(代码 93,R_1,4.7 kΩ)、MUN5213(代码 8C,47 kΩ+47 kΩ),测量时会发现电阻明显偏大,不要误判为损坏。

二极管内部结构很多,如附图 1-5 所示。

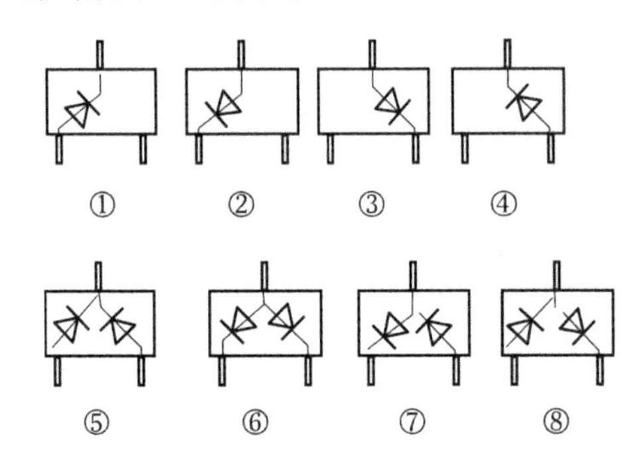

附图 1-5　二极管内部结构

例如印记为 A11 表示 1 脚为阳 3 脚为阴,内含一个二极管,A15 为共阳 3 阳,内含 2 个二极管,电子技术发展很快,这只是一般规律,碰到疑难要用表仔细测量区分。

贴片场效应管的测量,一般电路中使用结型场效应管(JEFT)和加强型 N 沟道 MOS 管居多,并且 MOS 管 D 与 S 之间加有阻尼二极管,G 与 S 之间也有保护措施,如附图 1-6 所示。结型场效应管的测量用指针表的红黑表笔对调测量 G、D、S,除了黑笔接 D、红笔接 S 有阻值以外,其他的接法都没有阻值。如果测量到某种接法阻值为 0,使用镊子或表笔短接 G、S 放电,然后再测量。N 沟道电流流向为 D ⟶ S(高电压有效),P 沟道电流流向为 S ⟶ D(低电压有效)。手机开机电路中有 P 沟道管子,低电平开机,JEFT 主要用于高频信号放大,如 MMBFJ309LT1(N 沟道,代码为 6U),用于小信号放大的是 MMBF54S7LT1(N 沟道,代码为 M6E)。

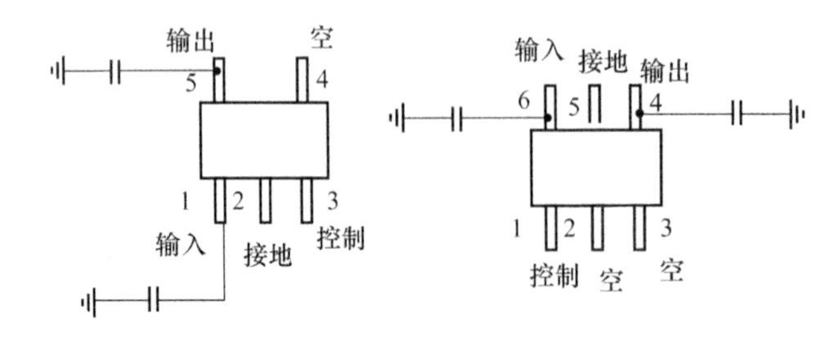

附图 1-6　贴片场效应管管脚分布

4. 片状稳压IC与复合三极管

片状稳压IC器件如附图1-7所示，是低压差(LDO)器件，在手机电路中使用较多，表面有电压标称值，如P48表示稳压输出为4.8 V，18P表示输出1.8 V，常见的还有2.8 V、3.0 V、1.5 V等，片状稳压IC与复合三极管在电路中很好区分，稳压IC的输入与输出脚都接有电容，在电路板上很容易找到，片状稳压IC比复合三极管厚。

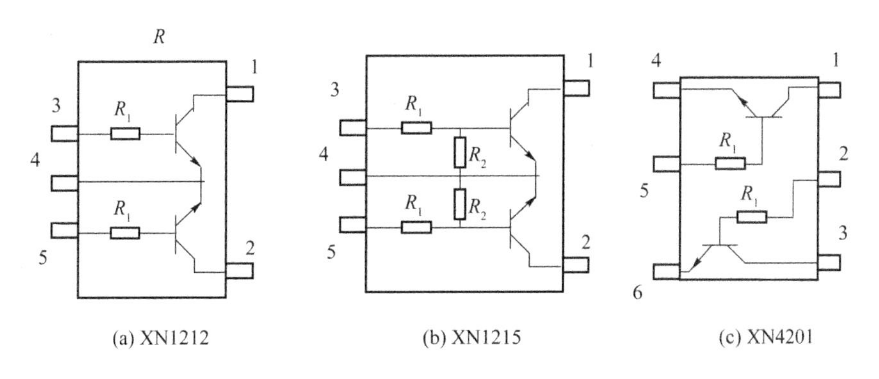

附图1-7　片状稳压IC器件

复合三极管内部结构很多，有不带阻的，周围有较多小电容、小电阻；有带阻的，周围有小电容。如果是其他器件，如二极管组、稳压二极管组，周围没有小电容。

附录 2　升压模块的设计与制作

1. Boost 升压电路原理

基本电路图如附图 2-1 所示，假定电路中间的开关(三极管或者 MOS 管 VT)已经断开了很长时间，所有的元件都处于理想状态，电容电压等于输入电压。

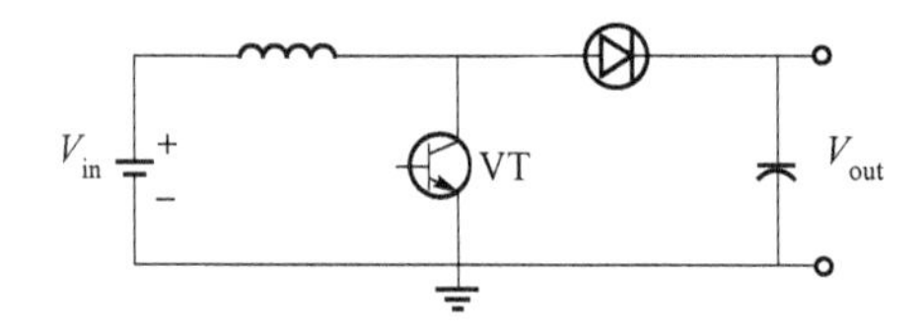

附图 2-1　基本电路

下面分充电和放电两个过程来说明这个电路。

(1) 充电过程

在充电过程中，开关闭合(三极管 VT 导通)，等效电路如附图 2-2 所示，开关(三极管 VT)处用导线代替。这时，输入电压流过电感。二极管防止电容对地放电。由于输入是直流电，所以电感上的电流以一定的比率线性增加，这个比率跟电感大小有关。随着电感电流增加，电感里储存了一些能量。

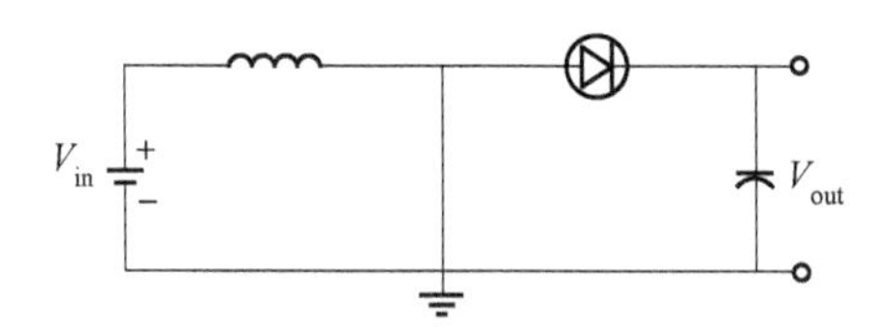

附图 2-2　等效电路

(2) 放电过程

如附图 2-3 所示是当开关断开(三极管 VT 截止)时的等效电路。当开关断开(三极管 VT 截止)时，由于电感的电流保持特性，流经电感的电流不会马上变为 0，而是缓慢地由充电完毕时的值变为 0。而原来的电路已断开，于是电感只能通过新电路放电，即电感开始给电容充电，电容两端电压升高，此时电压已经高于输入电压了，升压完毕。

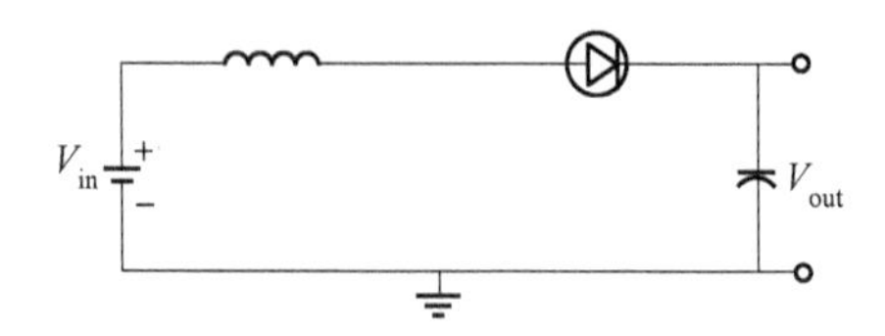

附图 2-3　放电过程

升压过程就是一个电感的能量传递过程。充电时，电感吸收能量；放电时，电感放出能量。如果电容量足够大，那么在输出端就可以在放电过程中保持一个持续的电流。如果这个通断的过程不断重复，就可以在电容两端得到高于输入电压的电压。如附图 2-4 所示为电感电流的变化。

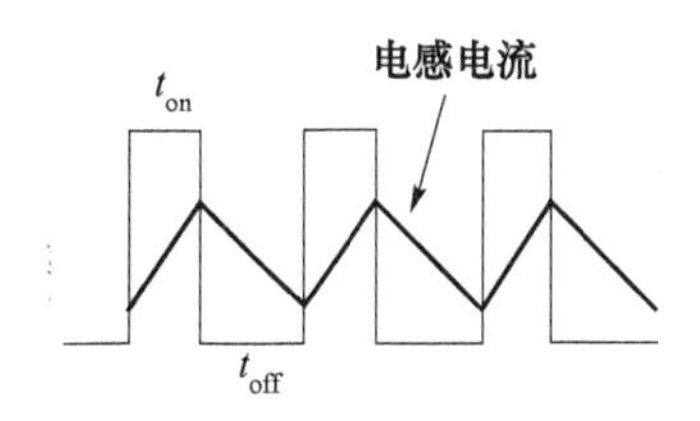

附图 2-4　电感电流的变化

2. 升压模块原理图和 PCB

升压模块原理图如附图 2-5 所示，PCB 图如附图 2-6 所示，PCB 板如附图 2-7 所示，升压模块实物如附图 2-8 所示。

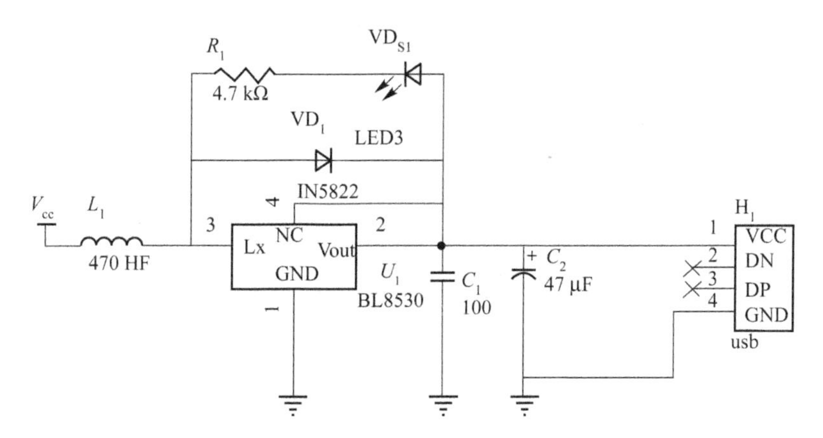

附图 2-5　升压模块原理

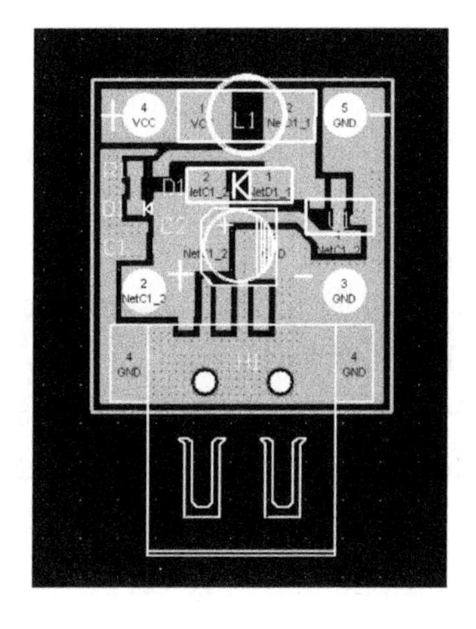

附图 2-6　PCB

附图 2-7　PCB 板

附图 2-8　升压模块实物

3. 技术参数

① 工作电压:1.0～5 V。

② LED 灯警告:1.0～3.7 V。

③ 输出电压:5.6 V。

④ 输出电流:＜＝500 mA。

⑤ 输入方式:V_{in+} 输入正极，V_{in-} 输入负极。

⑥ 输出方式:标准 USB 或 V_{o+} 正极输出,V_{o-} 负极输出。

⑦ 载能力强:当 V_{IN}=3.0 V,V_{OUT}=3.3 V 时,I_{OUT}=650 mA。

⑧ 工作指示:LED 指示根据输入电压 1.0～3.7 V 从最亮到熄灭，接负载 LED 指示灯亮。

⑨ 面积大小:线路板为 22 mm×20 mm,带 USB 头为 29 mm×20 mm。

附录 3　基于 AD9850 信号发生器的设计与制作

直接数字频率合成技术(DDS)是 20 世纪末迅速发展起来的一种新的频率合成技术，它将先进的数字处理技术与方法引入信号合成领域，表现出优越的性能和突出的特点。由于 DDS 器件采用高速数字电路和高速 D/A 转换技术，具有频率转换速度快、频率分辨率高、相位噪声低、频率稳定度高等优点，此外，DDS 器件很容易实现对信号的全数字式调制。因此，直接数字频率合成器以其独有的优势成为当今电子设备和系统频率源的首选器件。本文介绍了 ADI 公司出品的 AD9850 芯片，以单片机 AT89S52 为控制核心完成正弦信号发生器的可行性设计方案，并给出了调试通过的源程序以供参考。

1. AD9850 芯片性能及管脚功能

AD9850 采用了先进的 CMOS 工艺，支持 5 V 和 3.3 V 两种供电电压，在 3.3 V 供电时功耗仅为 155 mW，扩展工业级温度为－40 ℃～＋80 ℃。支持并行或串行输入控制接口形式，最大支持时钟频率为 125 MHz，此时输出的频率分辨率达 0.029 1 Hz。采用 28 脚 SSOP 表面封装形式，其管脚功能如附图 3-1 所示。

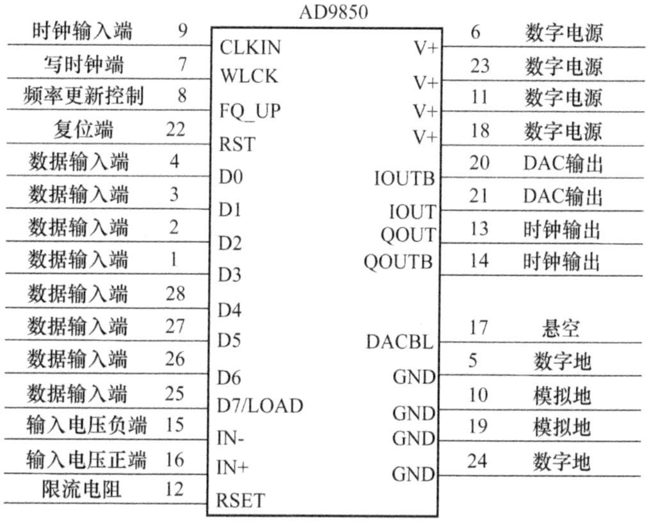

AD9850

功能	管脚	名称	名称	管脚	功能
时钟输入端	9	CLKIN	V+	6	数字电源
写时钟端	7	WLCK	V+	23	数字电源
频率更新控制	8	FQ_UP	V+	11	数字电源
复位端	22	RST	V+	18	数字电源
数据输入端	4	D0	IOUTB	20	DAC输出
数据输入端	3	D1	IOUT	21	DAC输出
数据输入端	2	D2	QOUT	13	时钟输出
数据输入端	1	D3	QOUTB	14	时钟输出
数据输入端	28	D4			
数据输入端	27	D5	DACBL	17	悬空
数据输入端	26	D6	GND	5	数字地
数据输入端	25	D7/LOAD	GND	10	模拟地
输入电压负端	15	IN-	GND	19	模拟地
输入电压正端	16	IN+	GND	24	数字地
限流电阻	12	RSET			

附图 3-1　AD9850 管脚分布

AD9850 分为可编程序 DDS 系统、高性能数/模变换器(DAC)和高速比较器三部分，其中可编程 DDS 系统包含输入寄存器、数据寄存器和高速 DDS 三部分。高速 DDS 包括相位累加器和正弦查找表，其中相位累加器由一个加法器和一个 32 位相位寄存器组成，相位寄存器的输出与一个 5 位的外部相位控制字相加后作为正弦查找表的地址。正弦查找表包含一个正弦波周期的数字幅度信息，每一个地址对应正弦波中 0～360 范围的一个相位点。查找表输出后驱动的 DAC 转换器，输出两个互补的电流，其幅度可通过外接电阻 R_1 来调节，

R_1 的典型值为 3.9 kΩ。输出信号经过外部的一个低通滤波器后接到 AD9850 内部自带的高速比较器，即可产生一个与正弦波同频率且抖动很小的方波。

2. AD9850 的控制字及控制时序

AD9850 的控制字有 40 位，其中 32 位是频率控制位，5 位是相位控制位，1 位是电源休眠控制位，2 位是工作方式选择控制位。在应用中，工作方式选择位设为 00，因为 01、10、11 已经预留作为工厂测试用。相位控制位按增量 180°、90°、45°、22.5°、11.25°或这些组合来调整。频率控制位可通过下式计算得到：

$$f_{out}=(f_r\times W)/2^{32}$$

其中：f_{out}是要输出的频率值；f_r 为参考时钟频率；W 为相应的十进制频率控制字，然后转换为十六进制即可。AD9850 有串行和并行两种控制命令字写入方式。其中串行写入方式是采用 D_7 作为数据输入端，每次 W_CLK 的上升沿把一个数据串行移入到输入寄存器，40 位数据都移入后，FQ_UD 上升沿完成输出信号频率和相位的更新。串行控制字的写入时序如附图 3-2 所示。但是要注意的是，此时数据输入端的 3 个管脚不可悬空，其中 D_0、D_1 脚接高电平，D_2 脚要接地。

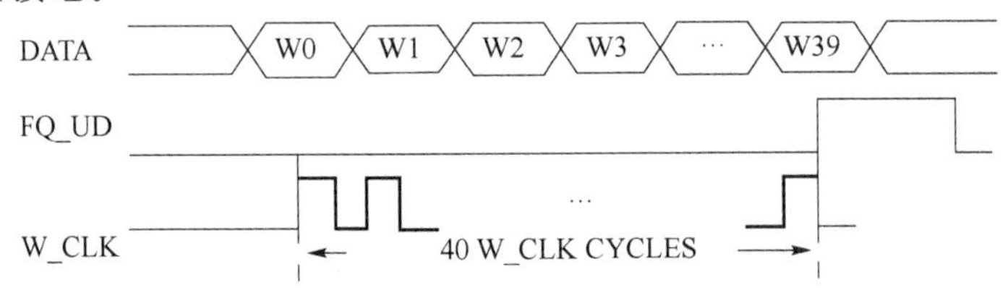

附图 3-2　AD9850 时钟控制信号

3. AD9850 模块硬件电路设计

AD9850 模块硬件电路设计如附图 3-3 所示。如附图 3-4～附图 3-7 所示分别为 AD9850 模块 PCB 顶层、底层、PCB 板及模块。

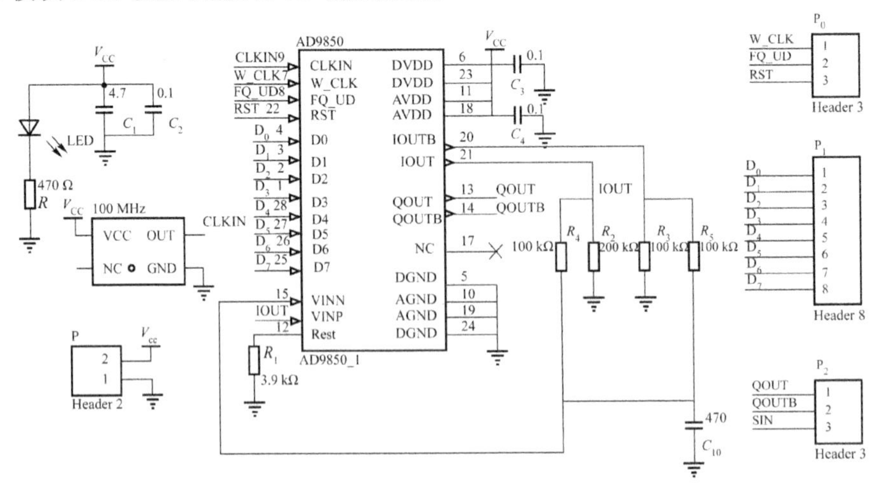

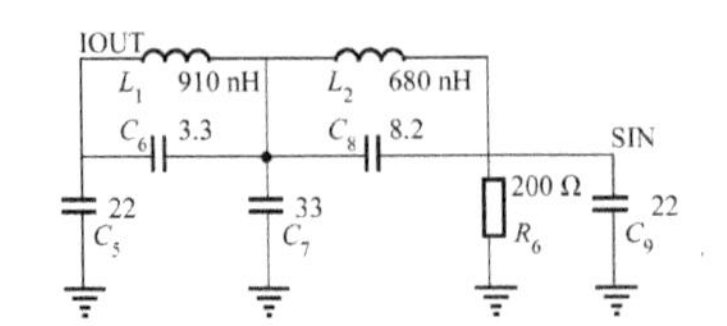

附图 3-3　AD9850 模块的电路原理

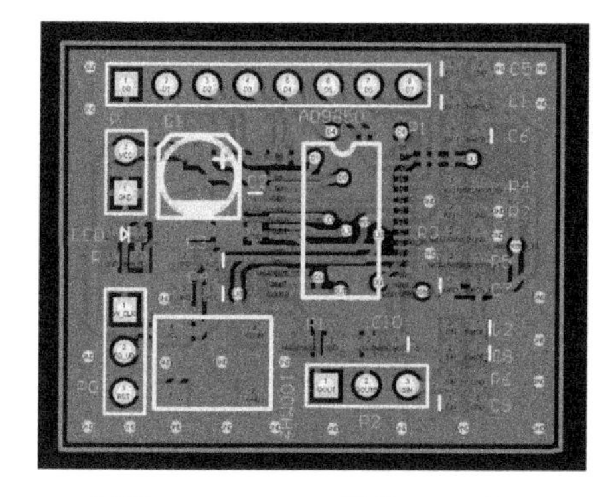

附图 3-4　AD9850 模块 PCB 顶层

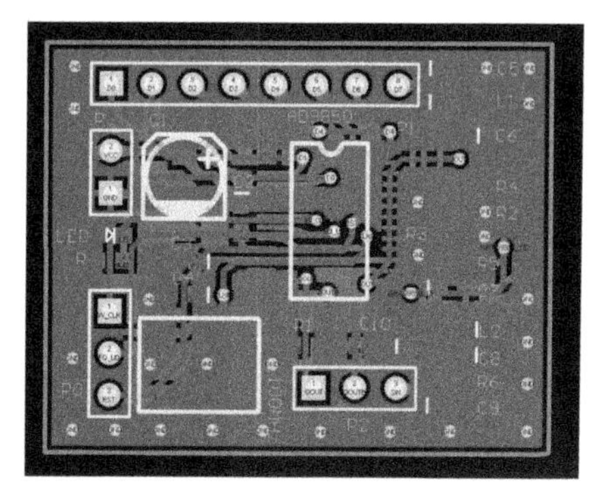

附图 3-5　AD9850 模块 PCB 底层

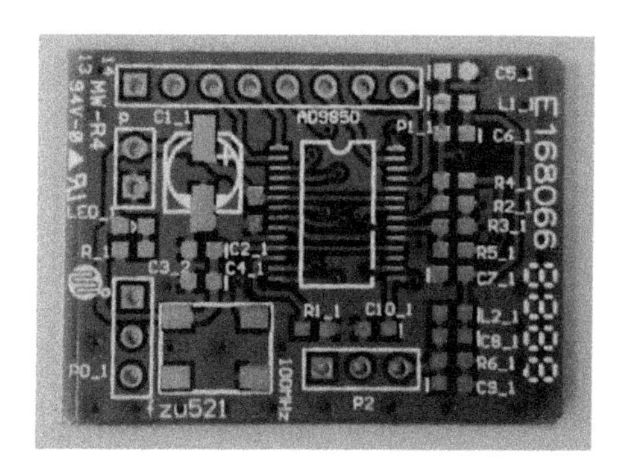

附图 3-6　AD9850 模块 PCB 板

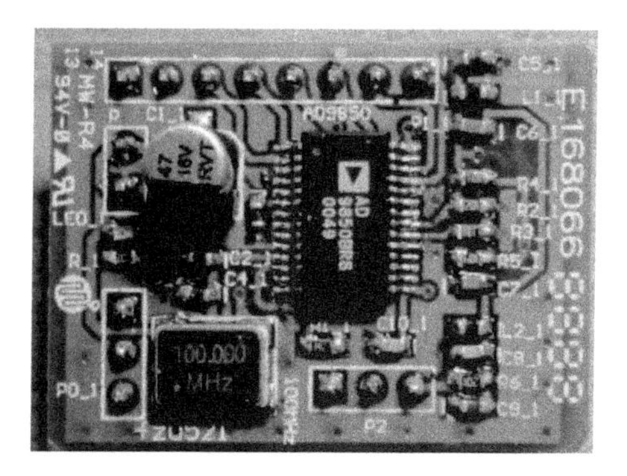

附图 3-7　AD9850 模块

4. 单片机控制部分设计

单片机控制部分设计电路原理图如附图 3-8 所示。

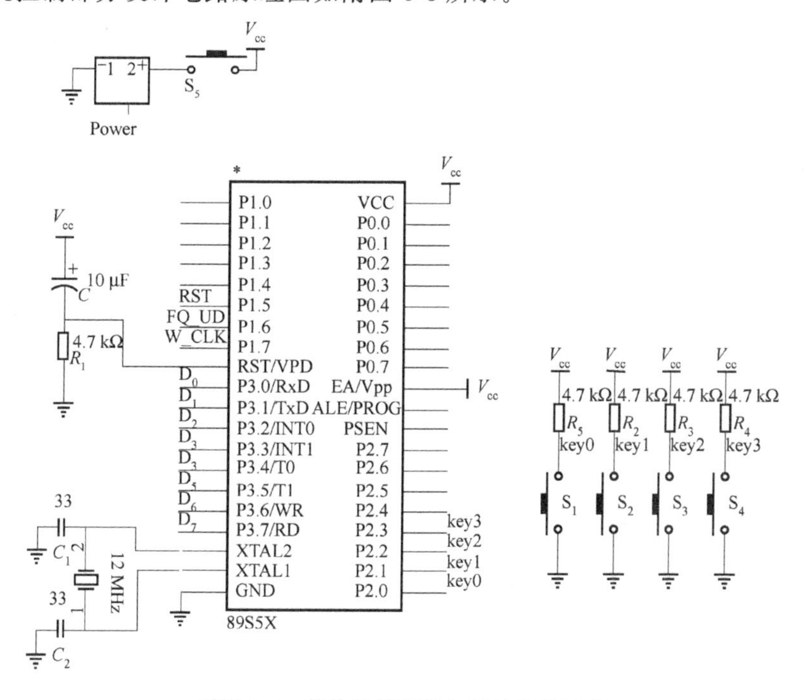

附图 3-8　单片机控制部分设计电路原理

5. 软件部分设计

参考程序如下。

```
//----------//
// 程序 //
//----------//
# include <reg51.h>
# include <stdio.h>
# include <intrins.h>
#define DATA P3
sbit ad9850_w_clk = P1^7; //P1.7 口接 ad9850 的 w_clk 脚/PIN7
sbit ad9850_fq_up = P1^6; //P1.6 口接 ad9850 的 fq_up 脚/PIN8
sbit ad9850_rest = P1^5; //P1.5 口接 ad9850 的 rest 脚/PIN12
sbit key0 = P2^0;
sbit key1 = P2^1;
sbit key2 = P2^2;
sbit key3 = P2^3;
double Frequency0 = 1;
double Frequency1 = 1;
unsigned char a = 0,b = 0,c = 0,d = 0;
//--------------------------//
//--------------------------//
void key()
{
 if(key0 == 0)
  {a = a + 1;if(a>9) a = 0;while(!key0);}
 if(key1 == 0)
  {b = b + 1;if(b>9) b = 0;while(!key1);}
 if(key2 == 0)
  {c = c + 1;if(c>9) c = 0;while(!key2);}
 if(key3 == 0)
  {d = d + 1;if(d>5) d = 0;while(!key3);}
Frequency1 = d * 1000 + c * 100 + b * 10 + a;
}
//---------------------//
// ********************* //
// ad9850 复位(并口模式)//
//---------------------//
void ad9850_reset()
{
```

```
ad9850_w_clk = 0;
ad9850_fq_up = 0;
//rest 信号
ad9850_rest = 0;
ad9850_rest = 1;
ad9850_rest = 0;
}
// ******************** //
//ad9850 复位(串口模式)//
// -------------------- //
/*
void ad9850_reset_serial()
{
ad9850_w_clk = 0;
ad9850_fq_up = 0;
//rest 信号
ad9850_rest = 0;
ad9850_rest = 1;
ad9850_rest = 0;
//w_clk 信号
ad9850_w_clk = 0;
ad9850_w_clk = 1;
ad9850_w_clk = 0;
//fq_up 信号
ad9850_fq_up = 0;
ad9850_fq_up = 1;
ad9850_fq_up = 0;
}
*/
// ***************************** //
//向 ad9850 中写命令与数据(并口) //
// ----------------------------- //
void ad9850_wr_parrel(unsigned char w0,double frequence)
{
unsigned char w;
long int y;
double x;
//计算频率的 HEX 值
x = 4294967295/50;//适合 125 M 晶振
```

```
//如果时钟频率不为125 MHZ,修改该处的频率值,单位为MHz。
frequence = frequence/100;
frequence = frequence * x;
y = frequence;
//写 w0 数据
w = w0;
DATA = w; //w0
ad9850_w_clk = 1;
ad9850_w_clk = 0;
//写 w1 数据
w = (y>>24);
DATA = w;      //w1
ad9850_w_clk = 1;
ad9850_w_clk = 0;
//写 w2 数据
w = (y>>16);
DATA = w;      //w2
ad9850_w_clk = 1;
ad9850_w_clk = 0;
//写 w3 数据
w = (y>>8);
DATA = w;      //w3
ad9850_w_clk = 1;
ad9850_w_clk = 0;
//写 w4 数据
w = (y>>0);
DATA = w;      //w4
ad9850_w_clk = 1;
ad9850_w_clk = 0;
//移入始能
ad9850_fq_up = 1;
ad9850_fq_up = 0;
}
//**************************//
// d9850 中写命令与数据(串口)//
//--------------------------//
/*
void ad9850_wr_serial(unsigned char w0,double frequence)
{
```

```
unsigned char i,w;
long int y;
double x;
//计算频率的 HEX 值
x = 4294967295/4;//适合 125M 晶振
//如果时钟频率不为 180 MHZ,修改该处的频率值,单位为 MHz。
frequence = frequence/1000000;
frequence = frequence * x;
y = frequence;
//写 w4 数据
w = (y>> = 0);
for(i = 0;i<8;i ++ )
{
ad9850_bit_data = (w>>i)&0x01;
ad9850_w_clk = 1;
ad9850_w_clk = 0;
}
//写 w3 数据
w = (y>>8);
for(i = 0;i<8;i ++ )
{
ad9850_bit_data = (w>>i)&0x01;
ad9850_w_clk = 1;
ad9850_w_clk = 0;
}
//写 w2 数据
w = (y>>16);
for(i = 0;i<8;i ++ )
{
ad9850_bit_data = (w>>i)&0x01;
ad9850_w_clk = 1;
ad9850_w_clk = 0;
}
//写 w1 数据
w = (y>>24);
for(i = 0;i<8;i ++ )
{
ad9850_bit_data = (w>>i)&0x01;
ad9850_w_clk = 1;
```

```
ad9850_w_clk = 0;
}
//写 w0 数据
w = w0;
for(i = 0;i<8;i ++ )
{
ad9850_bit_data = (w>>i)&0x01;
ad9850_w_clk = 1;
ad9850_w_clk = 0;
}
//移入始能
ad9850_fq_up = 1;
ad9850_fq_up = 0;
}
 * /
// *************** //
//测试程序 1 000 Hz//
// -------------- //
main()
{
P2 = 0xFF;
//并行写 10 kHz 程序
ad9850_reset();
// ------------- //
ad9850_wr_parrel(0x00,Frequency0);
// ------------- //
while(1)
{
  key();
  if(Frequency0!  = Frequency1)
    {Frequency0 = Frequency1;
    ad9850_reset();
    ad9850_wr_parrel(0x00,Frequency0);}
 }
 }
```

附录 4　常用数字集成电路引脚图

数字集成电路图如附图 4-1～附图 4-37 所示。

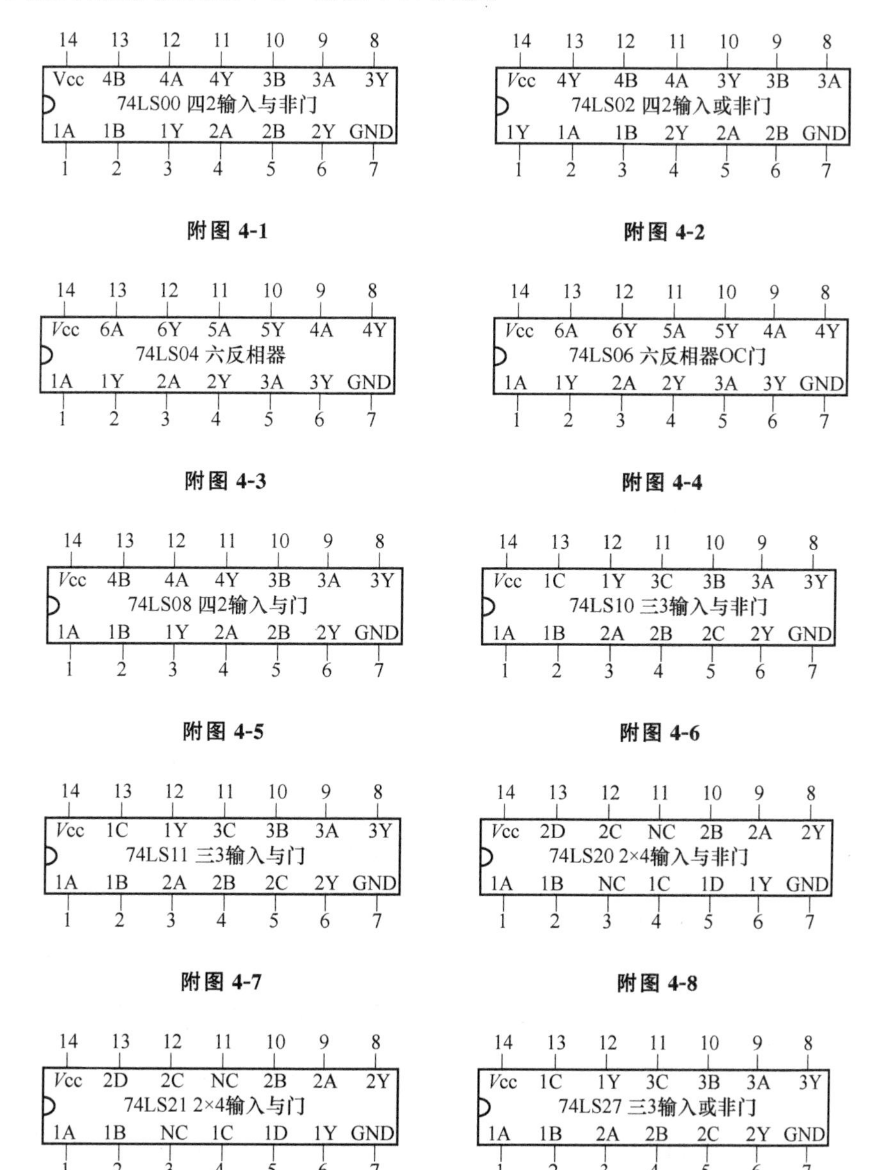

附图 4-1　**附图 4-2**

附图 4-3　**附图 4-4**

附图 4-5　**附图 4-6**

附图 4-7　**附图 4-8**

附图 4-9　**附图 4-10**

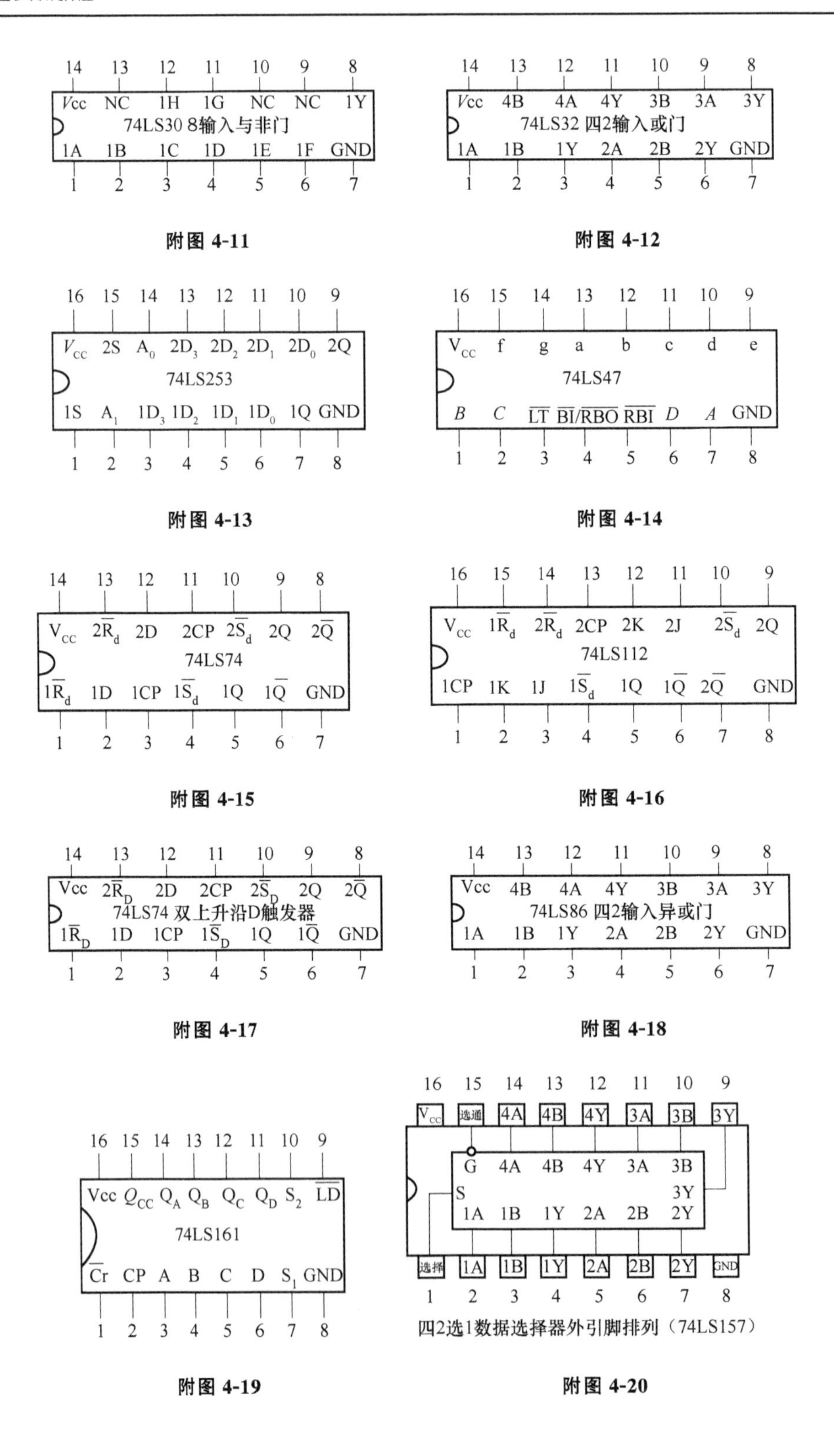

附图 4-11

附图 4-12

附图 4-13

附图 4-14

附图 4-15

附图 4-16

附图 4-17

附图 4-18

附图 4-19

附图 4-20

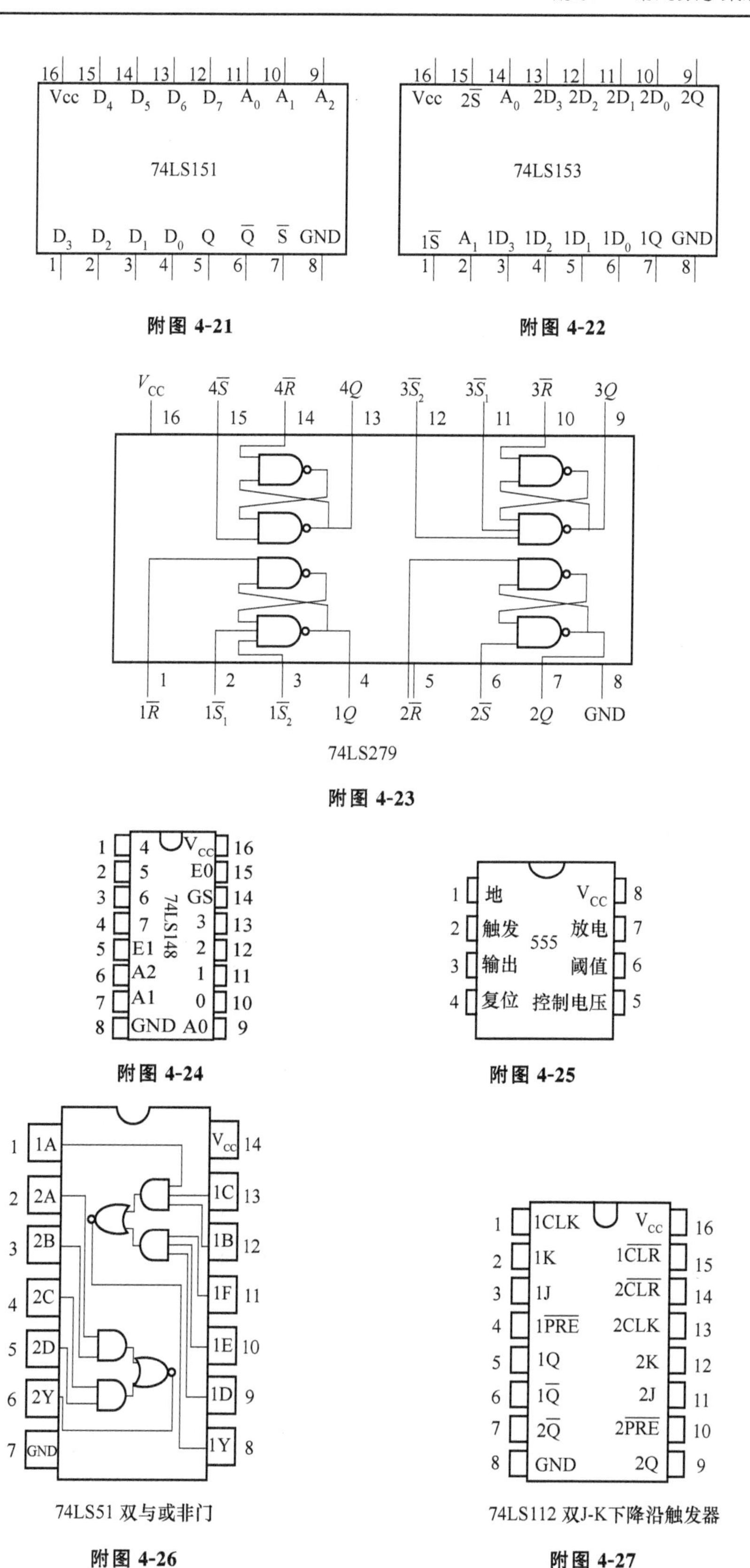

附图 4-21

附图 4-22

附图 4-23

附图 4-24

附图 4-25

74LS51 双与或非门

附图 4-26

74LS112 双J-K下降沿触发器

附图 4-27

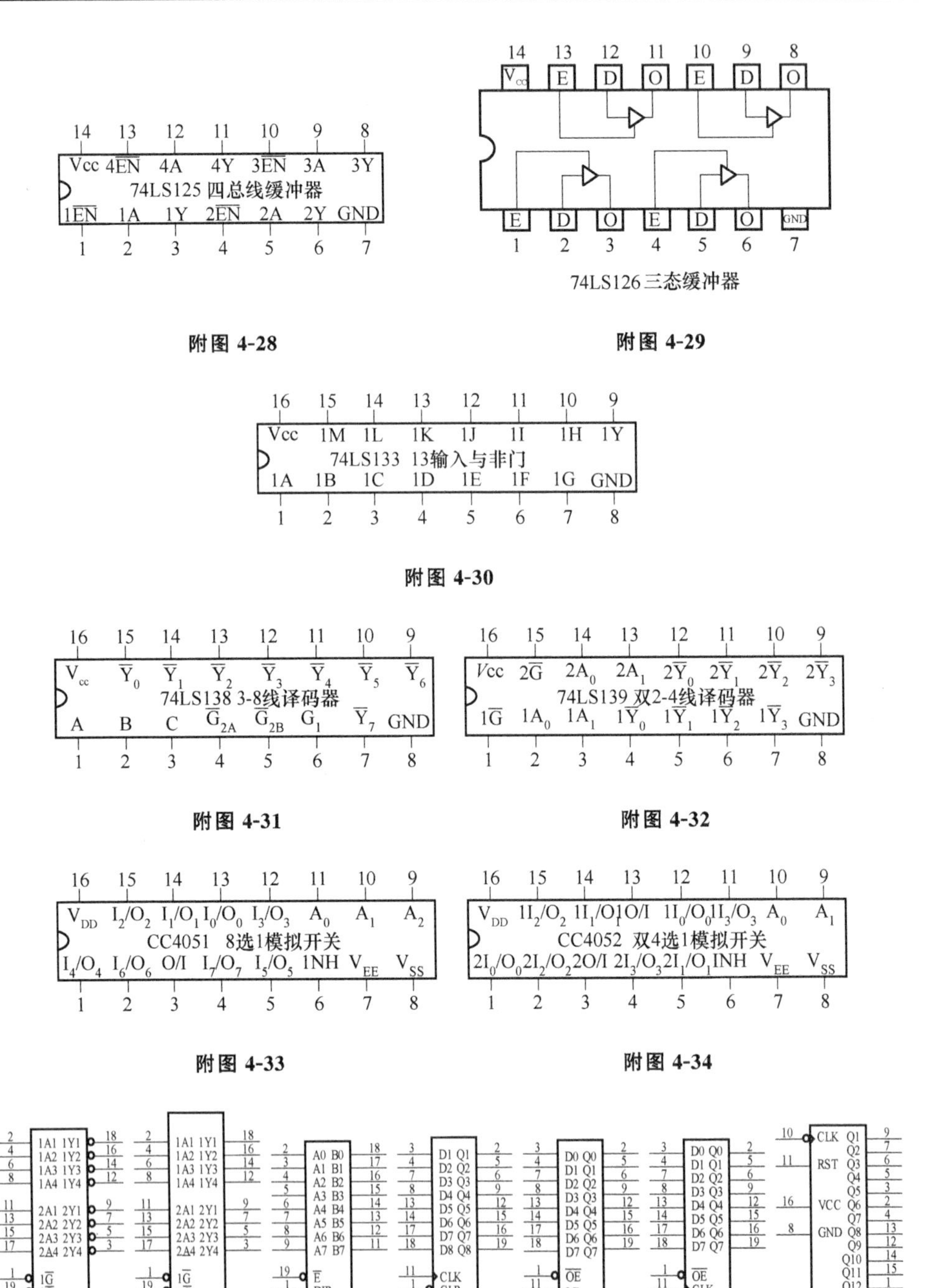

附图 4-28

附图 4-29

附图 4-30

附图 4-31

附图 4-32

附图 4-33

附图 4-34

附图 4-35

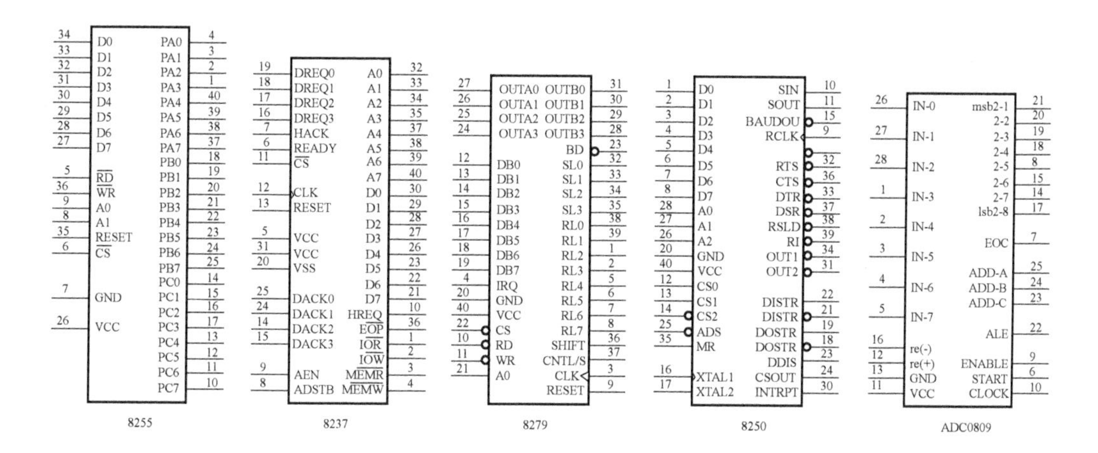

附图 4-36

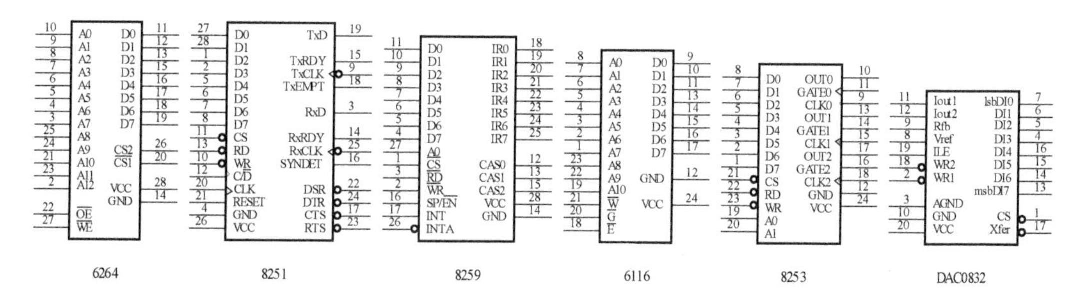

附图 4-37

相关的模拟集成电路如附图 4-38～附图 4-50 所示。

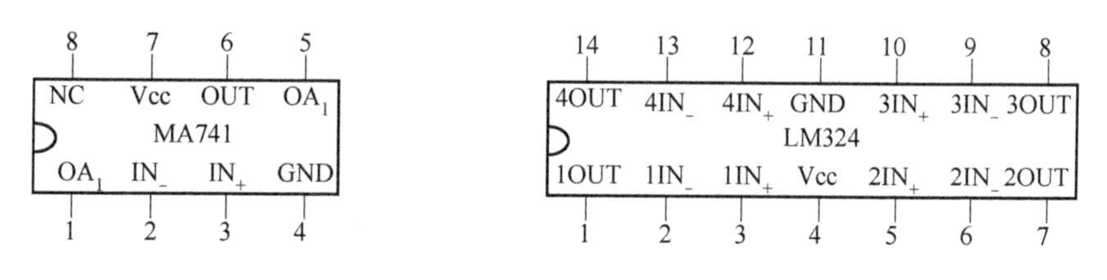

附图 4-38　　　　附图 4-39

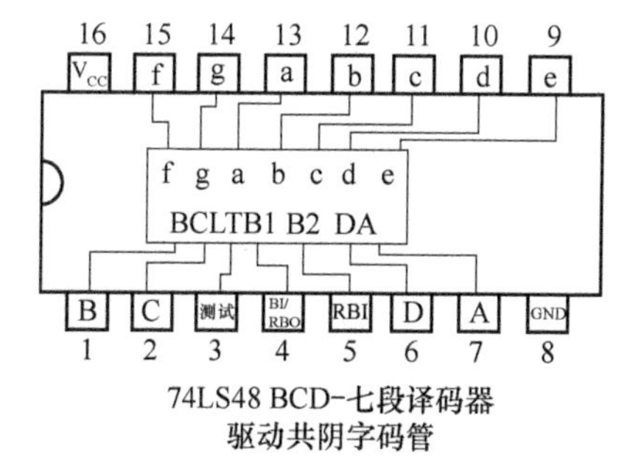

附图 4-40

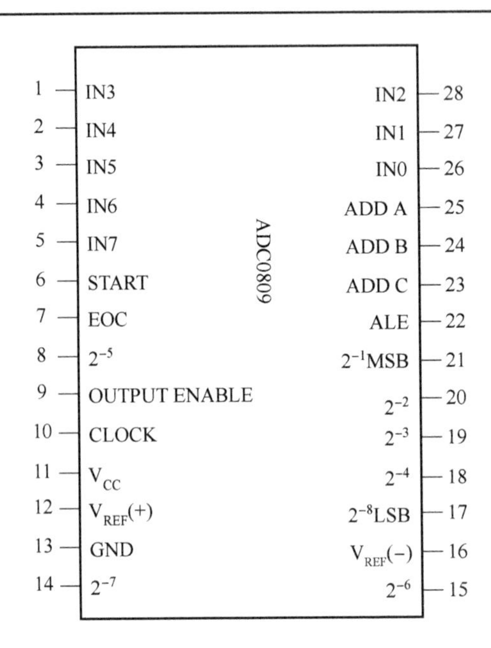

附图 4-41

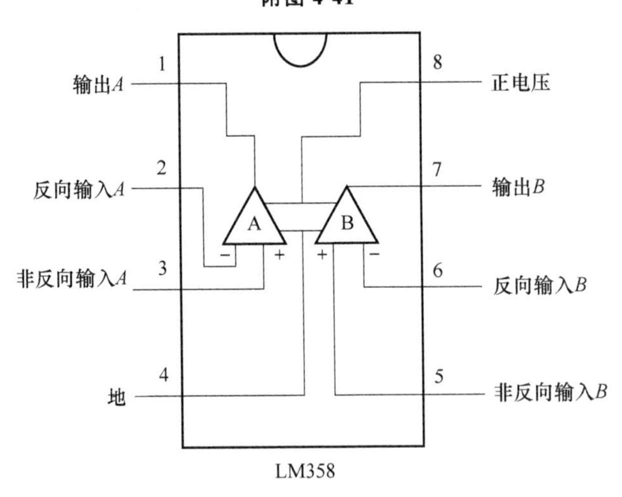

附图 4-42

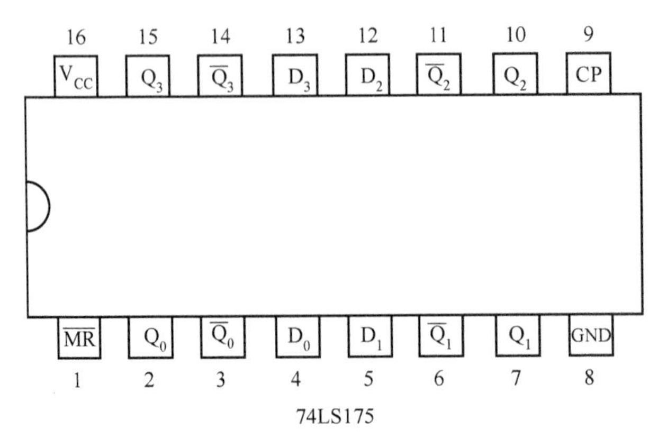

附图 4-43

74LS148

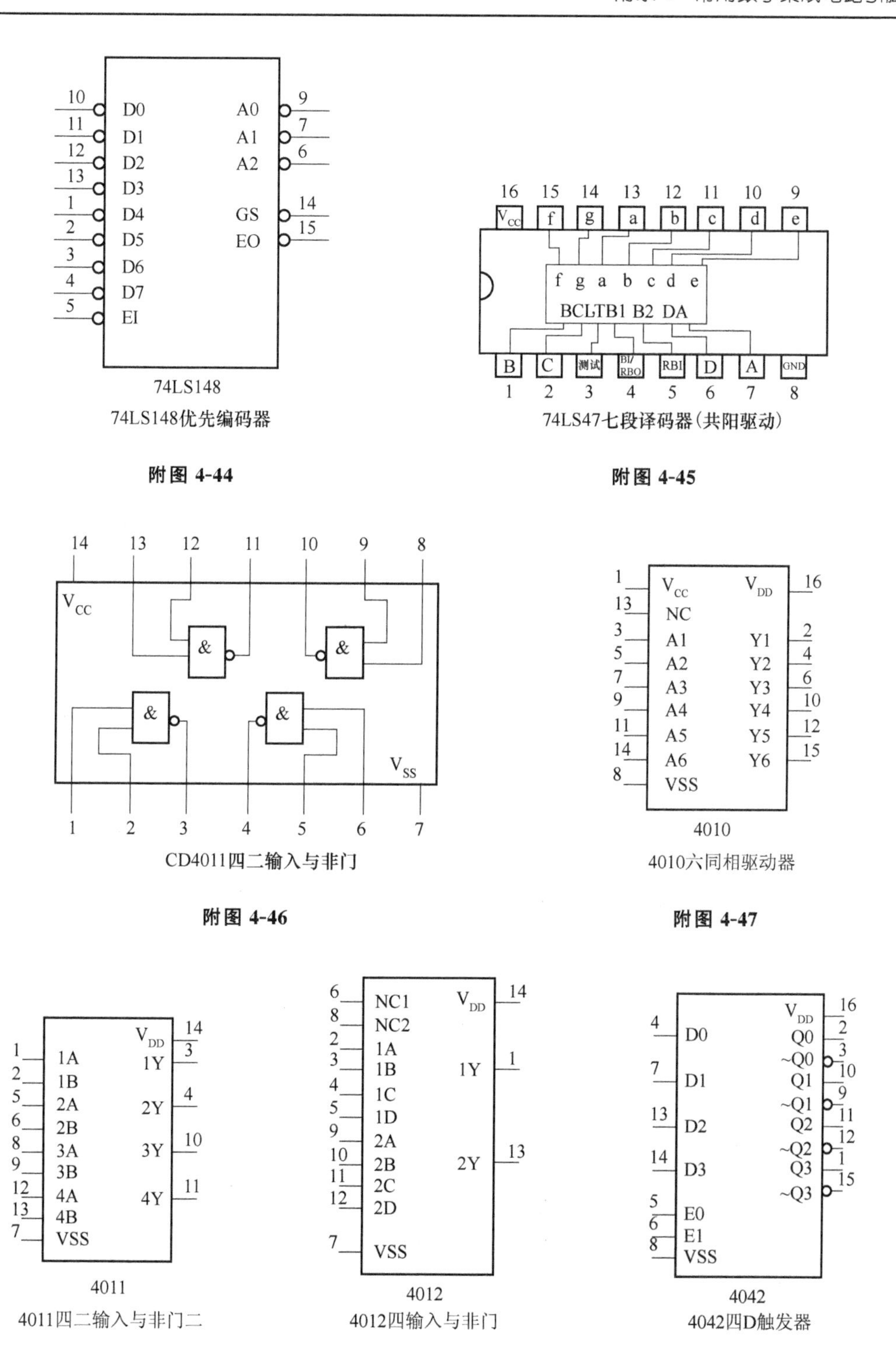

74LS148优先编码器

附图 4-44

74LS47七段译码器(共阳驱动)

附图 4-45

CD4011四二输入与非门

附图 4-46

4010

4010六同相驱动器

附图 4-47

4011

4011四二输入与非门二

附图 4-48

4012

4012四输入与非门

附图 4-49

4042

4042四D触发器

附图 4-50

参考文献

[1] 叶致诚，唐冠宗. 电子技术基础实验. 北京：高等教育出版社，1995.

[2] 陈余寿，赵彩虹. 电子技术实训指导. 北京：化学工业出版社，2001.

[3] 王天曦，李鸿儒. 电子技术工艺基础. 北京：清华大学出版社，2000.

[4] 李敬伟，段维莲. 电子工艺训练教程. 北京：电子工业出版社，2005.

[5] 吴新开，于立言. 电工电子实践教程. 北京：人民邮电出版社，2002.

[6] 骆雅琴. 电子技术辅导与实习教程. 合肥：中国科学技术大学出版社，2004.

[7] 余家春. Protel 99 SE 电路设计实用教程. 北京：中国铁道出版社，2004.

[8] 赵广林. 轻松跟我学 Protel 99 SE 电路设计与制板. 北京：电子工业出版社，2005.

[9] 夏继强. 单片机实验与实践教程. 北京：北京航空航天大学出版社，2001.

[10] 沈小丰. 电子技术实践基础. 北京：清华大学出版社，2005.

[11] 李桂安. 电工电子实践初步. 南京：东南大学出版社，1999.

[12] 张洪宪. 电路基础实践教程. 杭州：浙江大学出版社，2008.

[13] 严一白. 电子技术实习教程. 上海：上海交通大学出版社，2004.

[14] 袁桂慈. 电工电子技术实践教程. 北京：机械工业出版社，2007.

[15] 曾建唐，解祖荣. 电工电子基础实践教程. 北京：机械工业出版社，2002.